T0222965

Bielefelder Schriften zur Didaktik der Mathematik

Band 5

Reihe herausgegeben von

Andrea Peter-Koop, Universität Bielefeld, Bielefeld, Deutschland

Rudolf vom Hofe, Universität Bielefeld, Bielefeld, Deutschland

Michael Kleine, Institut für Didaktik der Mathematik, Universität Bielefeld, Bielefeld, Deutschland

Miriam Lüken, Institut für Didaktik der Mathematik, Universität Bielefeld, Bielefeld, Deutschland

Die Reihe Bielefelder Schriften zur Didaktik der Mathematik fokussiert sich auf aktuelle Studien zum Lehren und Lernen von Mathematik in allen Schulstufen und -formen einschließlich des Elementarbereichs und des Studiums sowie der Fort- und Weiterbildung. Dabei ist die Reihe offen für alle diesbezüglichen Forschungsrichtungen und -methoden. Berichtet werden neben Studien im Rahmen von sehr guten und herausragenden Promotionen und Habilitationen auch

- empirische Forschungs- und Entwicklungsprojekte,
- theoretische Grundlagenarbeiten zur Mathematikdidaktik,
- thematisch fokussierte Proceedings zu Forschungstagungen oder Workshops.

Die Bielefelder Schriften zur Didaktik der Mathematik nehmen Themen auf, die für Lehre und Forschung relevant sind und innovative wissenschaftliche Aspekte der Mathematikdidaktik beleuchten.

Weitere Bände in der Reihe http://www.springer.com/series/13433

David Bednorz

Sprachliche Variationen von mathematischen Textaufgaben

Entwicklung eines Instruments zur Textanpassung für Textaufgaben im Mathematikunterricht

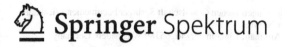 Springer Spektrum

David Bednorz
Universität Bielefeld
Bielefeld, Deutschland

Dissertation Universität Bielefeld, 2020. I acknowledge support for the publication costs
by the Open Access Publication Fund of Bielefeld University

ISSN 2199-739X   ISSN 2199-7403   (electronic)
Bielefelder Schriften zur Didaktik der Mathematik
ISBN 978-3-658-33002-6   ISBN 978-3-658-33003-3   (eBook)
https://doi.org/10.1007/978-3-658-33003-3

Die Deutsche Nationalbibliothek verzeichnet diese Publikation in der Deutschen Nationalbiblio-
grafie; detaillierte bibliografische Daten sind im Internet über http://dnb.d-nb.de abrufbar.

Planung/Lektorat: Marija Kojic
Springer Spektrum ist ein Imprint der eingetragenen Gesellschaft Springer Fachmedien Wiesbaden
GmbH und ist ein Teil von Springer Nature.
Die Anschrift der Gesellschaft ist: Abraham-Lincoln-Str. 46, 65189 Wiesbaden, Germany

Geleitwort

Die Bedeutung von Sprache für den Mathematikunterricht ist in den letzten Jahren vermehrt in den Fokus mathematikdidaktischer Forschung gelangt. Dabei umfassen die Forschungsaktivitäten nicht nur die fachsprachliche Komponente beim Erlernen mathematischer Inhalte: Diese Facette ist vielmehr eine etablierte Ebene sprachlicher Betrachtung in der Mathematikdidaktik. Hinzugekommen ist vielmehr der sprachliche Einfluss sowie Aspekte, die sich aus dem Erlenen mathematischer Inhalte und dem sprachlichen Verständnis mathematischer Aufgabenstellungen ergeben, die Lern- und Leistungssituationen beeinflussen.

Die Ursache dieser sprachlichen Sensibilisierung des Mathematikunterrichts in der Forschung (und der Unterrichtspraxis) können in verschiedenen Bereichen gesehen werden: (1) Erkenntnisse zum Einfluss von Sprache auf mathematische Leistungen, wie sie in großen Schulleitungsstudien konstatiert werden. Die sprachlichen Dispositionen sind dabei – neben dem Vorwissen – als die bedeutsamsten Prädiktoren anzusehen, die Einfluss auf Leistungssituationen ausüben. (2) Befunde zum Einfluss von Kontextvariablen auf die Mathematikleistung, zu denen insbesondere die sprachlichen Dispositionen im Hinblick auf den sozialen Hintergrund und den Migrationshintergrund gehören. (3) Erkenntnisse über die sprachliche Struktur mathematischer Leistungsaufgaben, die eine eigene Charakteristik gegenüber anderen Fächern im Hinblick auf sprachliche Variablen wie Satzlänge oder lexikalische Dichte aufweist. (4) Die vermehrte Hinwendung zu inklusiven Fragestellungen und Settings, die auch sprachliche Aspekte beim Lernen fachlicher Inhalte berühren.

Die sprachlichen Charakteristika mathematischer Aufgaben sind deshalb wesentlich, weil sich das Lernen von Mathematik und das Überprüfen mathematischer Kompetenz im Wesentlichen an Aufgaben vollzieht. Die sprachlichen Dispositionen werden dann bedeutsam, wenn es sich um die Bearbeitung von

Aufgaben handelt, die einen Textkörper umfassen, entweder durch die Beschreibung einer mathematischen Situation oder von Sachkontexten. Wenn hier das sprachliche Verständnis fehlt, um eine Aufgaben zu erfassen, zu verstehen bzw. in eine mathematische Situation und ein mathematisches Modell zu übersetzen, dann scheitert die weitere Auseinandersetzung mit der Mathematik bereits an den sprachlichen Voraussetzungen. Die sprachliche Struktur mathematischer Aufgaben hat dabei eine eigene Charakteristik, die auch Gegenstand mathematischen Lernens ist. Es bedarf jedoch auch Instrumente, mit denen die Charakteristik mathematischer Aufgaben systematisch analysiert werden kann, um daran dann weitere Lernprozesse auszurichten.

Die Arbeit von David Bednorz fügt sich insofern in die mathematikdidaktische Forschung im Umfeld von Sprache und Mathematik ein, als dass er ein solches Testinstrument entwickelt hat, um mathematische Aufgaben in ihrer sprachlichen Struktur zu analysieren. Ein solches Testinstrument für mathematische Aufgaben aus Test- und Lernsituationen ist in der mathematikdidaktischen Forschung bisher nicht in dieser Systematik bekannt. Dabei werden sprachlichen Variablen und Einflussgrößen extrahiert und mithilfe verschiedener Methoden empirisch analysiert. Ziel dieser Analyse ist ein Testinstrument zu erhalten, dass im Hinblick auf eine spätere Praxis für Fachdidaktiker und für Lehrkräfte geeignet ist, die sprachliche Komplexität mathematischer Aufgaben wissenschaftlich fundiert zu bewerten und auch auf der Grundlage dieser Erkenntnisse Möglichkeiten für eine systematische Variation zu erschließen. Die methodische Tiefe, mit der insbesondere die quantitativen Analyseverfahren eingesetzt und miteinander kombiniert werden, ist sicherlich ein besonderes Merkmal dieser Arbeit.

David Bednorz hat in dieser Arbeit ein Testinstrument fundiert, das für die weitere wissenschaftliche und unterrichtspraktische Tätigkeit ein wichtiger Ausgangspunkt ist, um weitere Forschung in diesem Umfeld anzustoßen und unterrichtspraktische Leitlinien abzuleiten. Das dabei verwendete methodische Vorgehen zeigt grundsätzliche Perspektiven für die empirische Forschung in der Mathematikdidaktik auf.

Bielefeld   Michael Kleine
im Dezember 2020

Vorwort

Die Arbeit an einer Dissertation bedeutet nicht nur eine fachliche, sondern auch persönliche Weiterentwicklung. Infolge dieser Weiterentwicklung wurde ich von vielen verschiedenen Personen unterstützt und bestärkt.

Meinen besonderen Dank gilt meinen Doktorvater Prof. Dr. Michael Kleine (Universität Bielefeld), der mir die Möglichkeit gegeben hat die verschiedenen Ideen die während des Projektes aufkamen, im Gespräch mit Ihm immer weiter auszudifferenzieren und die vorliegende Arbeit zu gestalten. Darüber hinaus bot er mir die Möglichkeit meine Arbeit in einem hervorragenden institutionellen Umfeld zu gestalten, das geprägt von kollegialem Austausch ist.

Auch möchte ich mich bei Prof. Dr. Dominik Leiss (Leuphana Universität Lüneburg) bedanken, insbesondere für den Austausch und die Anregungen, die ich für die Weiterentwicklung meines Projektes erhalten habe.

Darüber hinaus möchte ich mich bei Prof. Dr. Kerstin Tiedemann (Universität Bielefeld) und Prof. Dr. Dave Glassmeyer (Kennesaw State University) für die Diskussion und Ratschläge zu inhaltlichen und methodischen Fragen bedanken.

Mein Dank gilt ebenfalls meinen Arbeitskolleginnen und Arbeitskollegen am Institut für Didaktik der Mathematik, die stets bereit waren mich bei Fragen und Herausforderungen der Erstellung der Dissertation zu unterstützen.

Zuletzt gilt mein herzlichster Dank meiner Partnerin, meiner Familie und meinen Freunden, die mich im Verlauf der Dissertation und davor begleitet haben. Ihre Unterstützung und Geduld bedeuten mir sehr viel.

Vielen Dank!

David Bednorz

Zusammenfassung

Sprache hat als Lerngegenstand, Lernmedium und Lernvoraussetzung eine besondere Bedeutung für das Lern- und Leistungsverhalten im Mathematikunterricht. Unterschiedliche empirische Ergebnisse weisen darauf hin, dass heterogene sprachliche Fähigkeiten zu Disparitäten in den mathematischen Leistungen führen. Um auf die unterschiedlichen sprachlichen Voraussetzungen einzugehen, die bei Lernenden im Mathematikunterricht vorhanden sind, existieren insbesondere im Bereich der Testkonstruktion empirische Verfahren und Ergebnisse von Textanpassungen von mathematischen Textaufgaben. Solche Textanpassungen werden meist zur sprachlichen Simplifizierung von mathematischen Textaufgaben genutzt. Die bisherigen Ergebnisse solcher Textanpassungen kommen zu divergenten Schlussfolgerungen bezüglich der Effektivität solcher Anpassungsstrategien. Darüber hinaus nutzen die bisherigen Modelle kein quantitatives Verfahren zur Bestimmung von Faktoren die als Grundlage für die sprachliche Veränderungen dienen. Dahingehend wird ein quantitatives Instrument zur sprachlichen Variation von Textaufgaben benötigt, dass das Verfahren zur Textanpassung von mathematischen Textaufgaben ergänzt. Das Ziel ist es: 1. sprachliche Faktoren in mathematischen Textaufgaben abzubilden; 2. den Einfluss auf die Aufgabenschwierigkeit der sprachlichen Faktoren zu bestimmen; 3. fachlich-kontextuelle Merkmale der Aufgaben mit den sprachlichen Faktoren in Verbindung zu bringen. Zur Analyse der Textaufgaben wurde ein korpusbasierter Ansatz gewählt, durch den 17 Textmerkmale quantifiziert wurden. Zu 1.: mittels einer explorativen Faktorenanalyse wurden Beziehungsstrukturen zwischen den 17 Textmerkmalen in Faktoren abgebildet. Dabei war eine fünf Faktorenlösung besonders erklärungsstark und wurde für die Konzeptualisierung des Instruments verwendet. Durch die spezifischen Ladungen der Textmerkmale wurden die fünf Faktoren nach der

Interpretation wie folgt bezeichnet: *erklärend, komprimierend, beschreibend, informativ, instruktiv*. Zu 2.: der Einfluss auf die Aufgabenschwierigkeit durch die Faktoren wurde durch ein linear logistisches Testmodell bestimmt. Die Ergebnisse zeigten, dass der erklärende, informative und instruktive Faktor einen positiven Einfluss auf die Aufgabenschwierigkeit aufweist, während der komprimierende und beschreibende Faktor einen negativen Einfluss auf die Aufgabenschwierigkeit zeigt. Zu 3.: durch eine qualitative Vertiefungsanalyse wurden für die einzelnen Faktoren typische Textaufgaben selektiert. Durch ein deduktiv-induktives Verfahren wurden für die Textaufgaben inhaltliche und kontextuelle Spezifika herausgearbeitet, die zu folgenden Bezeichnungen geführt haben: für den erklärenden Faktor: *sequentielle Aufgaben*; für den komprimierenden Faktor: *ikonische Aufgaben*; für den beschreibenden Faktor: *rechnerische Aufgaben*; für den informativen Faktor: *sachliche Aufgaben*; für den instruktiven Faktor: *fachliche Aufgaben*.

Abstract

Language, as a learning object, learning medium and learning requirement, has a special significance for learning and performance in mathematics. Different empirical results indicate that heterogeneous language skills lead to disparities in mathematical performance. In order to deal with the different linguistic prerequisites that occur in mathematics lessons, there are empirical procedures and results of text adaptations of mathematical word problems, especially in the field of test construction. Such text adaptations are mostly used for linguistic simplification of mathematical word problems. The previous results of such text adaptation indicate divergent conclusions regarding the effectiveness of such adaptation strategies. Furthermore, the previous models do not use a quantitative method to determine factors that serve as a basis for language variation. Therefore, a quantitative instrument for language variation of word problem is needed which optimizes the procedure for text adaptation of mathematical word problems. The aim is: 1. extract language factors in mathematical word problems; 2. to determine the influence on the task difficulty of the language factors; 3. to relate the content-contextual characteristics of the word problem to the language factors. A corpus-based approach was chosen for the analysis of the word problems, by which 17 text features were quantified. For 1.: an explorative factor analysis was used to illustrate the relationship structures between the 17 text features in factors. A five-factor solution was especially informative and was used for the conceptualization of the instrument. Due to the specific charges of the text features, the five factors were labeled as follows after interpretation: *explanatory, compressive, descriptive, informative, instructive*. For 2: the influence of the factors on the task difficulty was determined by a linear logistic test model. The results showed that the explanatory, informative and instructive factor had a positive influence on task difficulty, while the compressive and descriptive factor had a negative influence on task difficulty. For 3: a qualitative analysis was used to select types of word problems for the individual factors. By using a deductive-inductive procedure, the content and contextual specifics of the word problems were worked out which led to the following descriptions: For the explanatory factor: *sequential tasks*; for the compressive factor: *iconic tasks*; for the descriptive factor: *calculatory tasks*; for the informative factor: *factual tasks*; for the instructive factor: *technical tasks*.

Inhaltsverzeichnis

Abbildungsverzeichnis

Tabellenverzeichnis

Einleitung 1

Gesamtüberblick: Die vorliegende Einleitung dient dazu, einen generellen Überblick über die Intentionen der Konzeptualisierung eines Instruments zur sprachlichen Veränderung von mathematischen Textaufgaben und über die Strukturen dieser Arbeit zu geben. Theoretische und empirische Befunde zur Rolle von Sprache im Mathematikunterricht motivierten das Ziel der Forschung, ein Instrument zu entwickeln, das die sprachlichen Merkmale in einer mathematischen Textaufgabe verändern kann und damit einen Ansatzpunkt bietet, Anpassungen von mathematischen Textaufgaben zu liefern (Abschnitt 1.1). Im Hinblick auf die Einordnung der bereits in der Literatur bestätigten Erkenntnisse von Sprache als Lernvoraussetzung und -hindernis sowie der Möglichkeiten der sprachlichen Anpassung ergeben sich für die Arbeit das Untersuchungsziel eines Instruments zur sprachlichen Veränderung von Textaufgaben (Abschnitt 1.2). Da das Thema Sprache und Mathematik viele Facetten umfasst, ist zur Fokussierung auf den relevanten Bereich eine Eingrenzung notwendig (Abschnitt 1.3). Zum Schluss wird ein Überblick über den Aufbau der Arbeit gegeben (Abschnitt 1.4).

1.1 Motivation

Es stellt sich die Frage, welche Bedeutung Sprache für das Lernen von Mathematik hat. Zunächst, so könnte gedacht werden, hat sie eine geringe Relevanz, da Mathematik mit der Berechnung von Zahlen und der Manipulation von Symbolen verbunden wird. Jedoch zeigt sich, dass Mathematik und Sprache beim Lehren und Lernen in einer engen Beziehung stehen – und das in besonderem

© Der/die Autor(en) 2021
D. Bednorz, *Sprachliche Variationen von mathematischen Textaufgaben*,
Bielefelder Schriften zur Didaktik der Mathematik 5,
https://doi.org/10.1007/978-3-658-33003-3_1

Maße bei der Betrachtung der Heterogenität von Lernenden, wobei der Anteil an diesen zunimmt. So hat der IQB-Bildungstrend 2018 gezeigt, dass sich der Anteil an Lernenden mit Zuwanderungshintergrund und sonderpädagogischem Förderbedarf signifikant erhöht hat (Stanat et al., 2019). Obwohl es Schulen gelingt, diese zunehmende Heterogenität zu bewältigen, denn die Ergebnisse der Erreichung der Kompetenzstandards bleiben trotz steigender Heterogenität insgesamt stabil, zeigen sich jedoch keine signifikanten positiven Entwicklungen (Stanat et al., 2019).

Bedeutsamer aus der sprachlichen Perspektive ist, neben der Erkenntnis, dass Heterogenität schulische Realität ist, jedoch, dass internationale Vergleichsstudien darlegen, dass die unterschiedlichen Voraussetzungen der Lernenden insgesamt zu Leistungsdisparitäten bei Tests führen können (A. Frey et al., 2010; Wendt et al., 2016). Die Befunde deuten, neben motivationalen Aspekten, auf profunde Disparitäten aufgrund des sozioökonomischen Status und des Zuwanderungshintergrunds hin (A. Frey et al., 2010; Stanat et al., 2019; Wendt et al., 2016). Die sozioökonomischen und zuwanderungsbedingten Disparitäten, so zeigt die Studie von Paetsch et al. (2016) und Prediger et al. (2015), lassen sich besonders aufgrund von Unterschieden in den sprachlichen Kompetenzen erklären. Sprache zählt! – auch für das Lehren und Lernen im Mathematikunterricht – und das vor allem bei heterogenen Schülervoraussetzungen (Vukovic & Lesaux, 2013).

Sprache ist nicht nur ein empirisches Phänomen im Mathematikunterricht, sondern kann auch theoretisch beschrieben werden. Sprache wird als Aspekt des Lern- und Leistungshandelns bereits früh als Gegenstand in der theoretischen Beschreibung der Mathematikdidaktik erwähnt (H. Maier & Schweiger, 1999). Für die theoretische Beschreibung von Sprache im Fach werden insbesondere funktionale Aspekte von Sprache in das Zentrum des Erkenntnisinteresses gestellt. Außerdem wird davon ausgegangen, dass im Mathematikunterricht spezielle, auf das Fach angepasste sprachliche Register verwendet werden. Die bisherigen Diskussionen zu Registern im Mathematikunterricht beziehen sich auf relativ abstrakte und vage Begrifflichkeiten wie Alltags-, Bildungs- und Fachsprache. Die Möglichkeiten, das Konzept des Registers als theoretische Fundierung von sprachlichen Prozessen im Mathematikunterricht zu verwenden, ist im weitesten Sinne unbestimmt. Daher ist es für die Praxis herausfordernd, die empirischen Korrelate dieses vermeintlich diskreten Konzepts zu bestimmen, um so zu ermitteln, wann, wie und wo Sprache alltags-, bildungs- oder fachsprachlich verwendet wird und welche methodisch-didaktischen Schlüsse daraus gezogen werden können. Es ist aber zu vermuten, dass das Konzept des Registers hilfreich sein kann, um auf die Lernvoraussetzungen der heterogenen Lernenden einzugehen. Darüber hinaus lässt sich Sprache im Mathematikunterricht in drei Aspekte aufteilen. Von besonderer Relevanz unter der geschilderten Perspektive von heterogenen Lernenden ist der Aspekt *Sprache als Lernvoraussetzung und -hindernis*. In diesem Aspekt werden die Erkenntnisse begrifflich zusammengefasst, dass sprachliche Voraussetzungen existieren, die benötigt werden, um Sprache im Mathematikunterricht zu verstehen, zu lesen, zu schreiben oder zu sprechen. Bestehen diese sprachlichen Voraussetzungen nicht, wird Sprache zum Hindernis bzw. zur Hürde für das Lernen von Mathematik.

Voraussetzungen und Hindernisse beim Lernen motivieren die didaktische Forschung und Praxis dazu, Angebote zu schaffen, um Lernenden die Möglichkeit zu bieten, die Voraussetzungen zu erwerben oder die Hindernisse zu reduzieren. Speziell im Kontext dieser Arbeit existieren Ansätze zur Anpassung des Textes von Mathematikaufgaben für die Lernenden. Solche Ansätze wurden besonders für Leistungssituationen im Kontext von Veränderungs- bzw. Simplifizierungsstrategien verwendet. Die Idee erscheint simpel: Reduktion der sprachlichen Merkmale, die die sprachliche Schwierigkeit eines Textes erhöht. Das bedeutet, je weniger schwierige sprachliche Merkmale in der Mathematikaufgabe vorhanden sind, desto weniger bedeutsam sind die sprachlichen Voraussetzungen der Lernenden und die Personen sollten imstande sein, bei gegebener fachlicher Kompetenz, die Mathematikaufgabe zu lösen. Zur Konzeption solcher Strategien der Veränderung der Sprache lassen sich zwei Ansätze unterscheiden. Bei dem ersten wird ein deduktiv-empirisches Vorgehen verwendet. Es werden aufgrund von theoretischen Erwägungen sprachliche Merkmale oder Dimensionen festgelegt, die zu einer sprachlichen Vereinfachung beitragen sollen und anschließend durch Expertinnen und Experten und/oder Probandinnen und Probanden überprüft. Der zweite Ansatz ist ein induktiv-empirisches Vorgehen. Durch explorative Verfahren, also solche ohne Vorannahmen, werden sprachliche Faktoren gebildet, die für die Schwierigkeit eines Textes (Textaufgabe) relevant sind. Für die Mathematikdidaktik wurde bislang nur ein deduktiv-empirisches Vorgehen zur Entwicklung eines sprachlichen Veränderungsmodells genutzt. Empirische Befunde zu Veränderungs- bzw. Simplifizierungsstrategien zeigen ein differenziertes Bild der Effektivität solcher Strategien und es lassen sich keine generalisierenden Schlüsse der Effektivität von Veränderungsstrategie ziehen. Außerdem ist noch unklar, inwieweit sich solche Anpassungsstrategien auch für Lernsituationen eignen. Dahingehend erscheint eine Weiterentwicklung des Ansatzes der sprachlichen Variation von mathematischen Textaufgaben notwendig.

1.2   Untersuchungsziele

Die aus der Motivation heraus gebildete Perspektive von Möglichkeiten, Strategien der sprachlichen Variation von mathematischen Textaufgaben weiterzuentwi-
ckeln, führt zum Untersuchungsziel dieser Arbeit. Das Ziel ist es, ein Instrument
zur sprachlichen Variation von mathematischen Textaufgaben zu entwickeln, das
durch ein quantitatives und induktiv-empirisches Vorgehen konzeptualisiert wird.
Zur Konzeptualisierung des Instruments werden drei Analysen durchgeführt:
explorative Faktorenanalyse, Rasch-Modell und linear-logistisches Testmodell
(LLTM), qualitative Vertiefungsanalyse. Diese sollen nachfolgend vertieft werden.

Explorative Faktorenanalyse: Durch das Instrument sollen die Beziehungen zwischen Textmerkmalen genutzt werden, die in mathematischen Textaufgaben aus
geläufigen Schulbüchern der Mathematik vorkommen. Für die quantitative Erhebung der Textmerkmale wurden die ausgewählten mathematischen Textaufgaben
computerbasiert ausgewertet. Um die Beziehungen zwischen den Textmerkmalen zu bestimmen, wurde eine explorative Faktorenanalyse verwendet. Durch
diese werden die Textmerkmale auf Faktoren systematisiert. Die Systematisierung
führt dazu, dass bestimmte Textmerkmale gruppiert werden und daraus Ableitungen hinsichtlich der Textschwierigkeit dieser gruppierten Textmerkmale gezogen
werden können.

Rasch-Modell und linear-logistisches Testmodell: Der Einfluss auf die Schwierigkeit der Textaufgaben wurde durch eine zweite quantitative Analyse ermittelt. Bei
dieser wurden das Rasch-Modell und ein LLTM genutzt, um den Einfluss der
Faktoren auf die Aufgabenschwierigkeit zu bestimmen.

Qualitative Vertiefungsanalyse: Darüber hinaus soll das Instrument, neben den
sprachlichen Veränderungen, auch die mögliche Veränderung von fachlichen und
kontextuellen Merkmalen abbilden. Grund hierfür ist, dass das Konzept des Registers von einer wechselseitigen Variation zwischen Sprache und Kontext ausgeht.
Um diese wechselseitigen Variationen einzubeziehen, wurde auf Grundlage der
Faktorenanalyse eine qualitative Vertiefungsanalyse ergänzt. Diese hatte zum Ziel,
bestimmte mathematische Textaufgaben zu selektieren, die für die einzelnen Faktoren repräsentativ sind, um festzustellen, welche fachlichen und kontextuellen
Besonderheiten für diese Textaufgaben zu ermitteln sind. Durch die qualitative Vertiefungsanalyse sollten also den sprachlichen Faktoren Aufgabentypen
gegenübergestellt werden.
     Das induktiv-empirische Instrument zur sprachlichen Variation von mathemati-
schen Textaufgaben soll dazu beitragen, mathematische Textaufgaben anzupassen

– und das sowohl für Leistungs- als auch für Lernsituationen. Durch die Kenntnis der sprachlichen Faktoren und des Einflusses auf die Aufgabenschwierigkeit können mathematische Testaufgaben angepasst werden. Für Lernsituationen und Übertragungsmöglichkeiten in der Praxis bietet die Verknüpfung von sprachlichen Faktoren und fachlich-kontextuellen Aufgabentypen weitreichende Potenziale. So können fachliche und sprachliche Lernziele durch die Verknüpfung bei der Bearbeitung von Textaufgaben definiert werden. Außerdem können sprachliche Anpassungen der mathematischen Lehrkraft durch die Wahl von Aufgabentypen realisiert werden.

1.3 Eingrenzung

Das dargestellte Instrument zur sprachlichen Variation von mathematischen Textaufgaben forciert eine Analyse, die sich ausschließlich auf Textmerkmale in den mathematischen Textaufgaben bezieht. Das bedeutet, dass nur rezeptive Prozesse für die Entwicklung des Instruments betrachtet wurden und keine kognitiven und motivationalen Merkmale der Rezipientin oder des Rezipienten. Für die Entwicklung des Instruments wurde theoriekonform angenommen, dass für die Textschwierigkeit sowohl textbezogene Eigenschaften als auch Eigenschaften der Rezipientin oder des Rezipienten elementar sind und sich die Verständlichkeit von bestimmten Texten je nach rezipierender Person in vielfältiger Weise unterscheiden kann. Der Fokus der empirischen Untersuchungen der sprachlichen Merkmale war jedoch die Perspektive auf rezeptive Prozesse. Ferner wurden für die Schätzung der Aufgabenschwierigkeit durch die sprachlichen Faktoren keine inhaltlichen und konzeptuellen Anforderungen der mathematischen Testaufgaben mitbetrachtet, was die erklärte Varianz reduziert. Des Weiteren wurde für die Bestimmung der Schätzung und des Effektes auf die Aufgabenschwierigkeit ein vorhandener Datensatz verwendet, der nur ein Anteil der sprachlichen Analyse des ersten Studienteils ausmachte. Es ergeben sich weitere Limitierungen aufgrund von ökonomischen Gründen. So musste für die Empirie die Anzahl an ausgewählten Textmerkmalen, mathematischen Textaufgaben und ausgewählten Schulbüchern eingeschränkt werden.

1.4 Aufbau der Arbeit

Der allgemeine strukturelle Aufbau der Kapitel ist wie folgt: Zu Beginn der einzelnen Kapitel wird ein Gesamtüberblick bzw. bei Unterkapiteln ein Überblick

über den Inhalt des Kapitels gegeben. Bei längeren Kapiteln findet zum Schluss
ein kurzes Resümee des Inhalts statt.

Der inhaltliche Aufbau der Arbeit orientiert sich an der Darstellung der
theoretischen Grundlagen (Teil I) und der empirischen Konzeptualisierung des
Instruments zur sprachlichen Veränderung von mathematischen Textaufgaben
(Teil II).

Aus diesem Grund werden im zweiten Kapitel die Grundlagen des Zusammenhangs von Sprache und Mathematik erörtert. Dahingehend werden allgemeine
relevante Elemente wie die Bedeutung von Sprache für den Mathematikunterricht
und die Relevanz der sprachlichen Heterogenität im Mathematikunterricht geklärt.
Außerdem werden zentrale theoretische Grundannahmen für Sprache im Mathematikunterricht beschrieben. Es werden die Funktionen und Aspekte von Sprache
im Mathematikunterricht erläutert.

Im dritten Kapitel wird der theoretische Rahmen auf den Untersuchungsgegen-
stand spezifiziert. So werden die Bedeutung, theoretische Erklärungsmodelle und
Beschreibungen von Text und Kontext geklärt. Im dritten Kapitel wird neben der
Definierbarkeit von Text und typischen Texten im Mathematikunterricht auch die
Relevanz von Kontext als besonderes Textkriterium dargelegt und die Relevanz
von Texten wird an typischen Texten im Mathematikunterricht demonstriert.

Die sprachliche Veränderung bzw. Variation ist zentrales Element in der Konzeptualisierung des Instruments. Aus diesem Grund werden im vierten Kapitel
sprachliche Variationen betrachtet. Neben der Analyse von unterschiedlichen Formen von sprachlichen Variationen ist insbesondere das Konzept des Registers
für das Lehren und Lernen im Mathematikunterricht bedeutsam. Im Hinblick
darauf werden Register, die als typisch für den Mathematikunterricht betrachtet
werden können, beschrieben. Außerdem werden das ergänzende Registerkonzept der Registervariationen und Möglichkeiten der empirischen Erfassung von
Registervariationen beschrieben.

Im fünften Kapitel wird das Textverstehen von Textaufgaben als sprachliche Anforderung im Mathematikunterricht behandelt. Dafür wird zunächst kurz
auf allgemeine sprachliche Anforderungen im Mathematikunterricht eingegangen, um danach unterschiedliche Perspektiven in Bezug auf das Textverstehen zu
behandeln und anschließend auf Basis des Begriffes des Textverstehens weitere
Ableitungen für Textverstehensprozesse bei Mathematikaufgaben zu diskutieren.
Aus den Perspektiven des Textverstehens ergeben sich Ansätze zur Messung
und Vorhersage von Textschwierigkeiten. Diese lassen sich in die Lesbarkeitsforschung und in weitere Ansätze von Verständlichkeitskonzepten unterteilen.
Die für die allgemeinen Texte aufgestellten Möglichkeiten der Messung und
Vorhersage müssen nicht zwangsläufig auch für mathematisch orientierte Texte

gelten. Aus diesem Grund erfolgen eine kritische Reflexion der Textschwierigkeit von fachlichen Texten und eine Zusammenfassung der Textgestaltungs- und
Optimierungsprinzipien, die sich aus der Diskussion der Messung und Vorhersagen von Textschwierigkeiten ableiten lassen. Die Ansätze der Messung und
Vorhersage der Textschwierigkeiten führen zu der Möglichkeit der Anpassung
von mathematischen Texten bzw. mathematischen Testaufgaben durch sprachliche Variationen. Die Anpassungen von mathematischen Texten bzw. Textaufgaben
werden für Veränderungs- bzw. Simplifizierungsstrategien genutzt. Dahingehend
werden Möglichkeiten und Befunde dieser Strategien diskutiert und ein Desiderat
der Forschung wird beschrieben, das zum empirischen Teil überleitet.

Im sechsten Kapitel des empirischen Teils dieser Arbeit werden zunächst
die Zielsetzung und Methode der Arbeit beschrieben. Es wird das induktiv-
empirische Instrument für sprachliche Variationen von Textaufgaben dargestellt.
Unter der Zielperspektive der Konzeptualisierung des Instruments erfolgen eine
Beschreibung des Studiendesigns und der Methode sowie generelle Hinweise zur
empirischen Analyse von Textmerkmalen. Darüber hinaus wird die Auswahl der
Textmerkmale beschrieben und der funktionale Zusammenhang dieser Textmerkmale, der für die Interpretation der empirischen Ergebnisse relevant ist, wird
geschildert. Außerdem wird geklärt, wie die Stichprobenauswahl erfolgte.

Im siebten Kapitel wird die erste quantitative Analyse beschrieben. Bei dieser handelt es sich um eine explorative Faktorenanalyse. Durch diese werden
die Textmerkmale in Faktoren gruppiert. Letztere sind die Basis des Instruments
zur sprachlichen Variation. In dieser Analyse werden sowohl die Auswertungsverfahren als auch die Ergebnisse und die Interpretation der Ergebnisse
präsentiert.

Im achten Kapitel wird die zweite quantitative Analyse dargestellt. Diese
basiert auf dem Rasch-Modell, das durch ein LLTM erweitert wird. Die beiden
Modelle werden verwendet, um die Schwierigkeit der für die Analyse verwendeten Testaufgaben zu schätzen und mit dem LLTM den Effekt der sprachlichen
Faktoren auf die Aufgabenschwierigkeit festzustellen. Beide Methoden werden
in diesem Kapitel beschrieben und die Ergebnisse werden jeweils dargestellt und
diskutiert.

Im neunten Kapitel wird die qualitative Vertiefungsanalyse präsentiert. Das
Ziel dieser Analyse ist es, die sprachlichen Faktoren mit fachlichen und kontextuellen Merkmalen der Textaufgaben in Beziehung zu setzen. Hierzu werden
zunächst allgemein die Methode und Grundsätze einer qualitativen Inhaltsanalyse
beschrieben und es wird erläutert, wie die Auswahl von geeigneten Textaufgaben
(Fällen) je Faktor erfolgt ist. Im Anschluss wird das Vorgehen der Entwicklung

eines Kategoriensystems beschrieben und die Qualitätskriterien für eine qualitative Analyse werden geprüft. Zur Verdeutlichung von Spezifika der Textaufgaben je Faktor werden darauffolgend jeweils zwei Textaufgabenbeispiele je Faktor präsentiert. Im Anschluss wird dargestellt, wie die Bildung von Aufgabentypen erfolgt ist.

Im zehnten Kapitel werden die Ergebnisse der drei Studien zusammengefasst. Diesbezüglich findet die Einordnung der Ergebnisse in Form einer vergleichenden Analyse und inhaltlichen Erkenntnis statt. Außerdem werden für die verwendeten Methoden methodische Erkenntnisse formuliert.

Abschließend erfolgen im elften Kapitel ein Ausblick und die Benennung möglicher Anschlussfragestellungen, die sich für das Instrument zur sprachlichen Variation von Textaufgaben ergeben. Hierfür werden erstens direkte Implikationen für die weitere Forschung aus den in dieser Arbeit entwickelten Ergebnissen abgeleitet. Zweitens werden Anschlussfragestellungen für die didaktische Forschung formuliert und drittens wird die Einsetzbarkeit des Instruments in der Praxis erläutert.

Teil I
Theoretischer Teil

Zusammenhang zwischen Sprache und Mathematik

Gesamtüberblick: Sprache ist für mathematische Lehr- und Lernprozesse relevant, sowohl in Bezug auf sprachlich-kommunikative als auch auf inhaltliche Aspekte. Die Bedeutung, die Sprache für den Mathematikunterricht in den letzten Jahren dazugewonnen hat, ist anhand von internationalen Vergleichs- und Folgestudien zu erklären (Abschnitt 2.1). Anhand dieser Arbeiten sind die sprachlichen Voraussetzungen von Lernenden unter der Perspektive von heterogenen Lerngruppen ein substanzieller Gesichtspunkt, der im Mathematikunterricht mitgedacht werden muss (Abschnitt 2.2). Sprache kann funktional beschrieben werden, was bedeutet, dass die Sprache im Kontext von fachlichen Lehr- und Lernprozessen differenziert wird, je nachdem, wofür sie verwendet wird (Abschnitt 2.3). Die funktionale Nutzung von Sprache lässt sich auf einer kognitiven Ebene – als Werkzeug des Denkens – und einer kommunikativen Ebene – als Werkzeug der Vermittlung – betrachten (Abschnitt 2.3.1). Werden diesbezüglich empirische Befunde zur kognitiven Funktion analysiert, deren Bedeutung für den Mathematikunterricht nicht zwangsläufig so klar ist wie die der kommunikativen Funktion (Abschnitt 2.3.2), wird deutlich, dass eine Analyse der sprachlichen Funktion für den Mathematikunterricht bedeutend ist. In der vorliegenden Arbeit wird auf theoretische Aspekte der funktionalen Grammatik zurückgegriffen. Dahingehend ist die Betrachtung der funktionalen Elemente von Sprache zu diskutieren, die Parallelen in der Unterscheidung zwischen kognitiver und kommunikativer Funktion zeigen (Abschnitt 2.3.3). Neben den Funktionen, die die Bedeutung der Sprache im Mathematikunterricht unterstreichen, werden drei weitere Aspekte von Sprache betrachtet (Abschnitt 2.4). So ist Sprache Gegenstand des Lehrens und Lernens von Mathematik, beispielsweise durch die Fachbegriffe, die gelernt werden (Abschnitt 2.4.1). Daneben nimmt Sprache als Lernmedium eine Rolle für den Mathematikunterricht ein, da sie zur Vermittlung der Inhalte dient

© Der/die Autor(en) 2021
D. Bednorz, *Sprachliche Variationen von mathematischen Textaufgaben*,
Bielefelder Schriften zur Didaktik der Mathematik 5,
https://doi.org/10.1007/978-3-658-33003-3_2

(Abschnitt 2.4.2). Durch die beiden zuvor geschilderten Aspekte ergeben sich Implikationen für den dritten Aspekt. Die sprachlichen Voraussetzungen haben Einfluss auf den Lernerfolg im Mathematikunterricht. Geringe sprachliche Voraussetzungen der Lernenden können sich damit als Lernhindernis darstellen (Abschnitt 2.4.3).

2.1   Bedeutung von Sprache für den Mathematikunterricht

Sprache hat als Untersuchungsgegenstand für das Lernen mathematischer Inhalte in der Mathematikdidaktik eine lange Tradition. Einerseits existieren interpretative Ansätze, die insbesondere mit dem Namen Heinrich Bauersfeld in Verbindung gebracht werden (H. Maier, 1991). Diese Ansätze fokussieren die Analyse und Deutung von Sprache im Kontext von Aushandlungsprozessen. Andererseits wird die Fachsprache als abstrakte Formalsprache betrachtet und insbesondere der Umgang von Lernenden mit den Symbolen der Mathematik beschrieben (Freudenthal, 1973, 1983).

Die Aktualität des Themas Sprache hat in den letzten Jahren an Relevanz dazu gewonnen. Dies ist anhand von internationalen empirischen Studien wie PISA (*Programme for International Student Assessment*) sowie TIMSS (*Trends in International Mathematics and Science Study*) und dem stärkeren Fokus auf die Leistungsheterogenität der Lernenden nachzuvollziehen. Die verstärkte Betrachtung der Heterogenität von Lernenden ist differenziert zu erklären. Erstens haben sich die sozialen Bedingungen, beispielsweise Migration und Urbanisierung, verändert und zweitens hat die UN-Behindertenrechtskonvention maßgeblich inklusive Ansätze zur Beschulung für verschiedene Schulformen beeinflusst und damit die vielfältigen Eingangsvoraussetzungen der Lernenden weiter differenziert (Overwien & Prengel, 2007; Pijl et al., 1997; UNESCO, 2009). Die mathematikspezifischen, leistungsbezogenen Heterogenitätsaspekte sind mindestens genauso zentral wie die sozialen und bildungspolitischen Einflüsse auf die Leistungsdisparitäten im Bildungsverlauf. Dies implizieren die angesprochenen internationalen Vergleichsstudien wie die PISA-Studie, die seit dem Jahr 2000 erhoben wird. Die PISA-Studie ist im Hinblick auf die aktualisierte Betrachtung von Sprache auch im Fachunterricht entscheidend, da hierin die unterschiedlichen Leistungen von monolingualen im Vergleich zu nicht monolingualen Lernenden belegt wurden (Klieme et al., 2010). Darauf aufbauend, belegen weitere Studien den Einfluss von sprachlichen Konstrukten auf die mathematische Leistung (vgl. Abschnitt 2.4.3). Sowohl in der Forschung als auch in der Praxis wurde damit Sprache als Element des Lehrens und Lernens von Mathematik verstärkt betrachtet.

2.2 Sprachliche Heterogenität

Wie im vorherigen Kapitel geschildert, ist die Heterogenität ein bedeutender Grund dafür, dass Sprache im Mathematikunterricht an Relevanz gewinnt. Dies liegt an den unterschiedlichen (heterogenen) sprachlichen Voraussetzungen von Lernenden.

Heterogenität ist jedoch in der Diskussion um diese Voraussetzungen nicht neu. Bereits in früheren pädagogischen Auseinandersetzungen bei Comenius, Humboldt, Herbart und weiteren zum Teil reformpädagogischen Ansätzen existierte eine thematische Auseinandersetzung mit den ungleichen Ausgangsbedingungen (Ehlers, 2004). Diese Ansätze verweisen auf die Verschiedenheit von Lernenden im Denken und Handeln (Tillmann, 2004).

Unter linguistischer Betrachtung lässt sich der erste Teil des Wortes *Heterogenität* aus dem griechischen Wort *heteros* (andersartig) ableiten und impliziert damit die Fragestellung: *Anders als was?* Beim Begriff der Heterogenität handelt es sich um ein soziales Phänomen. Das Wort ist ein relationaler Terminus, der das Endergebnis eines normativen Vergleichs von Bezügen darstellt (Frauendorfer, 2011; Hagedorn, 2010; Wittek, 2013). Dieser Vergleich beschränkt sich nicht auf die kognitiven Dimensionen der Lernenden, hat jedoch immer eine Bezugsnorm, mit der verglichen wird.

Für den Kosmos Schule beschreibt Tillmann (2004) eine lange Tradition der Fixierung auf die Homogenität von Lerngruppen. Mittlerweile ist die Betrachtung der Heterogenität jedoch manifester Bestandteil der sozialen und schulischen Realität geworden und kennzeichnet, dass es in der Praxis zur Distanzierung von der Fixierung auf die Homogenität der Lerngruppen kommt (Wittek, 2013). Durch die breite Akzeptanz ist der erfolgreiche Umgang mit Heterogenität zu einem Merkmal für Unterrichtsqualität geworden (König et al., 2015).

Die Voraussetzungen, in denen sich Lernende in schulisch relevanten Kontexten unterscheiden, sind mannigfaltig (Wittek, 2013). Beispielsweise differenzieren sich Lernende in Merkmalen wie Schulleistung, Herkunft, Geschlechterrollen, sozialen Milieus, körperlichen Bedingungen und Sprache (Bos et al., 2004).

In Verbindung mit der Heterogenität steht der Begriff der *Inklusion.* Der Zusammenhang zwischen diesen Termini ergibt sich, da Inklusion als eine positive Auseinandersetzung mit der Heterogenität von Lernenden definiert werden kann, die dabei alle Dimensionen der Heterogenität dieser Personen betont (Hinz,

2009). *Positiv* bedeutet hierbei, dass Heterogenität insbesondere als Chance und nicht als Hindernis für das Lernen verstanden wird. Damit entwickelt sich Inklusion von einem bildungspolitischen Terminus zu einer didaktischen Kategorie, anhand derer sich das Gelingen eines – im Fall dieser Arbeit – sprachintegrierten Mathematikunterrichts unter der Perspektive von Inklusion als Qualitätsmerkmal beschreiben lässt.

Für Forschung und Praxis ist es relevant zu fokussieren, in welchen Aspekten sich Lernende unterscheiden und welche Einflüsse diese Unterschiede auf das Lern- und Leistungsverhalten im Mathematikunterricht haben. Nur so können passende adaptive didaktische Maßnahmen entwickelt und erforscht werden, die es den Lernenden mit unterschiedlichen Voraussetzungen ermöglichen, sowohl auf schulischer als auch auf gesellschaftlicher Ebene zu partizipieren.

Wendt et al. (2016) zeigen in der internationalen Vergleichsstudie für Grundschulkinder TIMSS 2015, dass sich Leistungsdiskrepanzen durch Heterogenitätsmerkmale aufgrund von herkunftsbezogenen Unterschieden feststellen lassen. Für Lernende mit Migrationshintergrund zeigen sich signifikante Leistungsdisparitäten, die deutlicher ausfallen, wenn beide Elternteile im Ausland geboren sind (Wendt et al., 2016). Im Vergleich zum Erhebungszeitraum 2007 fallen diese jedoch im Jahr 2016 geringer aus. Damit scheint es erfolgreicher zu gelingen, Lernende mit heterogener Herkunft zu fördern (Wendt et al., 2016). Prenzel et al. (2013) stellen fest, dass sich Lernende mit bzw. ohne Zuwanderungshintergrund einerseits in PISA 2003, andererseits in PISA 2012 signifikant in der mathematischen Kompetenz unterscheiden. Es zeigt sich bei PISA 2012, dass sich die Unterschiede zwischen den Lernenden ohne Zuwanderungshintergrund und denen, die in der zweiten Generation in Deutschland leben, im Vergleich zu PISA 2003 reduziert haben (Prenzel et al., 2013). Die Tendenzen von PISA 2015 und TIMSS 2015 indizieren damit, dass die Bemühungen, die infolge der Studien erfolgten, Wirkung zeigen.

Des Weiteren belegen Prenzel et al. (2013), dass zusätzliche Indikatoren eine Rolle in der Mediation des Einflusses der Zuwanderungsgeschichte auf die mathematische Leistung einnehmen. Die Ergebnisse zeigen, dass der Zuwanderungshintergrund nicht alleinige Grundlage der Disparitäten in der Mathematikleistung ist und dass weitere Merkmale, beispielsweise der sozioökonomische Status oder die sprachlichen Kompetenzen, bei der Erklärung der Unterschiede relevant sind (Prenzel et al., 2013).

Im Kontext von sprachlichen Fähigkeiten als Merkmal der Lernenden belegen Prediger et al. (2015), dass die sprachliche Kompetenz im Vergleich zu anderen Merkmal von Lernenden in ihrer Studie die größte Bedeutung bei der Erklärung des Zusammenhangs mit der Mathematikleistung hat. In der Studie von Ufer et al.

(2013) wird darauf hingewiesen, dass die sprachlichen Fähigkeiten besonders bei Aufgaben bedeutsam sind, deren Fokus auf konzeptuell-inhaltlichen Facetten (u. a. Sachaufgaben) liegt. So stellen Ufer et al. (2013) für den Lernzuwachs einen signifikanten Einfluss des Sprachstandes auf konzeptuell-inhaltliche Facetten auf inhaltlicher Ebene fest, der höher ist als der der kognitiven Grundfertigkeiten.

Das Desiderat aus den genannten Studien begründet den Fokus der Arbeit, der auf Sprache als einem zentralen Heterogenitätsmerkmal für das Lernen mathematischer Inhalte liegt. Folglich sind Unterrichtsqualität und der Lehr- sowie Lernerfolg im Mathematikunterricht substanziell von der Betrachtung von Sprache als Heterogenitätsmerkmal geprägt. Unter dieser Perspektive beschreiben Vollmer und Thürmann (2010, S. 21–22) das integrierte Konzept des Sprachlernens als Aufgabe der ganzen Schule unter der Prämisse „der Entwicklung und Unterstützung eines akademischen Sprachgebrauchs im Fachunterricht", mit dem Ziel, dass sprachliche Unterschiede durch Förderung auf einem hohen Niveau angeglichen werden können, um so Bildungserfolg zu ermöglichen.

2.3 Funktionen von Sprache

Um der sprachlichen Heterogenität im Mathematikunterricht gerecht zu werden, benötigt es einen theoretischen Rahmen, der dazu genutzt werden kann, Sprache im Fachunterricht zu fördern. Für den Mathematikunterricht bietet es sich an, unterschiedliche Funktionen von Sprache differenziert zu betrachten.

Überblick (Abschnitt 2.3): Die Betrachtung sprachlicher Funktionen auf kognitiver und kommunikativer Ebene zeigt zwei Perspektiven auf das Phänomen der Sprache in fachlichen Lehr- und Lernprozessen (Abschnitt 2.3.1). Der Einfluss der kommunikativen Funktion ist aufgrund des Vermittlungsaspektes unstrittig; unklar ist jedoch, ob und in welcher Weise die kognitive Funktion einen Effekt auf das Denken aufweist und ob dieser empirisch zu beobachten ist. Diese Fragestellung wird durch linguistische Studien adressiert, in denen der Einfluss auf das Denken und Sprechen analysiert wird (Abschnitt 2.3.2). Aufgrund des Forschungsfokus der vorliegenden Arbeit wird ergänzend zu der in Abschnitt 2.3.1 vorgestellten Unterscheidung in die kommunikative und kognitive Funktion die funktionale Differenzierung von Sprache nach der funktionalen Grammatik dargestellt (Abschnitt 2.3.3).

2.3.1 Kommunikative und kognitive Funktion

Die Unterscheidung in eine kommunikative und eine kognitive Funktion von Sprache geht insbesondere auf H. Maier und Schweiger (1999) zurück. Sie verweisen mit der Betrachtung einer doppelten Funktion von Sprache auf Klix (1995), der diese Unterscheidung definiert.

Klix (1995) beschreibt die kommunikative Funktion aus einer biologischen Perspektive als eine Funktion, die die Vorreiterrolle der Sprache einnimmt und die insbesondere phonologische Aspekte der Sprache abdeckt. Dabei differenziert er die kommunikative Ebene in zwei Funktionen: zum einen die lautliche kommunikative Funktion und zum anderen die lernabhängige Kommunikation, die für ihn bereits ein Zwischenstadium von kognitiven Aspekten in der kommunikativen Funktion darstellt.

Menschen nutzen Sprache jedoch nicht nur zur lautlichen Kommunikation, sondern auch auf einer kognitiven Ebene als ein Beschreibungs- und Deutungsinstrument, das mit zusätzlichen semiotischen Systemen verknüpft werden kann, um das Denken zu erweitern, zu vereinfachen oder zu verkürzen (Tomasello, 2008). Für die kognitive Funktion von Sprache unterscheidet Klix (1995) vier unterschiedliche funktionale Ebenen:

1. die Funktion der Verdichtung des Informationstransports in der Kommunikation durch begriffliche Repräsentationen
2. die Fixierung neuer Wissensbereiche und deren begriffliche Durchdringung
3. das Teilen von Ergebnissen des individuellen Denkens als soziale Funktion des Denkens
4. die Wechselbeziehung zwischen Anschauungsbildern und begrifflichen Strukturen als kreatives Denken

Hiermit zeigt sich, dass eine Unterscheidung in kommunikative und kognitive Funktion nicht trivial ist, da beide Ebenen eng miteinander in Beziehung stehen, wie besonders im ersten (Informationstransport) und dritten (das Teilen) Punkt verdeutlicht wird. Mithin wird anhand dieser Beschreibung verdeutlicht, dass es problematisch ist, die kommunikative Funktion (separiert) zu betrachten, wenn beispielsweise sprachliche Hürden von Lernenden beschrieben werden. In dieser Hinsicht ist auch die von Meyer und Tiedemann (2017) hervorgehobene Erläuterung der verstärkenden Rolle der kommunikativen auf die kognitive Funktion, die H. Maier und Schweiger (1999) einbrachten, zu verstehen, und zwar als die Vermittlungsinstanz der kommunikativen Funktion für das Denken und damit auf die kognitive Funktion durch Aspekte der phonologischen bzw. lautlichen Kommunikation. So ist das Phänomen bekannt, dass Personen durch die Erklärung eines Sachverhaltes ebendiesen für sich genauer verstehen. Gleichzeitig scheinen die unterschiedlichen kognitiven Funktionen (implizit) natürlicher Bestandteil des Lehrens und Lernens in der Mathematik und der mathematikdidaktischen Forschung zu sein – und dies auch ohne einen direkten Verweis auf die kognitive Funktion von Sprache. So betrachtet beispielsweise Freudenthal (1973) in seinen didaktischen Ausführungen den ersten Punkt der kognitiven Funktion der Verdichtung des Informationstransportes durch begriffliche Repräsentationen, indem er die Problematik der symbolischen Notation bei Lernenden diskutiert. Die sprachlichen Funktionen sind also bereits früh in die didaktische Perspektive genommen worden.

2.3.2 Empirische Befunde zur kognitiven Funktion von Sprache

Ausgehend von der geschilderten engen Verflechtung zwischen der Sprache auf der einen und dem fachlichen Inhalt auf der anderen Seite mit den Begriffen, Vorstellungen, Darstellungen und Kenntnissen von mathematischen (abstrakten) Objekten und den Operationen, die der Mathematikunterricht beinhaltet, sollen nachfolgend empirische Erkenntnisse zu der kognitiven Funktion von Sprache dargestellt werden.

Die Beziehung zwischen Sprache und der Kognition wurde in einer Reihe von linguistischen Studien durch den Vergleich von Sprachen untersucht. Aus mathematikdidaktischer Perspektive relevant sind solche Arbeiten, in denen die Verbindung zwischen Sprache und räumlichen sowie zeitlichen Strukturen fokussiert wird.

Levinson und Haviland (2009) beschreiben insbesondere die Unterschiede von Präpositionen (in, auf, zu, bei, über etc.) und Verben (drehen, fallen, erreichen etc.), die zur Bezeichnung von Bewegungsvorgängen und zu Ortsbeschreibungen verwendet werden, zwischen Englisch, Französisch und Deutsch im Vergleich zur Sprache der Maya (Tzeltal sowie Tzotzil). Dabei fehlt bei den Sprachen Tzeltal und Tzotzil eine deiktische Distinktion, d. h. Vorderseite, Rückseite, rechts, links. Entsprechende Wortgruppen sind jedoch zentral zur Beschreibung von Mustern, Strukturen und mathematischen Objekten wie geometrischen Figuren und Körpern, aber auch für angewandte Mathematik zur Beschreibung von realen Vorgängen (Levinson & Haviland, 2009).

Auch für andere Sprachen zeigt sich, dass sich die sprachlichen Systeme zur Beschreibung von räumlichen Situationen deutlich unterscheiden können und daneben die Wahrnehmung von Zeit beeinflussen (Boroditsky, 2000; Bowerman & Choi, 2001; Casasanto et al., 2010). Gaby (2012) belegt, dass aus der Variabilität von Beschreibungssystemen auch unterschiedliche kognitive Handlungsmuster abgeleitet werden können. In der Untersuchung sollten Aborigines mit der Sprache Kuuk Thaayorre eine zeitliche Bildfolge auslegen. Die Aborigines legten die Bildfolge nach der Himmelsrichtung, wobei die Himmelsrichtung als frequentiertes, direktionales sprachliches Mittel in der Kuuk Thaayorre verwendet wurden. Die Sprache hat dementsprechend einen Effekt auf das Legen der Bildfolge. Die Studie von Boroditsky et al. (2008) deutet ebenfalls darauf hin, dass die Abfolge von zeitlichen Bildfolgen von der genutzten Sprache abhängt. So strukturierten Englisch sprechende und Deutsch sprechende Personen eine zeitliche Abfolge von links nach rechts, Arabisch sprechende legten die Karten tendenziell von rechts nach links, was der Schreibrichtung der jeweiligen Sprache entspricht.

Die empirischen Studien verweisen darauf, dass Kognition und Sprache eine enge Verbindung haben und sich je nach gesprochener Sprache in unterschiedlicher Weise ausprägen. Dahingehend ist neben der kommunikativen die kognitive Funktion von Sprache für Lehr- und Lernprozesse im Mathematikunterricht bedeutsam (Prediger, 2016). Bewusst wird die Relevanz der kognitiven Funktion bei einer Betrachtung der genannten Studien u. a. dann, wenn bedacht wird, dass zum Verständnis und zur Interpretation von Darstellungsformen im Mathematikunterricht Aspekte von Raum und Zeit essenziell sind, die durch Sprache vermittelt werden – und das sowohl auf kommunikativer als auch auf kognitiver Ebene.

2.3.3 Funktionen im Sinne der funktionalen Grammatik

Neben der für die mathematikdidaktische Forschungsliteratur üblichen Unterscheidung in die kommunikative und die kognitive Funktion von Sprache existieren weitere funktionale Unterscheidungsmöglichkeiten. Aufgrund des Fokus dieser Arbeit scheint die funktionale Beschreibung der funktionalen Grammatik bedeutsam.

Halliday (2014a) ist einer der bekanntesten Vertreter der funktionalen Grammatik und verwendet zur Analyse eine funktionale Beschreibung von Sprache. Er ordnet die Funktionen von Sprache in sein Konzept der Sprachvariationen ein, u. a. mit dem Begriff des *Registers* (vgl. Abschnitt 4.2) (Halliday, 2003a, 2004a,

2004b, 2005, 2014a; H. Maier & Schweiger, 1999). Unter Betrachtung der Analyse von Sprache nach einer soziolinguistischen und pragmatischen Orientierung
wird die funktionale Beschreibung wie folgt begründet:

> (W)hat are the basic functions of language, in relation to our ecological and social
> environment [...] [w]e suggested two: making sense of our experience, and acting out
> our social relationships (Halliday, 2014a, S. 30).

Im Fokus der Halliday'schen Betrachtung von Funktionen von Sprache stehen
dementsprechend sowohl die Bedeutungskonstruktion aus der Wahrnehmung als
auch die soziale Beziehung und der damit einhergehende Austausch von Wahrneh-
mungen aus der Umwelt. Dieser theoretische Ansatz fokussiert eine konstruktive
(*sense making*) und interaktionale (*ecological*) Basis und bietet damit einen
naheliegenden Zugang zur funktionalen Untersuchung von Sprache bei Lehr-
und Lernprozessen im Fachunterricht. Halliday (2014a) definiert drei Typen von
Basisfunktionen, die er im Kontext seiner Analyse als *Metafunktionen* bezeichnet.
Er unterscheidet die:

1. ideelle (*ideational*) Metafunktion, die in erfahrungsgemäße (*experiential*) und
   logische (*logical*) Metafunktionen differenziert wird;
2. die interpersonale (*interpersonal*) Metafunktion und die
3. textuelle (*textual*) Metafunktion.

Erläuterungen zu den Metafunktionen: Die ideelle Metafunktion von Sprache
verweist auf die Bedeutung von Sprache als Ressource zur Strukturierung und
Konstruktion von menschlicher Erfahrung (Halliday, 2014a). In der Auseinandersetzung mit dieser Metafunktion verwendet Halliday bei seiner Erklärung der
begrifflichen Fixierung von Sprache ähnliche Analogien wie Klix (1995, S. 34):

> Begriffe sind Klassifizierungen von Objekten, Ereignissen oder Operationen nach den
> ihnen gemeinsamen (invarianten) Merkmalen. Sie werden im Gedächtnis gespeichert
> und bilden die Basis des klassifizierenden Erkennens: Ein Stamm, Zweige und Blät-
> ter oder Nadeln bilden den Begriff des Baumes. Und so für alle wahrnehmbaren
> Merkmalssätze.

In einer ähnlichen Weise beschreibt Halliday (2014a, S. 30) die ideelle (erfahrungsgemäße) Metafunktion:

It is clear that language does – as we put it – construe human experience. It names things, thus construing them into categories; and then, typically, goes further and construes the categories into taxonomies, often using more names for doing so. So we have houses and cottages and garages and sheds, which are all kinds of building; strolling and stepping and marching and pacing, which are all kinds of walking; in, on, under, around as relative locations, and so on – and the fact that these differ from one language to another is a reminder that categories are in fact construed in language.

Halliday (2014a) sowie Klix (1995) beschreiben die Möglichkeit, unterschiedliche Erfahrungen zu gruppieren und Unterscheidungen durch die Wahl von sprachlichen Mitteln zu treffen. Dieses Alltagsphänomen, das bei unkomplizierten Begriffen wie *Baum*, *Haus* oder *Auto* beginnt, wird in der Mathematik und im Mathematikunterricht fortgeführt. So existieren Dreiecke, Vierecke, Fünfecke usw. Diese können in konvexe, konkave oder überschlagene Vielecke gruppiert werden. Dabei zeigt sich eine Vielfalt von Unterscheidungsmöglichkeiten, die durch die Sprache vermittelt werden, sowohl in der Realität als auch in der Mathematik.

Die begrifflichen Phänomene zur Strukturierung der Erfahrungswelt werden, als erfahrungsgemäße Metafunktionen charakterisiert, die durch die Verbindung miteinander jeder Form von Erscheinung Bedeutung verleihen können (Halliday, 2003b, 2014a). Halliday (2014a) führt den Vergleich von sprachlichen Funktionen weiter aus, indem er zusätzlich eine logische Metafunktion einführt. Die logische Metafunktion beschreibt die Möglichkeit, Begriffe miteinander durch komplexe grammatikalische Formen zu verbinden und in Beziehung zu setzen. Hierdurch lässt sich beispielsweise die Form der Blätter als Dreiecke klassifizieren, da eine sprachliche Verbindung zwischen Formen von Blättern und geometrischen Formen konstruiert werden kann. Die logische Verknüpfung von Begriffen ermöglicht eine erfahrungsunabhängige Verbindung von Wörtern, die zu einer formalisierten Sprache führt und u. a. die mathematische Fachsprache kennzeichnet.

Beide Ebenen der ideellen Metafunktion haben für den Mathematikunterricht Relevanz. Werden enaktive Objekte und Darstellungen betrachtet, verweisen diese auf die begriffliche Verwendung der erfahrungsgemäßen Metafunktionen. Es handelt sich um reale oder illustrierte Objekte, die beispielsweise zur Bildung von Vorstellungen zu (mathematischen) Objekten dienen können. Das bedeutet, dass durch die erfahrungsgemäßen Metafunktionen Begriffe entwickelt werden, die dann durch eine logische Verknüpfung weitergenutzt werden. Dahingehend stellt die operative Verknüpfung zwischen Sequenzen durch die logische Metafunktion, beispielsweise durch Konjunktionen wie *wenn*, *als*, *während*, Präpositionen wie *zu*, *in*, *auf* und Adverbien wie *dann*, *eher*, *öfter* die Erweiterung der begrifflichen, erfahrungsbezogenen Verwendung dar. Diese Metafunktion ermöglicht es, inhaltsbezogene bzw. begriffliche Erfahrungen durch Sprache auszutauschen, zu strukturieren und (neu) zu verknüpfen (Halliday, 2002).

Die interpersonale Metafunktion beschreibt den Gebrauch von Sprache als aktiven Prozess im persönlichen und gesellschaftlichen Austausch (Halliday, 2014a; Webster, 2019). Satzstrukturen bilden dabei nicht nur Begriffe oder Prozesse ab – wie in der ideellen Metafunktion – sondern sind auch Repräsentanten für die Form des Diskurses, was die Ausdrucksmöglichkeiten in abgegrenzten sozialen Gruppen und die persönliche Ausdrucks- und Entwicklungsfähigkeit erklärt (Halliday, 2002). Dabei verändern unterschiedliche Sprecherdiskurse den Rahmen des Austausches. So kann bei Fragen antizipiert werden, dass die intendierte gesprächsteilnehmende Person auf die gestellte Frage antwortet (Webster, 2019). Daneben können Satzstrukturen unterschiedliche Formen von sozialer Interaktion implizieren: So können Aussagen getroffen, Situationen bewertet oder es kann ein Appell gerichtet werden. Die Möglichkeiten, dabei zu interagieren, sind vielfältig (Halliday, 2014a; Webster, 2019).

Auch die interpersonale Metafunktion ist für den Mathematikunterricht bedeutsam. So ist insbesondere die Einführung von Operatoren als zentrale textuelle Sprachstrukturen wesentlich. Mit der Verwendung von Verben wurden insbesondere Fragen ersetzt, wodurch sich der Bezug zur interpersonalen Metafunktion ebenfalls verändert hat. Fragen wie *Wie viele Teiler hat 120?* wurden ersetzt durch *Nenne die Anzahl der Teiler von 120.* In den typischen Sprechakten bei Aufgabenstellungen werden insbesondere Verben im Imperativ verwendet, mit denen die lernende Person zur Aufgabenlösung bewegt werden soll (Lenz, 2015; Rehbein & Kameyama, 2008). Durch die Umstellung auf Verboperatoren hat sich dementsprechend die Art der interpersonalen Metafunktion im Gebrauch von mathematischen Aufgabenstellungen grundlegend verändert. Daneben zeigt sich durch die Beispiele die Verbindung zwischen der funktionalen Betrachtung von Sprache und dem Mathematikunterricht.

Die dritte und letzte ist die textuelle Metafunktion. Ihr zentraler Gegenstand ist der Aufbau von sprachlichen Einheiten unter der Prämisse der Kohäsion und Kontinuität (Taboada, 2019). Der Zweck dieser Funktion ist die Möglichkeit der referenziellen Bezüge in einem Sprechakt. Kohäsion und Kontinuität sind für sprachliche Produkte so essenziell, dass es problematisch ist, sich beispielsweise nicht kohärente Texte vorzustellen, da das menschliche Gehirn sogar aus nicht plausiblen Texten versucht, einen Sinn zu konstituieren:

> Coherence is such a fundamental property of texts and or our communication that it is difficult to conceive of completely incoherent texts. Consider the two invented examples in (1) and (2). [...]

(1) I went home very late last night. At night, owls out and hunt. Harry Potter uses an owl to have his mail delivered. The mail was very erratic over the Christmas holidays. The holidays were too short, and short indeed is the paragraph.

(2) There were dark clouds in the sky today. However, it rained. (Taboada, 2019, S. 311)

Taboada (2019) konstruiert mit dem ersten Beispiel einen Textabschnitt, in dem kohäsive lexikalische Strukturen verwendet werden, beispielsweise: *last night – at night, owls out – uses an owl* oder *this mail delivered – the mail was very.* Die vereinzelnden Strukturen zeigen aber keinen kohärenten Bezug zueinander: So existiert kein Bezug der ersten *night* zu der zweiten *night.* Das zweite Beispiel demonstriert wiederum einen kurzen Textabschnitt, der nicht kohäsiv, aber kohärent ist. So ist die Implikation zwischen *dark clouds* und *rained* kohärent, jedoch existiert kein angemessener referenzieller Bezug, insbesondere aufgrund der Konjunktion *however.*

Damit stellt sich dar, dass die textuelle Metafunktion den Sprechakt in zweifacher Form in sinnvolle Texturen organisiert (Halliday, 2002; Webster, 2019). Zum einen werden sprachliche Botschaften um vorhergehend gemachte Informationen organisiert, zum anderen wird die Organisation davon bestimmt, was die sprechende Person durch die sprachliche Botschaft intendiert (Webster, 2019).

Auch bei der textuellen Metafunktion lassen sich konkrete Aspekte auf den Mathematikunterricht beziehen. Dabei kann im Fall von Textaufgaben beispielsweise davon ausgegangen werden, dass die Autorinnen oder Autoren der Aufgaben kohäsive Aufgaben stellen, indem zwischen den Sätzen Bezüge hergestellt werden (vgl. Abschnitt 5.2). Jedoch zeigen sich insbesondere für eingekleidete Textaufgaben, die nach Radatz und Schipper (2007) keinen Realitätsbezug aufweisen und alleine der Formulierung einer mathematischen Aufgabenkonstruktion dienen, keine kohärenten textlichen Strukturen – beispielsweise, wenn realitätsferne Textaufgaben gestellt werden und die Berechnung der Aufgabe sinnlos ist.

Resümee (Abschnitt 2.3): Die kommunikative und die kognitive Funktion sind einerseits für die mathematikdidaktische Forschung und andererseits für die Schulpraxis im Mathematikunterricht relevant. Die funktionale Beschreibung ermöglicht einen theoretischen Zugang zur Erklärung der Relevanz von Sprache auch für den Fach- bzw. Mathematikunterricht. Die kommunikative Funktion ist bedeutsam für Vermittlungsprozesse und die kognitive Funktion für Prozesse, die mit dem Denken zusammenhängen (Abschnitt 2.3.1). Die enge Verknüpfung zwischen Sprechen und Denken wird durch empirische Studien belegt (Abschnitt 2.3.2). Neben der Unterscheidung in eine kommunikative und eine kognitive Funktion ergeben sich weitere theoretische Möglichkeiten der Differenzierung. Unter anderem ist eine funktionale Unterscheidung nach der funktionalen Grammatik möglich. Hierbei wird in ideelle, interpersonale und textuelle Metafunktionen differenziert (Abschnitt 2.3.3).

Für den Mathematikunterricht werden neben der funktionalen Unterscheidung und Beschreibung von Sprache weitere Aspekte betrachtet. Diese werden in dem nachfolgenden Abschnitt 2.4 diskutiert.

2.4 Aspekte

Sprache hat nicht nur, wie im Abschnitt 2.3 dargestellt, auf einer funktionalen Basis für den Mathematikunterricht Relevanz. Es zeigt sich, dass Sprache auch für drei weitere sprachbezogene Aspekte (als Lerngegenstand, als Lernmedium und als Lernvoraussetzung bzw. Lernhindernis) bedeutsam ist. Während die funktionale Perspektive auf die theoretische Begründung abzielt, wie Sprache im Mathematikunterricht Einfluss auf Lehr- und Lernprozesse hat, fassen die Aspekte die Sprache als Lerngegenstand, Lernmedium und als Lernvoraussetzung bzw. Lernhindernis im Mathematikunterricht beschreiben, die generellen Kategorien zusammen, die hinsichtlich eines sprachintegrierten Mathematikunterrichts betrachtet werden sollten. Die Differenzierung dient der Sensibilisierung der Relevanz von Sprache in mathematikdidaktischen Prozessen und markiert damit, dass zur Steuerung und Ausgestaltung von Unterrichtsstunden nicht nur fachliche Lernziele, sondern stets auch die mit ihnen assoziierten Sprachhandlungen und Sprachmittel in die didaktischen Prozesse einbezogen werden müssen.

Überblick (Abschnitt 2.4): Der Mathematikunterricht vermittelt mathematische Inhalte. Diese sind grundlegend von (mathematischen) Begriffen und den dazugehörigen Sprachmitteln geprägt. Das bedeutet, dass Sprache selbst Gegenstand des mathematischen Lernens ist (Abschnitt 2.4.1). Sprache dient daneben als Vermittlungsinstanz. Sie wird dafür verwendet, mathematische Inhalte sprachlich zu transportieren. Dahingehend dient Sprache als Medium (Abschnitt 2.4.2). Aufgrund ihrer bereits erwähnten Bedeutung ist Sprache auch die Voraussetzung dafür, mathematische Inhalte zu lernen. Wenn diese sprachlichen Voraussetzungen nicht vorhanden sind, kann Sprache zum Lernhindernis für Lernende im Mathematikunterricht werden (Abschnitt 2.4.3).

2.4.1 Lerngegenstand

Dass Sprache als Lerngegenstand verstanden werden kann, ist im Hinblick auf die Verwendung von mathematischen Begriffen und der genutzten Formelsprache nachzuvollziehen. Unter der sprachlichen Betrachtung von mathematischen Lehr- und Lernprozessen nimmt Sprache als Lerngegenstand die potenziell dominanteste Rolle im Mathematikunterricht ein, da sie am deutlichsten erscheint. In der Diskussion der kognitiven Funktion in Abschnitt 2.3.1 wurde beschrieben, inwieweit Sprache die Konzeption von Begriffen durch Erfahrungen, Verknüpfungen und Darstellungen prägt. Für mathematische Begriffe ist ein besonderer Stimulus der, dass die begrifflichen Repräsentationen von mathematischen Objekten eine präzise sprachliche Darstellung erfordern, was schließlich zu einer starken Formalisierung von Sprache führt (Freudenthal, 1973). Die Möglichkeit, im Mathematikunterricht die Spezifika der mathematischen Sprache im Sinne des Lerngegenstandes kennenzulernen, ermöglicht es Lernenden, an der Sprachgemeinschaft der Mathematikerinnen und Mathematiker teilzunehmen (Meyer & Tiedemann, 2017).

Fachsprachliche Begriffe sind im Lernprozess dabei oft bedeutende Elemente, die zum Verstehen oder zur Weiterentwicklung von mathematischen Inhalten notwendig sind. So dient die relative Häufigkeit als begriffliches Konzept für viele weitere mathematische Inhalte wie dem Verständnis der Laplace-Wahrscheinlichkeit. H. Meier und Schweiger (1999) beschreiben mathematische Begriffe als Vernetzung von Wissen über mathematische Objekte, Beziehungen, Operationen und Strukturen und orientieren sich dabei an der kognitiven Funktion von Sprache.

Es lassen sich viele Formen von mathematischen Begriffen, Lehrsätzen und Verfahren unterscheiden. Dies demonstriert, welchen Stellenwert Sprache als Lerngegenstand im Mathematikunterricht besitzt. Neben inhaltsbezogenen Begriffen aus den unterschiedlichen Domänen der Mathematik sind Relationsbegriffe wie *ist kleiner als*, Operationsbegriffe und Strukturbegriffe (Stellenwertsystem) zentrale Merkmale von Begriffsverwendungen im Mathematikunterricht (H. Maier & Schweiger, 1999).

Die Mächtigkeit der Sprache als Lerngegenstand deutet sich im Bereich der Kenntnisse von Sätzen und Verfahren an. So dienen explizite, begrifflich fixierte Hinweise dazu, auf die Verwendung von Verfahren als Lösungs- bzw. Strukturierungshilfe aufmerksam zu machen – etwa, wenn bei der Vereinfachung von Termen der Hinweis der Verwendung der binomischen Formeln angegeben ist.

Neben dem Wissen über die begrifflichen Gegenstände im Mathematikunterricht, die als „Produktziele" bezeichnet werden können (H. Maier & Schweiger, 1999, S. 59), sind Kenntnisse über allgemeine mathematische Prozesse Teil von Sprache als Lerngegenstand. Bauer (1978) beschreibt unterschiedliche Prozessziele für die Aktivität des mathematischen Arbeitens, beispielsweise klassifizieren, generalisieren und abstrahieren, systematisieren, lokales und globales Ordnen, definieren und beweisen. Einerseits sind die mathematischen Prozesse in das Lernen von Mathematik einzubeziehen und sind außerdem durch die Standards für die Lehrerbildung fester Bestandteil der Konzeption von Unterricht (Kultusministerkonferenz, 2003). Andererseits ist mit den Prozesszielen die spezifische Verwendung von Sprache und Sprachhandlungen im Mathematikunterricht verbunden (vgl. Abschnitt 3.2).

2.4.2 Lernmedium

Sprache ist ein Medium der Vermittlung. Dieser Vermittlungsaspekt wird im Mathematikunterricht in unterschiedlicher Ausprägung realisiert. Kommunikation im Klassenzimmer bedeutet nicht nur intersubjektive Kommunikation, sondern ist bei der Behandlung des Unterrichtsinhaltes stets mit dem Objekt verknüpft, was zur Mitteilung eine (besondere) Art der sprachlichen Ausdrucksform erfordert. Da sich der Mathematikunterricht an der Wissenschaftlichkeit seiner Mutterdisziplin Mathematik ausrichtet, zeigt sich im Kommunikationsraum der Mathematikklasse die Orientierung an den unterschiedlichen Ausprägungen des fachlichen Diskurses der Mathematik – am deutlichsten geprägt durch die Verwendung der symbolischen und numerischen Notation im Mathematikunterricht.

Unter der Perspektive der Wissenschaftlichkeit ergeben sich für die Kommunikation bestimmte kommunikative Parameter, die einen wissenschaftlichen Diskursrahmen bilden und diesen von Diskursen im Alltag abgrenzen (Koch & Oesterreicher, 2007). In Abbildung 2.1 ist die Modellierung der konzeptuell gesprochenen und geschriebenen Sprache von Koch und Oesterreicher (2007) dargestellt. Konzeptuell mündlich sind jene Kommunikationsformen, die sich an den Parametern der Privatheit, der Vertrautheit der Kommunikationspartnerinnen und -partner, der emotionalen Beteiligung, der Face-to-Face-Kommunikation, der Dialogizität, der Spontanität etc. orientieren. Es handelt sich um Sprachhandlungen, mit denen Lernende in ihrer Lebenswirklichkeit vertraut sind. Konzeptuell schriftliche Kommunikationsformen zeichnen sich im Gegensatz dazu u. a. durch die Parameter der Öffentlichkeit, Fremdheit der Kommunikationsteilnehmenden, geringen emotionalen Beteiligung, raum-zeitlichen Distanz, Monologizität und Reflektiertheit aus (Koch & Oesterreicher, 2007).

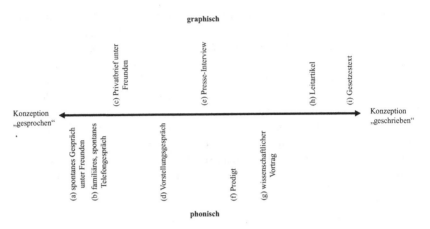

Abbildung 2.1 Kommunikationsformen auf dem konzeptionellen Kontinuum nach Koch und Oesterreicher (2007, S. 349)

Es sind Sprachhandlungen, die durch familiäre Strukturen geprägt sein können, die jedoch für den Unterricht nicht vorausgesetzt werden können. In Abbildung 2.1 ist zum einen zu erkennen, dass sich die Konzeption der Kommunikation bei konzeptuell mündlichen Formen nicht alleine auf phonische Aspekte reduzieren lässt. So ist Kommunikation per WhatsApp ein Beispiel für eine grafische Kommunikationsform, die konzeptuell schriftlich ist. Zur Kennzeichnung der „medialen Dichotomie" werden die Begriffe der *Nähe* und der *Distanz* verwendet (Koch & Oesterreicher, 2007, S. 350). Im Mathematikunterricht werden aufgrund der erwähnten Nähe zur Fachwissenschaft Mathematik Aspekte der Distanz verwendet. So sind beispielsweise Klassendialoge im Kontext von Ritualen und pädagogischen Hinweisen tendenziell konzeptuell mündlich, während sich eine Schulbuchdefinition tendenziell als konzeptuell schriftlich erweist (Meyer & Tiedemann, 2017).

Im Kontext der Annäherung an eine Kommunikation der Nähe und Distanz, die im Mathematikunterricht in der Interaktion und der Entwicklung der Verwendung eines fachlichen Diskurses ihren Ausdruck findet, verweist insbesondere die kommunikative Distanz auf eine zunehmende Verwendung einer habitualisierten Sprache infolge der Institutionalisierung des Lernens. Eine erste Unterscheidung diesbezüglich ist durch Cummins (1979, S. 198) erfolgt. Er differenziert zwischen „*basic interpersonal communicative skills* (BICS)" und „*cognitive academic language proficiency* (CALP)". Dabei verweist BICS auf eine „*conversational fluency*", womit allgemeine Fähigkeiten gemeint sind, sich in einer Sprache auszudrücken (Cummins, 2017, S. 60). Beispiele hierfür können der familiäre und private Kontext sein. Mit CALP werden die Fähigkeiten von Lernenden beschrieben, sowohl schriftlich als auch mündlich Konzepte und Ideen zu verstehen und auszudrücken, die im Kontext der Schule relevant sind (Cummins, 2017). Dementsprechend ist CALP eng mit der schulischen Biografie und der Verwendung der sprachlichen Handlungen verknüpft, die mit der Institution Schule assoziiert sind. So formuliert Cummins den Erwerb und die Definition von CALP unter der Perspektive der unterschiedlichen Stadien, in denen CALP erworben wird und relevant ist:

> CALP or academic language proficiency develops through social interaction from birth but becomes differentiated from BICS after the early stages of schooling to reflect primarily the language that children acquire in school and which they need to use effectively if they are to progress successfully through the grades. The notion of CALP is specific to the social context of schooling, hence the term academic. Academic language proficiency can thus be defined as ‚the extent to which an individual has access to and command of the oral and written academic register of schooling'. (Cummins, 2017, S. 61 ff.).

Damit entwickelt sich CALP, ähnlich wie BICS, bereits ab der Geburt. Die Differenzen zwischen beiden Formen treten zu Beginn der Schulzeit auf: CALP bezieht sich auf die sprachlichen Fähigkeiten, die in der Schule benötigt werden, um erfolgreich zu sein und die als Ressource des familiären Umfelds vorhanden sein können oder nicht.

Ausgehend von den Überlegungen zu sprachlichen Fähigkeiten, die sich insbesondere im Schulkontext als zentral erweisen, ist in der deutschsprachigen Forschung der Begriff der *Bildungssprache* prominent. Morek und Heller (2012, S. 70) haben für diesen Terminus bedeutende Ausprägungslinien erläutert, die sich in Bildungssprache als Medium von Wissenstransfer (kommunikative Funktion), Werkzeug des Denkens (epistemische Funktion – die in dieser Arbeit als kognitive Funktion beschrieben wurde) sowie Eintritts- und Visitenkarte (sozialsymbolische Funktion) differenzieren. Bildungssprache kann als besonders relevantes Sprachmedium für den Mathematikunterricht betrachtet werden. *Bildungssprache* und weitere angelehnte Begriffe werden in Abschnitt 4.2 unter der Perspektive des Registerbegriffs weiter erläutert.

2.4.3   Lernvoraussetzungen und -hindernisse

Sprache nimmt einen großen Teil der inhaltlichen Vermittlung im Mathematik-unterricht ein. In der Konzeption von Mathematikunterricht wird der Umgang mit sprachlichen Ressourcen nicht immer mit betrachtet, was dazu führt, dass Sprache kein eigenes Lernziel für den Fachunterricht darstellt. Unter dieser Perspektive wird Sprache zur Lernvoraussetzung im Hinblick auf den Erwerb sprachlicher Mittel, die für den Fachunterricht erforderlich sind und dadurch für einige Lernende zum Lernhindernis.

Dass Lernvoraussetzungen und -hindernisse durch Sprache bestehen, unter-streichen die Erkenntnisse der empirischen Studien, die in Abschnitt 2.2 prä-sentiert wurden (u. a. PISA, TIMSS und IQB). Speziell zeigen sich hierbei die erwähnten Heterogenitätsmerkmale, der Migrationshintergrund und der sozioöko-nomische Hintergrund als Risikofaktoren für geringere mathematische Leistung. Insbesondere scheinen die im Mathematikunterricht zum Teil vorausgesetz-ten sprachlichen Mittel der Bildungs- und Unterrichts- bzw. Fachsprache (vgl. Abschnitt 4.2) für diese Schülerkohorte ein Hindernis zu sein. Das hängt mit den sprachlichen Kompetenzen zusammen, die bei den genannten Kohorten gerin-ger ausfallen (Prediger et al., 2015). Eine unzureichende Lesekompetenz im Deutschen wirkt sich negativ auf die Leistungschancen in Mathematik (und naturwissenschaftlichen Fächern) aus (Gogolin & Lange, 2011).

Damit zeigt sich eine starke Evidenz dafür, dass eine unzureichende Beherr-schung der sprachlichen Fähigkeiten in Deutsch zu Leistungsdisparitäten u. a. im Mathematikunterricht führt. Ziel für den Mathematikunterricht muss es dement-sprechend sein, die sprachlichen Kompetenzen zu fördern, die im Zusammenhang mit mathematischen Lernprozessen stehen, sodass sich die Diskrepanzen reduzie-ren. Dieser Aspekt wird in der vorliegenden Arbeit mehrfach, auch durch den Verweis auf weitere empirische Erhebungen, aufgegriffen, da er eine besondere Bedeutung für die Erstellung des Instruments für sprachliche Variationen von Textaufgaben im Mathematikunterricht hat.

2.5   Zusammenfassung

Sprache hat eine hohe Bedeutung für das Lernen von Mathematik. Besondere Aufmerksamkeit erhielt die Sprache durch die verstärkte Betrachtung von Hete-rogenitätsmerkmalen. Heterogenität ist ein fester Bestandteil der schulischen Realität und wird als Qualitätsmerkmal von Unterricht gewertet. Sprachliche Fähigkeiten beim Lernen im Mathematikunterricht können ebenfalls heterogen

ausgeprägt sein. Studien zeigen, dass die Unterschiedlichkeit der sprachlichen
Fähigkeiten zu Leistungsdisparitäten im Mathematikunterricht führen. Dahinge-
hend ist es zwingend erforderlich, auf die Unterschiedlichkeit der sprachlichen
Fähigkeiten der Lernenden im Mathematikunterricht didaktisch zu reagieren.

Sprache und die Mathematik – insbesondere das Lernen mathematischer
Inhalte – haben viele unterschiedlich offensichtliche Überschneidungspunkte. Das
konstruktive Prinzip mathematischen Lernens gilt ebenfalls für die damit assoziierten sprachlichen Ressourcen, die für das Lernen benötigt werden und nur mit
dem Gegenstand zusammen gelernt und verwendet werden können.

In einen sprachintegrierten Mathematikunterricht müssen die unterschiedlichen
Erscheinungsformen von Sprache im Fachunterricht einbezogen werden. Dies
umfasst die funktionalen Grundlagen von Sprache, die bei der Konzeption eines
sprachintegrierten Mathematikunterrichts mitgedacht werden sollten. Sowohl die
kognitive und kommunikative Funktion als auch die metafunktionale Perspektive
sollten fachsprachlich einbezogen werden, damit die Struktur der Kommunikation
im Mathematikunterricht verständlich wird. Ebenfalls relevant ist die Kenntnis der
drei unterschiedlichen Aspekte von Sprache im Mathematikunterricht: Sprache
als Lerngegenstand zum Verständnis der sprachlichen Grundlagen, als Lernmedium zum Verständnis des Vermittlungsgedankens und als Lernvoraussetzung und
Lernhindernis zum Verständnis der Notwendigkeiten und Schwierigkeiten, die
Sprache im Mathematikunterricht mit sich bringen kann. Mithin dient ein stär-
kerer Fokus auf die Potenziale der sprachlichen Vermittlung dazu, eine adäquate
Lehre zu garantieren, da die Aspekte deutlich machen, dass eine fachliche Vermittlung nicht ohne Sprache funktioniert. Dahingehend sollten, unter praktischen
Gesichtspunkten, neben den fachlichen Lernzielen auch lexikalische Lernziele für
die Unterrichtsentwicklung mitbetrachtet werden.

Ausblick: Die theoretischen und empirischen Erkenntnisse erklären die Bedeutung
von Sprache im Allgemeinen. Insofern ist eine weitere Spezifizierung notwendig. Aufgrund des Ziels der Arbeit wurde der abgeleitete Fokus gesetzt, Texte
im Mathematikunterricht zu betrachten. Aus diesem Grund werden im folgenden Kapitel 3 Texte und die mit den Texten in Beziehung stehenden Kontexte im
Mathematikunterricht betrachtet.

Text und Kontext

3

Gesamtüberblick: Die vorliegende Arbeit forciert die Analyse von Texten und die damit in Verbindung stehenden rezeptiven Prozesse. Entsprechend sind eine Klärung und Erörterung des Begriffs *Text* für den Mathematikunterricht notwendig. Bei der Definition, was als Text verstanden wird, ergeben sich unterschiedliche Kriterien aus der Literatur, die verschiedene Facetten des Begriffs Text aufgreifen (Abschnitt 3.1). Für den Mathematikunterricht im Speziellen ergeben sich typische Texte, die genutzt werden, um mathematische Inhalte zu kommunizieren, die sich von Texten in anderen Disziplinen grundlegend unterscheiden (Abschnitt 3.2). Im Mathematikunterricht können folgende typische Texte unterschieden werden: Definitionen (Abschnitt 3.2.1), Sätze (Abschnitt 3.2.2), Beweise (Abschnitt 3.2.3), Texte, die zur Vermittlung der Inhalte dienen (Abschnitt 3.2.4) und Mathematikaufgaben (Abschnitt 3.2.5). Insbesondere der Kontext ist ein wichtiges Kriterium für die Analyse von Texten, aus diesem Grund sollte der Kontext für fachliche bzw. mathematische Inhalte gesondert betrachtet werden (Abschnitt 3.3). Der Kontext als Merkmal eines Textes ist für Lernprozesse im Mathematikunterricht von besonderer Bedeutung, da für die Bedeutungs- und Wissensgenerierung kontextuelle Elemente, die einen Text rahmen, elementar sind (Abschnitt 3.3.1). Zur Klassifizierung von Kontexten nutzt die funktionale Grammatik die Beschreibung der wechselseitigen Beziehung von Text und Situation durch den Begriff des Kontextes der Situation (Abschnitt 3.3.2). Aus der Perspektive des Kontextes der Situation ergibt sich die Unterscheidungsmöglichkeit auf drei Ebenen (*Field, Tenor* und *Mode*) (Abschnitt 3.3.3). Die genannten drei Ebenen lassen sich auf unterschiedliche Weise konfigurieren und ergeben Realisierungsformen eines Textes (Abschnitt 3.3.4). Die theoretische Klassifikation von kontextuellen Unterschieden zeigt sich in einer Konkretisierung für mathematische Texte im Unterricht (Abschnitt 3.4). So lassen sich exemplarisch für

© Der/die Autor(en) 2021
D. Bednorz, *Sprachliche Variationen von mathematischen Textaufgaben*,
Bielefelder Schriften zur Didaktik der Mathematik 5,
https://doi.org/10.1007/978-3-658-33003-3_3

Definitionen oder Sätze im Inhaltsfeld Geometrie (Abschnitt 3.4.1), Stochastik
und Funktionen (3.4.2) je nach kontextueller Rahmung verschiedene Realisierungsformen unterscheiden. Ebenfalls stellen sich für Mathematikaufgaben
aufgrund des Kontextes der Situation unterschiedliche Formen der Realisierung
eines Textes heraus (Abschnitt 3.4.3).

3.1   Charakteristik von Text

Text ist ein Alltagsphänomen, das in unterschiedlicher Form und Gestalt vorkommt. Auch für den Unterricht ergeben sich je nach Fach unterschiedliche
Ausprägungsvarianten. Je vielfältiger die Erscheinung Text ist, desto zentraler
scheint es, zu determinieren, was unter den Begriff *Text* fällt. Aufgrund dessen
sollte Text zunächst unabhängig von der fachlichen Erscheinung, beispielsweise
im Mathematikunterricht, betrachtet werden.

Text lässt sich auf die grundlegende Funktion des Trägers von Bedeutung
innerhalb sozialer kommunikativer Praxis zurückführen (Halliday & Hasan,
1989). Mit einem Text kann auf verschiedenen Ebenen eine Mitteilung trans-
portiert werden und dies stets in Hinblick auf einen Konstruktionsprozess des
Produzenten und Rezipienten eines Textes (Schnotz, 2008). Text ist ein imma-
nentes Werkzeug der menschlichen Sprache; wenn Menschen kommunizieren,
produzieren sie Texte (Halliday, 2014a)

Infolge der Beschreibung von Text ergeben sich unterschiedliche Betrachtungs-
weisen, ob Text genuin als geschriebene oder als gesprochene Form betrachtet
wird. Halliday (2014a) betrachtet Text in sowohl schriftlicher als auch gesprochener Form, zentral für ihn ist, dass der Text Kommunikationspartner verbindet
und nicht die Form der Medialität. In der Diskussion der Medialität von Texten
hat sich die Unterscheidung in Text und Diskurs etabliert, wonach Texte auf eine
fixierte kommunikative Vermittlung hindeuten (Feilke, 2008).

Neben der Frage der Medialität wurden weitere Charakteristika von Text
beschrieben, um das Phänomen Text definieren zu können. Ein früher Ansatz
von Hjelmslev (1974) war die Betrachtung von Text als eine Kette aus Bestand-
teilen wie Sätzen, Wörtern und Silben. Diese Perspektive führte schnell an ihre
Grenzen, denn Text kann keine reine Addition von Sätzen in eine Reihe von Satz-
folgen sein. Die grundlegende Funktion, die Text bestimmt, ist der Sinn bzw. die
Bedeutung, die durch einen Text vermittelt wird. Zwar zeigt ein Text die Form
eines Aufbaus aus einer Satzfolge, diese unterscheidet sich jedoch maßgeblich
von einer unbestimmten Aneinanderreihung (Halliday, 2014a). In dieser frühen

Betrachtung sieht Hjelmslev (1974) Text zwar als Ganzes, jedoch bleibt unscharf, was die Ketten, die die Einzelteile des Textes verbinden, sind (Feilke, 2008). Laut Horstmann (2003) ergibt sich eine Schwierigkeit der Definition des Begriffs *Text* und sie verweist auf die Möglichkeit, „je eigenen Analysebedarf, die begründete Erstellung unterschiedlicher Text-Definitionen" vorzunehmen. Es ergeben sich aus der historischen Diskussion Parameter, die die unterschiedlichen Textbegriffe determinieren; diese Parameter sind: Verknüpfungsweise, Medialität/medienbezogene Kriterien, Intentionalität bzw. Geplantheit und Sinnkonstitution. In Ergänzung und in Übereinstimmung zu den von Horstmann (2003) genannten Kriterien können gemäß Feilke (2008) sechs unterschiedliche Kriterien für Texte unterschieden werden: Kontextualität/Situativität, Generativität, Universalität, Prozessualität, Handeln/Intentionalität, Dialogizität, Kohärenz.

Vollmer und Thürmann (2010) haben aufgrund der unterschiedenen Kriterien eine Arbeitsdefinition zum Textbegriff konzeptualisiert, der Text als „sich abgeschlossene und im Prinzip beschreibbare komplexe Struktur von Äußerungen […], die aus mehreren Aussagen (Sätzen) besteht, die miteinander inhaltlich und formal verbunden sind" beschreibt. In der vorliegenden Arbeit wird die Text-Definition von Vollmer und Thürmann (2010) unter der Spezifizierung verwendet, dass die Verbindung der inhaltlichen und formalen Aspekte des Textes, besonders unter der in Abschnitt 3.2 argumentierten Bedeutung von Kontext und der in Abschnitt 3.3 erläuterten Konkretisierung des Kontextes, betrachtet wird.

3.2 Typische Texte im Mathematikunterricht

Wie in Abschnitt 3.1 beschrieben, ergibt sich aufgrund der Diversität der Erscheinungsformen von Text eine Schwierigkeit der klaren Beschreibung von Texten. Diese Unterschiedlichkeit in Erscheinungsformen von Text je nach kommunikativem Zweck ergibt sich ebenfalls für den Mathematikunterricht. Dabei bilden die mathematischen Texte die Grundlage für jedes schriftlich dargestellte Lehr- und Lernmedium und sind so zumindest in Derivaten dieser Textformen präsent. Wie und in welcher Weise diese Texte im Mathematikunterricht vorkommen, hängt von der jeweiligen Funktion im Lehr-Lern-Prozess ab.

Überblick (Abschnitt 3.2): Zentral für die Mathematik ist die exakte Fixierung von Begriffen durch Definitionen als Text (Abschnitt 3.2.1). Als argumentative Basis dienen in der Mathematik Texte in Form von Sätzen (Abschnitt 3.2.2), die Aussagen darstellen, durch die die in direktem Bezug stehenden Beweise

(Abschnitt 3.2.3) unter einer Wahrheitsperspektive betrachtet werden können. Unter Einbezug einer didaktischen Funktion existieren im Mathematikunterricht Erklärtexte, Beispiele und Musterlösungen, als spezielle Textformen
(Abschnitt 3.2.4). Des Weiteren sind Mathematikaufgaben eine besondere Form
von Texten im Mathematikunterricht, die eine ausgewiesen bedeutende Rolle zur
Vermittlung der Inhalte haben (Abschnitt 3.2.5).

3.2.1 Definitionen

Mathematische Texte basieren darauf, dass für die Objekte, Handlungen und
Beziehungen, die in der Kommunikation vermittelt werden, eine Klärung der
Eindeutigkeit der Begriffsverwendung herrscht. Die Exaktheit der begrifflichen
Determination ist grundlegend für die Einführung von mathematischen Inhalten.
Damit ergibt sich der Grundsatz für mathematische Inhalte, dass jedes neueinge-
führte mathematische Objekt definiert werden muss (Kümmerer, 2016; H. Maier
& Schweiger, 1999).

Durch Definitionen werden Begriffe nach Norm der mathematischen Verwendung eindeutig bestimmt. Definitionen charakterisieren damit den „Schöpfungsakt
der Mathematik" und charakterisieren als Texttyp die Mathematik in ähnlicher
Weise wie Gesetze die Rechtswissenschaften (Kümmerer, 2016, S. 55). Definitionen zeichnen sich als Texttypus insbesondere durch die Dekontextualisierung des
Begriffs aus, der durch den Text definiert wird. Der Begriff soll nicht durch die
Beschreibung von Einzelfällen, in dem der Begriff verwendet wird, definiert werden, sondern durch das fachsprachliche Explizieren und die Verallgemeinerung
als Grundlage einer deduktiven Verwendung des Begriffs (H. Maier & Schweiger,
1999).

Für die Definition als Texttyp sollte beachtet werden, dass nur Grundbegriffe
verwendet werden. Außerdem gilt, dass in einer Definition nicht mehrere Definitionen von Begriffen gleichzeitig eingeführt werden (H. Maier & Schweiger,
1999).

3.2.2 Sätze

Grundlegend für mathematische Argumentationen und die Verwendung von
Mathematik als Sprache sind Sätze und die dazugehörigen Beweise (Kümmerer,
2016). Sätze sind Aussagen, denen ein Wahrheitswert zugewiesen werden kann,
die also prinzipiell als beweisbar gelten. Nach Kümmerer (2016) ergeben sich zur

Klassifikation unterschiedliche Abstufungen von Sätzen in der Mathematik; so sind Sätze differenzierbar in: Hauptsatz, Theorem, Satz, Propositionen, Korollar und Lemma.

Für den Mathematikunterricht ist eine solche Differenzierung nicht notwendig, da sie besonders für komplexe Argumentationen notwendig sind wie in der Fachwissenschaft Mathematik. Im Mathematikunterricht kommen verschiedene Gesetze und Formeln vor, beispielsweise das empirische Gesetz der großen Zahlen, das Distributiv-, Assoziativ- und Kommutativgesetz und für Formeln die binomische Formel oder die pq-Formel. Algebraische Gesetze haben im Mathematikunterricht eine essenzielle Bedeutung für das Verständnis der Grundoperationen (Padberg & Wartha, 2017; Vollrath & Roth, 2012). Ähnliches lässt sich auch für andere Sätze aus der Analysis, der Stochastik und der Geometrie im Mathematikunterricht ableiten, die für die Vermittlung und das Verständnis die gleiche Rolle spielen wie in der Algebra.

3.2.3 Beweise

Nach Maier und Schweiger (1999) haben Aussagen, die über Sätze formuliert werden, für die Fachdisziplin Mathematik eine Relevanz, wenn den Sätzen ein Wahrheitswert zugeordnet werden kann. In dieser Hinsicht unterscheidet sich die Mathematik nicht grundlegend von anderen wissenschaftlichen Fächern, jedoch in der Weise, wie einzelne Aussagen bestätigt werden. Während andere Disziplinen empirisches Erfahrungswissen zum Validieren der Aussagen durch Experimente verwenden, nutzt die Mathematik keine Wirklichkeitsbezüge zum Nachweis mathematischer Sätze. Die Wahrheit von mathematischen Aussagen bzw. Sätzen wird nachgewiesen, indem über ein logisches Schlussfolgern aus gültigen gesetzten Prämissen korrekte Folgerungen entwickelt werden (die zum Teil aus als wahr angenommenen Aussagen bestehen) (Meyer & Tiedemann, 2017). Eine solche Vorgehensweise wird für die Mathematik als Beweis definiert. Dabei ergibt sich sowohl in ihrer Gestalt als auch in ihrer Art der Konstruktion eine einzigartige Textgattung für den Mathematikunterricht.

3.2.4 Erklärtexte, Beispiele und Musterlösungen

Im Sinne des exemplarischen Lernens sind Erklärtexte, Beispiele und Musterlösungen Texte, die Objekte oder eine Operation verdeutlichen sollen. Damit sind Erklärtexte, Beispiele und Musterlösungen grundlegend von ihrer Informationsfunktion als Text geprägt (Vollrath & Roth, 2012). Erklärtexte können dazu dienen, die zentralen Gegenstände auf den Punkt zu bringen, beispielsweise eine kurze Zusammenfassung der Stellenwerttafel oder eine komprimierte Beschreibung von geometrischen Objekten und vieles mehr. Mithin dienen die Erklärungen als Ankerpunkt bei der Lösung von Aufgaben und Verständnisproblemen. Das Beispiel kommt in unterschiedlichen Facetten vor, in der Mathematik an Hochschulen in Form des Vorrechnens. Für den Mathematikunterricht ist das Vorkonstruieren oder Vorrechnen durch Beispiele ebenfalls eine mögliche Herangehensweise. Die Schwierigkeit bei dieser Vermittlungsmethode besteht darin, dass sich hierbei syntaktisches Vorgehenswissen automatisiert und gegebenenfalls kein semantisches Verständnis des Inhalts vertieft wird (Prediger & Wittmann, 2009). Eine auf (Grund-)Vorstellungen basierende Vermittlung von Beispielen ist dabei relevant und nicht das Einschleifen von Beispiel-Algorithmen (vom Hofe, 2014). Um dies zu erreichen, lässt sich die Verwendung von Beispielen als Exemplarität beschreiben, in der das Erkennen des Allgemeinen im Speziellen stattfindet, beispielsweise bei exemplarischen Begriffsbildungen (Freudenthal, 1973; Vollrath, 1993; Wagenschein, 2013; Weigand, 2015). Damit dienen Beispiele und Musterlösungen nicht nur als Pauschalvorlage für die richtige Rechnung, sondern sollen zum Durchdringen von essenziellen inhaltlichen Aspekten beitragen.

3.2.5   Mathematikaufgaben

Der prominenteste Text im Mathematikunterricht ist die Mathematikaufgabe. Sie bilden den archimedischen Punkt für das Lehren und Lernen mathematischer Inhalte (Leuders, 2015). Leuders (2015, S. 435) definiert auf einer handlungsbasierten Ebene die Mathematikaufgabe als „[...] eine (mathematikhaltige) Situation, die Lernende zur (mathematischen) Auseinandersetzung mit dieser Situation anregt".

Mathematische Textaufgaben sind Mathematikaufgaben, die durch textuelle Einbettung in einen situativen Kontext die Vermittlung und die Übersetzung des mathematischen Gegenstands anregen. Diese textuelle Vermittlung der Inhalte geschieht bei Textaufgaben sowohl mit innermathematischen als auch mit außermathematischen Bezügen. Für innermathematische Aufgaben, die eine textuelle Einbettung nutzen, wird der mathematische Gegenstand durch den Text in einem

Bedeutungszusammenhang, beispielsweise durch die Verknüpfung mit mathematischen Aktivitäten wie dem Konstruieren oder Darstellungen vermittelt. Zur Verknüpfung wird Text als sprachliches Vermittlungsmedium genutzt.
Außermathematische Textaufgaben versuchen, Bezüge zu realen Situationen zu schaffen. Aufgaben, die einen (realen) Anwendungsbezug besitzen, werden als Sachaufgaben bezeichnet und die mathematische Aktivität als Sachrechnen. Der Begriff des Sachrechnens wird meist in der Primarstufe verwendet, kommt jedoch auch für die Beschreibung von anwendungsbezogenen Aufgaben für die Sekundarstufe infrage (Greefrath, 2018). Für die Sekundarstufe werden Übersetzungen zwischen der Welt der Mathematik und der Realität jedoch meist als Modellierungsaufgaben definiert und die dazu bezogene Aktivität als Prozesskompetenz des Modellierens bezeichnet (Blum et al., 2007; Leiss & Tropper, 2014; Schukajlow et al., 2018). Modellierungskompetenz verlangt von den Lernenden dabei vielfältige anspruchsvolle mathematische Aktivitäten, die im Modellierungsprozess in Teilschritten durchgeführt werden müssen (Leiss et al., 2019; Schukajlow & Leiss, 2011). Die Teilschritte des Modellierungsprozesses sind im Modellierungskreislauf in Abb. 3.1 dargestellt. Aus der sprachlichen Perspektive der Arbeit ist besonders der erste Teilprozess *Verstehen* im Modellierungskreislauf zentral und wird in Kapitel 5 vertieft thematisiert. Ebenfalls aus sprachlicher Perspektive bedeutsam sind die Teilprozesse *2 Vereinfachen/Strukturieren, 6 Validieren* und *7 Darlegen/Erklären*. In den drei genannten weiteren sprachlich relevanten Teilprozessen sind im Vergleich zum ersten Teilprozess des Modellierungskreislaufs produktive sprachliche Fähigkeiten notwendig und nicht wie im ersten Teilprozess rezeptive Fähigkeiten. Da es der Fokus der Arbeit ist, rezeptive Prozesse zu betrachten, wird der erste Teilprozess in den weiteren Ausführungen fokussiert.

Die im Modellierungskreislauf dargestellten Schritte sind entsprechend dem Namen modellbasierte Annahmen über die Abläufe im Prozess der Modellierung, die durch verschiedene Teilkompetenzen in diesem Modell charakterisiert sind (Leiss et al., 2010). Nichtsdestotrotz ist insbesondere das Textverstehen als Anfangsprozess elementar für jede Form von Textaufgabe, die im Mathematikunterricht vorkommt, und damit ebenfalls für die Lesefähigkeiten und weitere interpersonelle Merkmale des Lernenden.

In Hinblick auf Modellierungsaufgaben verweisen Leiss et al. (2010) darauf, dass es nicht genügt, die numerischen und operativen Kennwerte zu kombinieren, sondern dass sich aufgrund der Textbasis ein individuelles Situationsmodell ausbilden muss, für das das Verstehen eine notwendige Voraussetzung ist (vgl. Abschnitt 5.2.2). Das Situationsmodell verbindet interpersonelle Aspekte mit

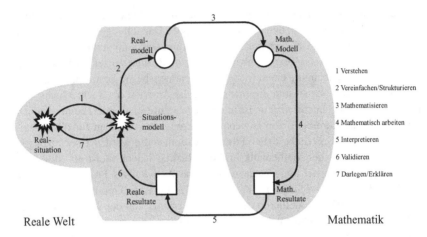

Abbildung 3.1 Modellierungskreislauf nach Leiss et al. (2010) und Holzäpfel und Leiss (2014)

Charakteristika der Aufgaben. Für die interpersonellen Aspekte sollten u. a. Lesefähigkeiten und Vorwissen über kontextuelle Merkmale berücksichtig werden; dies wird in Abschnitt 5.2.2 näher dargestellt.

Werden die in Abschnitt 3.1 genannten Charakteristika von Texten betrachtet, stellt sich der Kontext der Mathematikaufgaben als ein Charakteristikum dar, das sich von der Bedeutsamkeit von anderen Charakteristika unterscheidet. Grundlegend für eine höhere Bedeutsamkeit des Kontextes ist die Bedeutungskonstruktion von Sachkontext und mathematischem Inhalt. Die Verknüpfung, die durch einen Text realisiert wird, funktioniert nur durch einen passend gewählten anwendungsbezogenen Kontext. Geschieht dies nicht und existiert keine oder nur eine unzureichende Kohärenz zwischen Inhalt, Text und Kontext, wirkt die Aufgabe unauthentisch und eingekleidet (Radatz & Schipper, 2007). Der Kontext wird nur als Hülle zur Scheinanwendung des mathematischen Inhalts verwendet. In Bezug auf (fach-)sprachliche Lernprozesse haben reale Anwendungsbezüge bei Aufgaben für das Lernen von Sprache Relevanz (Brewster & Ellis, 2012). Es geht hierbei darum, mit Aufgaben für die nichtschulische Realität zu lernen, die die Bedürfnisse der Lernenden für das Leben abdecken (Brewster & Ellis, 2012; Nunan, 2009). Dahingehend dient Sprache zur Bedeutungskonstruktion der Anwendungsoptionen für Mathematik in der Realität. Entsprechend ist auch aus einer didaktischen Perspektive die angemessene Wahl zwischen mathematischem

Inhalt, Text und Kontext entscheidend, und dies nicht nur für Textaufgaben, sondern auch für die anderen erläuterten Texttypen im Mathematikunterricht, nicht allein für Anwendungsbezüge.

Aufgrund der erläuterten Relevanz des Kontextes als besonderes Textkriterium für den Mathematikunterricht werden im anschließenden Abschnitt 3.3 der Bezug von Kontext für Lern- und Lehrprozesse beschrieben, Möglichkeiten der Konzeptualisierung geschildert und konkretisiert, welche Bedeutung Kontext für mathematische Inhaltsfelder und Mathematikaufgaben besitzt.

3.3   Kontext als besonderes Textkriterium

Angesichts der vielfältigen Erscheinungsformen von Text und der damit einhergehenden Problematik der Text-Definition lässt sich aus Abschnitt 3.2 argumentieren, dass Kontext ein besonders relevantes Kriterium für die Vermittlung von mathematischen Inhalten ist.

Überblick (Abschnitt 3.3)*:* Unter der Perspektive von sozial-kommunikativen und konstruktiven Prozessen lässt sich die Relevanz des Textkriteriums Kontext für das Lernen ableiten (Abschnitt 3.3.1). Zur Konzeptualisierung des Begriffs *Kontext* dient die aus der sozial-semiotischen Perspektive stammende Betrachtung des Kontextes der Situation, in der eine enge Verbindung zwischen Sprache und Kontext beschrieben wird (Abschnitt 3.3.2). Aus dieser Konzeptualisierung wird der Kontext der Situation in drei unterschiedliche Formen unterschieden: *Field* (inhaltsbezogen)*, Tenor* (interaktionsbezogen) und *Mode* (informationsbezogen) (Abschnitt 3.3.3). Aus der Unterscheidung der drei Formen ergeben sich unterschiedliche Varianten von Kombinationsmöglichkeiten von Field, Tenor und Mode zur Realisierung eines Kontextes, die als kontextuelle Konfigurationen bezeichnet werden (Abschnitt 3.3.4).

3.3.1   Relevanz für Sprache und Lernen

Mathematische bzw. mathematisch-orientierte Texte, die im Mathematikunterricht vorkommen, sind eingebettet in ein Lehr-Lern-Setting. Dieses Setting bestimmt die Verwendung von Texten im Mathematikunterricht durch die Prägung des (fachlichen) Kontextes in besonderer Weise (Bowcher, 2019). Diese Sichtweise entspricht einer sozial-semiotischen Perspektive der Analyse von Sprache, Text und Lernen (Bowcher, 2019; Halliday & Hasan, 1989). In der sozial-semiotischen Perspektive wird die Verwendung von Sprache über die Beziehungen innerhalb von sozialen Strukturen (beispielsweise Schulen) definiert. Damit leitet sich für den Kontext eine besondere Bedeutung für die Analyse von Texten ab (Halliday & Hasan, 1989). Halliday und Hasan (1989) stellen die Relevanz des Kontextes für die Generierung von Wissen heraus, indem sie beschreiben, dass Wissen durch einen sozialen Raum vermittelt wird:

> Knowledge is transmitted in social contexts, through relationships, like those of parent and child, or teacher and pupil, or classmates, that are defined in the value systems and ideology of the culture. And the words that are exchanged in these contexts get their meaning from activities in which they are embedded, which again are social activities with social agencies and goals (S. 5).

Unter dieser Perspektive muss Kontext für die Entstehung, die Aufrechterhaltung und die Änderung des Sprachsystems zur Wissensgenerierung ebenso wichtig sein wie die Kalibrierung der Wortlaute (Lukin, 2016). Halliday (2014a) definiert das Sprachsystem in einem technischen Sinne, als Ordnung von Eintrittsbedingungen und die darauffolgende Menge an Alternativen, die sich aus den Bedingungen ergeben können. Die Eintrittsbedingungen in der systemischen Perspektive sind kleine Bedeutungseinheiten die als „*clause*" bezeichnet werden (Halliday, 2014a, S. 22). Ein Beispiel für die Definition des Sprachsystems, wäre die Polarität einer clause. Die Polarität könnte positiv (das geht) oder negativ (das geht nicht) sein.

Die Betrachtung des Kontextes als ein zentrales Text-Charakteristikum gilt für das Lernen in besonderer Weise, da es sich beim Lernen um einen sozialen und konstruktiven Akt der Bedeutungs- und Wissensgenerierung handelt. Text und Kontext werden als Aspekte des gleichen (Denk-)Prozesses behandelt. Damit wird nicht die Rolle der anderen Text-Charakteristika negiert, sondern auf die Ebene fokussiert, die für die Analyse von Text im Aspekt des Lehrens und Lernens von besonderem Interesse ist (Halliday, 2007; Halliday & Hasan, 1989). Die Wechselbeziehung des Text-Kontext-Gefüges bestimmt unter der Perspektive des Lehrens und Lernens die anderen Charakteristika wie Medialität, Verwendung von weiteren semiotischen Systemen, Intentionalität bzw. Sinnkonstitution und die Kohärenz in einem Bedeutungszusammenhang bezogen auf kontextuelle Kohärenzoptionen (Feilke, 2008).

3.3.2 Kontext der Situation

Die sozial-semiotische Perspektive definiert Kontext im Bezugsrahmen von Forschungen der situationellen Zeichenverwendung und insbesondere der anthropologischen Untersuchungen von Malinowski (Halliday, 2007; Malinowski, 1969; Odgen & Ivor, 1969). Malinowski (1969) führte neue Begriffe zur Erklärung seiner ethnografischen Beobachtungen von sprachlichen Äußerungen der Inselbevölkerungen von Papua-Neuguinea beim Fischen ein. Seine Untersuchungen zeigen auf einer pragmatischen Analyseebenen von Sprache, in der Sprache in Aktion betrachtet wird, dass für das adäquate Verständnis neben den sprachlichen Texten weitere (im Moment vorhandene) situationelle und (generelle) kulturelle Aspekten mitbetrachtet werden müssen (Bowcher, 2019; Halliday, 2007; Malinowski, 1969). Für diese Aspekte führt Malinowski (1969, S. 296 ff.) die Begriffe *context of situation* (Kontext der Situation) und *context of culture* (Kontext der Kultur) ein, um Texte adäquat und in Gänze zu verstehen. Weiterentwickelt wurde der Begriff *Kontext der Situation* auf einer linguistischen Ebene von Firth und anderen Linguisten, die auf seinen Arbeiten aufbauen, u. a. Halliday (Bowcher, 2019; Butt, 2019; Firth, 1935; Halliday, 2014a). Das vollständige Modell der Beziehung zwischen Sprache und Kontext ist in Abb. 3.2 dargestellt.

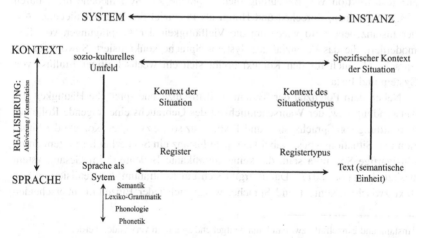

Abbildung 3.2 Beziehung zwischen Sprache und Kontext, System und Instanz nach Halliday (2007, S. 275)

Das Modell unterscheidet grundlegend zwischen den vertikalen Polen Sprache und Kontext und den horizontalen Polen Instanz[1] (Einzelfall) und System, also der Menge aller Instanzen. Spezifiziert werden die Pole durch vier Kategorien durch eine Relation zwischen vertikaler und horizontaler Achse.

So ist der Kontext der Situation auf der Systemebene und der Kontext des Situationstypus auf der Ebene der Instanz repräsentiert. Das bedeutet, dass in diesem Modell der Kontext der Situation durch den Instanzpol als Situationstypus als vielfältige Erscheinung dargestellt wird. So lassen sich beispielsweise unzählige Varianten der Einführung des Satz des Pythagoras in unterschiedlichen Klassen abbilden. Mit dem Pol der Instanz wird die Diversität der Erscheinung des Kontextes gerecht. Diese vielfältigen Erscheinungen von Situationstypen lassen sich auf der Seite des Systems als Kontext der Situationen definieren. Der Kontext der Situation lässt sich als *common ground* der einzelnen Situationstypen beschreiben, das heißt, als generelle Praktiken und Rituale, die den Kontext der Situation bestimmen.

Die Sprache wird auf Systemseite durch das Register (vgl. Abschnitt 4.2) und aufseiten der Instanz durch Registertypen bzw. Texttypen[2] (vgl. Abschnitt 3.2) beschrieben, die grundlegend durch Text als semantische Einheit bestimmt sind. Halliday (2007) verweist für die Systemebene in Hinblick auf die Bedeutung von Lernen und Sprache darauf, dass Sprache als System, als die Ressource zur Konstruktion von Bedeutung dient. Sprache auf Systemebene dient durch Lesen, Schreiben, Sprechen und Hören als Potenzial der Welterschließung. Auf der Instanzebene wird wiederum die Vielfältigkeit der Ausprägungen von Text modelliert, die das Potenzial des Systems Sprache konkretisiert. Sowohl für die Sprache als auch für den Kontext ergibt sich ein wechselseitiger Einfluss von System und Instanz.

Neben dem Potenzial der System- und Instanzebene spielt die Häufigkeit der Verwendung bzw. der Wahrscheinlichkeit des Gebrauchs eine tragende Rolle zur Vermittlung von Sprachsystem und Textinstanz sowie zwischen Kontext der Situation und Situationstypus. Dabei kann jede Instanz ein Sonderfall im System durch einzigartige Spezifika sein, die keine signifikante Bedeutung im Gesamtsystem besitzt (Fontaine, 2017). Damit ergibt sich ein Kontinuum der Realisierung von Text zwischen Kontext und Sprache, wobei sich jeder Einzelfall unterscheiden

---

[1] Instanz und Einzelfall bzw. Fall kann weitgehend synonym verwendet werden.

[2] In der Literatur finden sich viele verschiedene Bezeichnungen bezüglich des Begriffs *Texttyp*. So werden unterschiedliche Varianten unterschieden, beispielsweise Genre, Konversationstypen und Registertypen etc. (vgl. Biber, 2006). Im Folgenden wird der Begriff *Texttyp* als Oberbegriff für unterschiedliche Varianten von typischen Texten in einer abgrenzbaren Domäne bzw. situativen Rahmung bezeichnet.

kann. Es ergeben sich unterschiedliche Facetten einer Kommunikationssituation, die durch einen hohen Grad an Dynamik bestimmt ist, die im Verlauf einer Interaktion ständiger Veränderungen unterliegen (Finegan & Biber, 2001). Aus diesem Grund kann auf Systemebene nur mit Wahrscheinlichkeitsaussagen argumentiert werden, die sich auf Typen beziehen, die normalerweise auf Systemebene zwischen sowohl Sprache und Kontext als auch System und Instanz assoziiert werden. Damit kann durch das Modell der Zusammenhang zwischen Text und Kontext dargestellt werden, durch den Einbezug der Variabilität, der in Texten vorgefunden wird (Plum, 2004) (vgl. Abschnitt 3.4 sowie Kapitel 4). Mit Einbezug der Variabilität von Texten als Einzelfälle kann das Modell gleichzeitig nicht spezifizieren, was die Systemebene auf kontextueller und sprachlicher Seite determiniert. Die Schwierigkeit zeigt sich beispielsweise in der Definition von Textmerkmalen des bildungssprachlichen oder mathematischen Registers in Abschnitt 4.2.

In dieser Hinsicht stellt sich die Frage, inwieweit die Lexik und Grammatik durch die Bedeutung des Kontextes determiniert sind und ob und in welcher Weise der Variabilität von Einzelfällen in einem Typus Grenzen gesetzt sind (Fontaine, 2017). In dem in Abb. 3.2 dargestellten Modell von Halliday (2007) ist weniger die Wechselbeziehung entscheidend, sondern vielmehr, dass sowohl von Instanz- als auch Systemebene analytisch begonnen werden kann. Nichtsdestotrotz besteht die Möglichkeit, die Beziehung dahingehend zu betrachten, das sprachliche Mittel der Lexik und Grammatik den Kontext der Situation limitiert (Tucker, 2007, S. 960). In Hinblick auf die Fragestellung, welche Rolle Lexik und Grammatik spielen, entwickelt Fontaine (2017) das in Abb. 3.3 dargestellte Modell auf einer lexikalischen Ebene weiter. Die Ergänzung wird damit begründet, dass in Betracht gezogen werden sollte, dass Textmerkmale (bzw. lexikalische Einheiten) durch die vielfältige Verwendung auf der Ebene der Instanz und die Lexeme als das Bedeutungspotenzial durch das System konstruiert werden. In Anbetracht des Beispiels des Satzes des Pythagoras, sind grundlegende Lexeme Winkel, rechtwinklig, Katheten etc. Die für den Satz des Pythagoras genutzten Lexeme stellen einen Ausschnitt aus dem Repertoire des sprachlichen Systems dar.

Dahingehend wird das Modell wie in Abb. 3.3 ergänzt. Die gepunktete Linie markiert, dass sich die dargestellte Beziehung auf die horizontale Achse des Modells bezieht, wobei die vertikale Beziehung zwischen Lexemen und Kontext von Fontaine (2017) als noch unklar definiert wird. Durch das Modell in Abb. 3.3 ist die Lexik die kleinste Einheit, über die nicht nur als „*most delicate grammar*" nachgedacht, sondern die in Hinblick auf die Verbindung zwischen Sprache und Kontext als „*most local context*" betrachtet werden kann (Fontaine, 2017, S. 13).

Das Modell in Abb. 3.3 modelliert, wie bereits das Modell in Abb. 3.2, die Verbindung von Sprache und Kontext sowie zwischen System und Instanz. Dieses

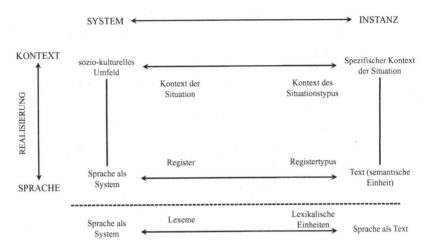

Abbildung 3.3 Lexik als kleinster lokaler Kontext nach Fontaine (2017, S. 13)

Beziehungsgefüge wird durch das in Abb. 3.3 abgebildete Modell verfeinert und ergänzt dieses mit lexikalischen Aspekten. Lexik wird damit nicht nur als probabilistisches Produkt des Gefüges aus Abb. 3.2 verstanden, sondern zeichnet neue Perspektiven auf die Flexibilität und Vielfalt von Sprache auf einer sprachlich kleinen Ebene.

Für die Entwicklung eines Instruments zur sprachlichen Variation von Textaufgaben im Mathematikunterricht ergeben sich direkte Implikationen aus dem in Abb. 3.3 dargestellten Modell. So müssen Textmerkmale (bzw. lexikalische Einheiten), wenn sie betrachtet werden, ebenfalls in Hinblick auf die Verbindung zwischen Kontext und Sprache dargestellt werden. Ein Instrument zur sprachlichen Variation von Textaufgaben im Mathematikunterricht muss damit ebenfalls kontextbezogene Veränderungen (Variationen) miteinbeziehen, da eine Veränderung der Textmerkmale nach diesem Modell eine Veränderung der damit in Verbindung stehenden Kontexte bedeutet. Die Betrachtung der Beziehung zwischen Textmerkmalen und Kontext für das Instrument wird in Kapitel 9 dargestellt.

3.3.3 Drei Ebenen des Kontextes einer Situation

Zur Konzeptualisierung des Kontextes der Situation existieren in der Linguistik unterschiedliche Varianten, wobei das Kontextmodell von Halliday (2014a) in der Fachliteratur am häufigsten rezipiert wird (Martin & Williams, 2008). In der Mathematikdidaktik wird das Kontextmodell im Allgemeinen nicht häufig betrachtet, jedoch der im Zusammenhang stehende Registerbegriff, der eine hohe Relevanz in der Beschreibung von Sprache im Mathematikunterricht hat (vgl. Abschnitt 4.2) (Meyer & Tiedemann, 2017; Prediger, 2013a; Schweiger, 1997).

In diesem Kontextmodell wird Sprache in einem spezifischen Feld von Bedeutung theoretisiert, beschrieben und analysiert, dass die Sprache in Form ihrer kontextuellen Bedingungen interpretiert (Halliday, 2014a). Halliday (2014a, S. 33) beschreibt den Kontext über die Begriffe *Field*, *Tenor* und *Mode*. *Field* bezieht sich auf inhaltsbezogene Aspekte des Kontextes der Situation. *Tenor* gibt die Art der interaktionsbezogenen Aspekte im Kontext wieder. *Mode* bildet informationsbezogene Elemente des Kontextes einer Situation ab. Diesbezüglich definieren Halliday und Hasan (1989) die drei unterschiedlichen Elemente des Kontextes einer Situation in folgender Weise:

> The Field of discourse refers to what is happening, to the nature of the social action that is taking place: what is it that the participants are engaged in, in which the language figures as some essential component?
>
> The Tenor of discourse refers to who is taking part, to the nature of the participants, their statuses and roles: what kinds of role relationship obtain among the participants, including permanent and temporary relationships of one kind or another, both the types of speech role that they are taking on in the dialogue and the whole cluster of socially significant relationship in which they are involved?
>
> The Mode of discourse refers to what part the language is playing, what it is that the participants are expecting the language to do for them in that situation: the symbolic organisation of the text, the status that is has, and its function in the context, including the channel (is it spoken or written or some combinations of the two?) and also the rhetorical mode, what is being achieved by the text in terms of such categories as persuasive, expository, didactic, and the like (S. 12).

An der von Halliday und Hasan (1989) beschriebenen Definition der drei Elemente orientieren sich weitere Autoren. So beschreiben beispielsweise Martin und Williams (2008, S. 121) *Field* als „*the social action: what is actually taking place [...]*", *Tenor* als „the role structure: who is taking part [...]" und *Mode* als „*the symbolic organisation: what role language is playing [...]*". Damit reformulieren Martin und William (2008) die deutlich früher dargelegte Definition von Halliday und Hasan (1989). Die Begriffe *Field*, *Tenor* und *Mode* sind damit im Vergleich zu anderen Begriffen wie *Register*, *Gerne* oder *Texttypen* klar definiert und werden in der Literatur in gleicher Weise interpretiert.

Exemplarisch und in ihrer Komplexität reduziert können für die Mathematik die drei Kontextebenen wie in Abb. 3.4 schematisch dargestellt werden. *Field* kann beispielsweise in Form der Beschreibung einer beliebigen geometrischen Konstruktion mit Zirkel und Winkel (z. B. von Dreiecken) abgebildet werden. *Tenor* verweist auf die Diskursebene zwischen zwei Lernenden mit einer ähnlichen Sprecherrolle. *Mode* betrachtet die Struktur des Gesprächs und verweist auf einen erklärenden und didaktisch motivierten mündlichen Austausch.

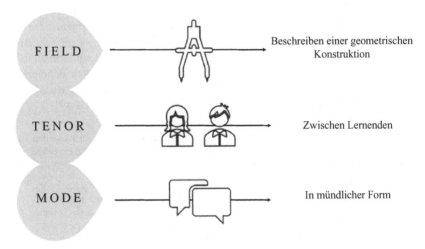

Abbildung 3.4 Beispiele für die Kontextmerkmale *Field*, *Tenor* und *Mode* für den Mathematikunterricht. (Eigene Erstellung)

Aufgrund der Kontextmerkmale *Field*, *Tenor* und *Mode* ergibt sich ein adäquates Bild des Kontextes der Situation, der wiederum die Sprache, wie in Abschnitt 3.3.2 beschrieben, beeinflusst. In Ergänzung zu der in Abschnitt 3.3.2 dargebotenen Modellierung der Verbindung zwischen Kontext und Sprache bezieht Halliday (2014a) die drei Kontextmerkmale mit den von ihm beschriebenen drei Metafunktionen aufeinander, die in Abschnitt 2.3.3 erläutert wurden. *Field* und die ideationale Metafunktion, *Tenor* und die interpersonelle Metafunktion und *Mode* und die textuelle Metafunktion von Sprache werden in Beziehung zueinander betrachtet (Halliday, 2014a).

3.3.4   Kontextuelle Konfigurationen

Die Verwendung von Sprache im Kontext einer Situation ist, wie in Abschnitt 3.3.2 erläutert, ein dynamischer Prozess. In Anbetracht der relativ starren Betrachtung von drei Ebenen des Kontextes einer Situation scheint diese Betrachtung der Dynamik nicht gerecht zu werden. Um diese Variabilität in der Verwendung des Text-Kontext-Gefüges zu bestimmen, kann der Kontext nicht allein als eine (einfache) Kombination der in Abschn. 3.3.3 genannten Kontextmerkmale *Field, Tenor* und *Mode* betrachtet werden.

Hasan (2009) erweitert das Modell von *Field, Tenor* und *Mode*, indem ihr Ansatz jeden Parameter als Aspekt versteht, der eine Menge an unterschiedlichen Optionen bereithält. Darauf aufbauend führt Hasan (2009, S. 178) zur Ergänzung und Bestimmung des Kontextes das Konzept der *Contextual Configuration* (Kontextuellen Konfiguration) ein. Durch die Kontextuelle Konfiguration soll neben dem Einbezug der Dynamik ebenfalls zwischen dem für die Sprachproduktion und das Sprachverständnis relevanten Kontext und dem materiellen Setting, dementsprechend Aspekten der Umgebung, die keinen Einfluss auf den Text haben, unterschieden werden (Halliday, 2016). Das Konzept der Kontextuellen Konfiguration steht damit in einem direkten Bezug zu *Field, Tenor* und *Mode*. In Hinblick auf die Kontextuelle Konfiguration sind *Field, Tenor* und *Mode* als Variablen interpretierbar, die einen bestimmten Wert in einer Situation erhalten (Halliday & Hasan, 1989).

Die Kontextuelle Konfiguration von typischen mathematischen Texten aus Schulbüchern und Büchern aus dem akademischen Bereich ergibt die Auswahl von u. a. folgenden potenziellen Aspekten:

1. *Field*: Einführung, Anwendung, Vermittlung, Übertragung, Nutzung, Limitierung
2. *Tenor*: Zielgruppen: Mathematiker, Mathematik-Didaktiker, Fachfremde, Studierende, Schülerinnen und Schüler; Soziale Distanz: Hierarchie-Kontinuum zwischen hoher und niedriger Hierarchie
3. *Mode*: Medialität: Kommunikationsformen auf dem konzeptionellen Kontinuum; Modalität: Unterstützung durch mathematische Darstellungen, Nutzung von Symbolik

Nach Hasan (2014) soll durch den Einbezug des Konzepts insbesondere die zwei semantischen Aspekte der Struktur und Textur von Text verstanden und zusätzlich die Möglichkeit geboten werden, einen praktikablen Ansatz bereitzustellen, um Register zu klassifizieren. Die Textur wird durch die kohäsiven Beziehungen eines Textes bestimmt, die wiederum durch die kohäsive Bindung zwischen Elementen eines Textes bestimmt sind. Die Struktur wird über das generische Strukturpotential definiert (*generic structure potential*). Um dieses Strukturpotenzial zu beschreiben, benötigt es nicht nur einen speziellen Texttyp, sondern eine Bandbreite an verschiedenen, aber in Beziehung stehenden Texttypen (Hasan, 2014, S. 9). Jede Instanz bzw. jedes Fallbeispiel bietet die Möglichkeit, die strukturellen Komponenten, die ähnlich oder gleich sind, festzustellen; dabei wird kein Fallbeispiel die identischen strukturellen Aspekte beinhalten, gleichzeitig werden die in Beziehung stehenden Texttypen nicht komplett unterschiedlich sein. Die gesamte Bandbreite solcher Texttypen konstruiert dabei eine Registerfamilie. Die Variationen der Texttypen sind nicht zufällig, sondern das Ergebnis des Text-Kontext-Gefüges. Dies führt zu Ähnlichkeiten und Unterschieden in den Strukturformen der Texttypen einer Registerfamilie, die sich aus der Auswahl von Merkmalen aus den Dimensionen von *Field* und (oder) *Tenor* und (oder) *Mode* des Diskurses ergeben. Sie ergeben sich aus dem Bedeutungswortlaut des Sprechers als Antwort auf den Kontext der Situation. Hasan (2014, S. 10) definiert die Analyse von Registern als „*study of the regularities between the features of CC [contextual configuration] and their realisation as text*". In der Untersuchung von vielen ähnlichen, aber in gewissen Aspekten unterschiedlichen Texttypen liegt der Fokus nicht in der Beschreibung der Spezifika des Individuums Text. Durch die Analyse von Registerfamilien in Form von Untersuchungen der Variationen von Registern, die in Abschnitt 4.3 beschrieben werden, sollen mittels Ansammlung von Textbeispielen aussagekräftige Aussagen über die Korrelation zwischen Texten und Kontexten ermittelt werden.

Die Betrachtung der Kontextuellen Konfiguration stellt die theoretische Basis dar, das Phänomen Register zu untersuchen. Mithin lässt sich ein empirisches Vorgehen zur Analyse von sprachlichen Veränderungen bzw. Variationen damit ableiten, das zur Entwicklung eines Instruments zur sprachlichen Veränderung von Textaufgaben bedeutsam ist. Laut Hasan (2014) benötigt eine Analyse eine Bandbreite, eine Ansammlung von (vielen) Fällen und die Möglichkeit, Regularitäten festzustellen. Eine solche Möglichkeit der Analyse wird in Kapitel 7 vorgestellt.

Resümee (Abschnitt 3.3): Kontext hat als Kriterium für einen Text eine hohe Bedeutung. Dies zeigt sich durch Konstruktions- und Interaktionsaspekte von Sprache im Mathematikunterricht (Abschnitt 3.3.1). Zur Definition des Kriteriums Kontext kann dieser unter einer sozial-semiotischen Perspektive als Kontext der Situation beschrieben und in einem Beziehungsgefüge einerseits zwischen

Sprache und Kontext und andererseits zwischen System und Instanz modelliert werden (Abschnitt 3.3.2). Der Kontext der Situation kann in eine inhaltsbezogene (*Field*), interaktionsbezogene (*Tenor*) und informationsbezogene (*Mode*) Ebene unterschieden werden (Abschnitt 3.3.3). Um die Dynamik der kommunikativen Praxis abzubilden und die Verbindung von Kontext und Sprache zu realisieren, werden die drei Ebenen als Variablen betrachtet, die eine Menge an Optionen darstellen, und als Kontextuelle Konfiguration bezeichnet. Die Kontextuellen Konfigurationen theoretisieren die Verbindung und Variabilität zwischen Kontext der Situation und Register (Sprache) (Abschnitt 3.3.4). In Hinblick auf eine Konkretisierung des Kontextes der Situation soll im anschließenden Abschnitt 3.4 exemplarisch dargestellt werden, welche unterschiedlichen Formen Texte des gleichen Texttyps in einem Inhaltsbereich bzw. Aufgaben im Mathematikunterricht haben können.

3.4 Kontext der Situation für Texte im Mathematikunterricht

Der Kontext der Situation besitzt für sprachlich integrierte Prozesse im Lehr- und Lernprozess von mathematischen Inhalten eine hohe Bedeutung. Dies wird deutlich, wenn die unterschiedlichen Ebenen des Kontextes der Situation, wie in Abschnitt 3.3 geschildert, betrachtet werden. Sowohl die inhaltsbezogene Ebene als auch die interaktions- und informationsbezogene Ebene haben einen Einfluss auf die Vermittlung und Konstruktion von Wissen. Dieser Einfluss kann exemplarisch an ausgewählten Fällen für den Mathematikunterricht dargestellt werden, indem die Formulierung von Definitionen oder Sätzen in Hinblick darauf unterschieden wird, ob diese in der Fachliteratur oder in Schulbüchern formuliert werden. In einer fachlichen Kommunikation und Wissensvermittlung im Gegensatz zu Kommunikation und Wissensvermittlung in der Schule unterscheiden sich insbesondere die interaktionsbezogene Ebene (*Tenor*). Um den Einfluss der informationsbezogenen Ebene (*Mode*) zu betrachten können Schulbuchtexte vergleichen werden. Den Unterschied von Texten aufgrund der informationsbezogenen Ebene (*Field*), kann im Hinblick auf unterschiedliche Inhaltsbereiche verglichen werden. In diesem Kapitel soll dargestellt werden, dass sich Sprache ändert kann (aber nicht muss), wenn sich die Kontextebenen wechseln. An den Beispiel wird herausgearbeitet, welche Änderungen sich für die Kontextebenen ergeben, wenn erstens zwischen fachlichen (fachdidaktischen) Text und Schulbuchtext und zweitens zwischen Schulbuchtext und Schulbuchtext vergleichen wird.

Überblick (Abschnitt 3.4): Der Einfluss des Kontextes der Situation, durch die Veränderungen der interaktions- und informationsbezogenen Ebenen, kann exemplarisch für Sätze im Inhaltsfeld Geometrie am Beispiel des Satz des Thales und des Satz des Pythagoras dargestellt werden (Abschnitt 3.4.1). Darüber hinaus lassen sich für Definitionen die Auswirkungen der Veränderungen der drei Kontextbedingungen für das Inhaltsfeld Stochastik und Funktionen, am Beispiel des Laplace-Experiments und der Definition einer Funktion bzw. einer linearen Funktion kontrastiv darstellen (Abschnitt 3.4.2). Ergänzend zur Konkretisierung des Kontextes der Situation für Sätze und Definitionen ergeben sich auch für mathematische Textaufgaben relevante Implikationen des Einflusses des Kontextes der Situation, was dazu führt, dass mathematische Textaufgaben in vielfältigen Erscheinungsformen charakterisiert werden können (Abschnitt 3.4.3).

3.4.1 Für Sätze im Inhaltsfeld Geometrie

Der Geometrieunterricht in der Sekundarstufe I vereint auf eine anschauliche Weise zentrale mathematische Aktivitäten und Kompetenzen. Im Geometrieunterricht kann das Beweisen und Argumentieren veranschaulicht werden, beispielsweise über bestimmte Sätze der Geometrie (Weigand et al., 2014). Für den Bereich der Anwendungen der Ähnlichkeitslehre in der Sekundarstufe sind der Satz des Thales und der Satz des Pythagoras tragende inhaltliche Säulen (Hölzl, 2014).

In einer fachlich (didaktischen) Formulierung lässt sich der Satz des Thales auf folgende Weise beschreiben:

1. Fachliches (fachdidaktisches) Beispiel: Wenn man einen Punkt C einer Kreislinie mit den Endpunkten eines Durchmessers [AB] verbindet, dann ist der Winkel ABC ein rechter Winkel (Weigand, 2014, S. 27).

Wird der schulische Kontext betrachtet, findet sich eine abgewandelte Formulierung des Satz des Thales in Schulbüchern wieder. In Schulbüchern der Sekundarstufe I wird der Satz des Thales wie in den folgenden zwei Beispielen beschrieben:

1. Schulbuchbeispiel: Wenn der Punkt C eines Dreiecks ABC auf dem Thaleskreis der Strecke AB liegt, dann ist das Dreieck rechtwinklig mit γ als rechtem Winkel (Griesel et al., 2016, S. 105).

2. Schulbuchbeispiel: Wenn die Seite AB eines Dreiecks ABC Durchmesser eines Kreises ist, auf dem der Punkt C liegt, dann ist das Dreieck rechtwinklig mit dem rechten Winkel bei C (Cukrowicz, 2000, S. 187).

Sowohl auf fachlicher Ebene im ersten Beispiel als auch für die Beispiele aus den Schulbüchern zeigt sich die konjunktive Struktur mit Wenn-dann-Strukturen, der Beschreibung des Satzes als ein stabiles lexikalisch-grammatikalisches Merkmal für die Formulierung. Das Beispiel des Satzes des Thales deutet daraufhin, dass die interaktionsbezogenen Ebene eine geringe Rolle auf kohäsive Satzstruktur in der Beschreibung hat.

Die drei genannten Beispiele unterscheiden sich auf der Ebene des Informationsbezugs bedeutend. Das fachliche Beispiel nutzt Klammerschreibweisen für Strecken und eine zusätzliche symbolische Darstellung des Winkels. Das zweite Beispiel aus dem Schulbuch verzichtet im Vergleich zum ersten Beispiel aus dem Schulbuch auf eine zusätzliche symbolische Abkürzung (Gamma) des rechten Winkels.

Im ersten Schulbuchbeispiel wird ebenfalls der Begriff des Thaleskreis verwendet. Hier unterscheidet sich das erste Schulbuchbeispiel auf inhaltsbezogener Ebene vom zweiten Schulbuchbeispiel und dem fachlichen Beispiel, da eine Erweiterung der inhaltlichen Vermittlung ergänzt wird. Durch die Ergänzung ergibt sich tendenziell ein komplexerer Satz, da er mit einem weiteren Begriff angereichert wird.

Auch für den (unter Umständen noch bekannteren) Satz des Pythagoras zeigt sich durch die Betrachtung des Einflusses des Kontextes der Situation eine Vielfalt an unterschiedlichen lexikalisch-grammatikalischen Realisierungen des Satzes. Der Satz des Pythagoras wird auf einer fachlich bzw. fachdidaktisch orientierten Basis wie folgt definiert:

1. Fachliches (fachdidaktisches) Beispiel: In einem rechtwinkligen Dreieck ist die Summe der Quadrate über den Katheten gleich dem Quadrat über der Hypotenuse (Scheid & Schwarz, 2017, S. 31).

Der Satz des Pythagoras hat in unterschiedlichen Schulbüchern eine variantenreiche Ausprägung an Formulierungsmöglichkeiten. So kann der Satz des Pythagoras wie in den nachfolgenden drei Schulbuchbeispielen beschrieben werden:

1. Schulbuchbeispiel: Bei einem rechtwinkligen Dreieck haben die Quadrate über den Katheten zusammen denselben Flächeninhalt wie das Quadrat über der Hypothenuse (Friebe et al., 2013, S. 60).

2. Schulbuchbeispiel: In jedem rechtwinkligen Dreieck haben die beiden Kathetenquadrate zusammen denselben Flächeninhalt wie das Hypothenusenquadrat (Lergenmüller & Schmid, 2007, S. 49).

3. Schulbuchbeispiel: Wenn das Dreieck ABC rechtwinklig ist, dann ist der Flächeninhalt des Hypothenusenquadrates gleich der Summe der Flächeninhalte der beiden Kathetenquadrate (Griesel, Gundlach, et al., 2016, S. 50).

In Bezug zur informationsbezogenen Ebene lassen sich Parallelen und Unterschiede zwischen fachlichen bzw. fachdidaktischen Beispielen und einzelnen Schulbuchbeispielen feststellen. Das fachliche Beispiel nutzt den Begriff der Summe. Dieser Begriff wird vom ersten und zweiten Schulbuchbeispiel nicht verwendet, sondern durch den alltagssprachlichen Begriff *zusammen* ersetzt. Für das resultierte Ergebnis der Bildung der Summe der Kathethenquadrate wird ebenfalls im ersten und zweiten Schulbuchbeispiel anstatt *gleich* der Begriff *denselben* genutzt. Das dritte Schulbuchbeispiel nutzt ebenfalls den Summenbegriff und den Gleichheitsbegriff. Die Unterschiede lassen sich aufgrund der Schulformen, für die die Schulbücher genutzt werden, interpretieren. Das erste und zweite Schulbuchbeispiel stammt aus Lehrwerken für Realschulen und das dritte Schulbuchbeispiel ist ein Schulbuch für das Gymnasium. Diesbezüglich ergeben sich auch auf der interaktionsbezogenen Ebene Unterschiede, die aufgrund von antizipierten Zielgruppendifferenzen in den Formulierungsprozess einbezogen sind.

Diese Zielgruppendifferenzen sind jedoch weniger deutlich, als gegebenenfalls angenommen werden könnte. Dies wird ersichtlich, wenn die Beispiele auf einer informationsbezogenen Ebene verglichen werden. Bis auf die Vermeidung von Begriffen nutzte beispielsweise das erste Schulbuchbeispiel aus einem Lehrwerk für die Realschule, ebenfalls wie das Beispiel der fachliche Formulierung des Satzes, keine Allaussage zur Formulierung des Satzes des Pythagoras; ebenfalls werden Komposita vermieden, die im zweiten und dritten Schulbuchbeispiel häufig vorkommen.

Die Beispiele im Inhaltsbereich Geometrie machen deutlich, dass die inhaltsbezogenen und informationsbezogenen Ebenen des Kontextes der Situationen eine maßgebliche Rolle bei der Formulierung der dargestellten Sätze einnehmen. Eine geringere Rolle scheint in den Beispielen die interaktionsbezogenen Ebene zu besitzen. So ist an den Beispielen zu erkennen, dass trotz der unterschiedlichen Adressaten die anderen Kontextebenen, einen stärkeren Einfluss auf die Formulierung des Textes nehmen. Die geringe Bedeutung der interaktionsbezogenen Ebene in den vorliegenden Beispielen, lässt sich durch die hohe Bedeutsamkeit der Fachlichkeit der Formulierung von mathematischen Sätzen deuten. So nutzen die dargestellten Beispiele für mathematische Sätze in Schulbüchern, keine persönlichen Formulierungen und orientieren sich an der Neutralität des fachlichen Satzes, was zu der geschilderten geringen Relevanz der interaktionsbezogenen Ebene führt.

3.4.2 Für Definitionen im Inhaltsfeld Stochastik und Funktionen

Für die Entwicklung des Wahrscheinlichkeitsbegriffs sind das Laplace-Experiment und die Laplace-Wahrscheinlichkeit zentrale Elemente. In Anbetracht von Definitionen im Mathematikunterricht ist die Beschreibung der Laplace-Wahrscheinlichkeiten in einer fachlichen bzw. fachdidaktischen Variante, wie in den folgenden zwei Beispielen, möglich:

1. Fachliches (fachdidaktisches) Beispiel: Ein Experiment, bei dem man aufgrund des Prinzips des unzureichenden Grundes davon ausgeht, dass alle Elementarereignisse eines Zufallsexperiments mit endlicher Ergebnismenge gleichwahrscheinlich sind, d. h. 1, heißt Laplace-Experiment. Liegt ein Laplace-Experiment $P(\{\omega\}) = \frac{1}{|\Omega|}$, vor, so gilt für die Wahrscheinlichkeit eines beliebigen Ereignisses: $A \in \wp(\Omega) : P(A) = \frac{|A|}{|\Omega|}$ (Eichler & Vogel, 2013, S. 174).

2. Fachliches (fachdidaktisches) Beispiel: Wenn bei einem Vorgang mit mehreren möglichen Ergebnissen angenommen werden kann, dass alle Ergebnisse die gleiche Wahrscheinlichkeit besitzen, so hat ein Ereignis A die Wahrscheinlichkeit $P(A) = \frac{Anzahl\,der\,für\,A\,günstigen\,Ergebnisse}{Anzahl\,aller\,möglichen\,Ergebnisse}$ (Krüger et al., 2015, S. 94).

In Schulbüchern ergeben sich für die Laplace-Wahrscheinlichkeit ebenfalls unterschiedliche Formulierungsvarianten. Dies zeigt sich in den zwei nachfolgenden Beispielen aus Schulbüchern:

1. Schulbuchbeispiel: Zufallsexperimente, bei denen man annehmen kann, dass alle Ergebnisse gleich wahrscheinlich sind, nennt man Laplace-Experimente. Für die Zufallsexperimente muss man keine Versuchsreihen durchführen, um Wahrscheinlichkeiten angeben zu können. Diese Wahrscheinlichkeiten nennt man Laplace-Wahrscheinlichkeiten (Böer et al., 2014, S. 50).

2. Schulbuchbeispiel: Zufallsexperimente, bei denen alle Ergebnisse gleich wahrscheinlich sind, z. B. das Werfen eines normalen Würfels, heißen Laplace Experimente. Die zugehörigen Wahrscheinlichkeiten heißen Laplace Wahrscheinlichkeiten. Für die Laplace Wahrscheinlichkeit eines Ereignisses E gilt:
$$P(E) = \frac{Anzahl\,der\,Ergebnisse,\,bei\,denen\,E\,eintritt}{Anzahl\,aller\,möglichen\,Ergebnisse\,des\,Zufallsexperiments}$$ (Kleine et al., 2013, S. 126).

Das erste auffällige Charakteristikum der ersten fachlichen bzw. fachdidaktischen Definition ist die typische stringente mathematische Formulierung mit vielen symbolischen Notationen, die die Besonderheit auf inhaltsbezogener und informationsbezogener Ebene darstellt. Die zweite fachliche/fachdidaktische Definition verwendet im Gegensatz dazu deutlich weniger symbolische Notationen und Begriffe. Als grundlegend für die Formulierungsunterschiede der ersten und zweiten fachlichen Definitionen kann die interaktions- und informationsbezogenen Ebenen des Kontextes der Situation interpretiert werden. Die zweite fachliche bzw. fachdidaktische Definition orientiert sich insbesondere an Studierenden der Lehrämter der Sekundarstufe I, während die erste fachliche Definition einen Fokus auf gymnasiale Lehrämter zeigt, die einen höheren fachlichen Anteil in ihrer Ausbildung aufweisen.

Das zweite fachliche Beispiel und das zweite Schulbuchbeispiel ähneln sich in Bezug auf die Verwendung der symbolischen Notation in der zweiten fachlichen Definition deutlicher als in der ersten fachlichen Definition. Die erste Schulbuchdefinition verzichtet in der Definition vollständig auf eine Form der Darstellung der Laplace-Wahrscheinlichkeit. Die Unterschiede in der Verwendung der symbolischen Notation zwischen den unterschiedlichen Zielgruppen der Texte machen deutlich, dass die interaktionsbezogene Ebene für die Formulierung der Definitionen eine bedeutende Rolle spielen kann. Die intendierte Zielgruppe hat in den Beispielen insbesondere Einfluss auf die Verwendung der Variabilität von Begriffen und Symbolen.

Im Mathematikunterricht kommen unterschiedliche Definitionen für das Inhaltsfeld Funktionen vor, beispielsweise die Definition einer linearen Funktion als Spezialfall einer ganzrationalen Funktion ersten Grades. Im Allgemeinen begegnen ganzrationale Funktionen Schülerinnen und Schülern in der Sekundarstufe I am häufigsten mit dem Fall n = 1 als lineare Funktionen mit Geraden als Graphen, aber auch im Fall n = 2 als quadratische Funktionen mit Parabeln als Graphen (Greefrath et al., 2016). Die Definition einer Funktion kann auf fachlicher bzw. fachdidaktischer Weise wie folgt lauten:

1. Fachliches (fachdidaktisches) Beispiel: Seien A und B Mengen sowie F eine Teilmenge des kartesischen Produkts $A \times B$. Das Tripel $f : (F, A, B)$ heißt Funktion, wenn für alle $x \in A$ genau ein $y \in B$ existiert mit $(x, y) \in F$ (Greefrath et al., 2016, S. 169).

Die Definition einer Funktion kann ergänzt werden durch die Definition von Polynomfunktionen, die sich durch eine besondere Form auszeichnen:

2. Fachliches (fachdidaktisches) Beispiel: Polynomfunktionen (bzw. ganzrationale Funktionen) haben die Form $f(x) = a_n x^n + a_{n-1} x^{n-1} + \ldots + a_1 x^1 + a_0$ (Greefrath et al., 2016, S. 169).

Im Mathematikunterricht ergeben sich zur Formulierung von linearen Funktionen als Spezialfall einer Polynomfunktion unterschiedliche Formulierungsmöglichkeiten, wie in den zwei folgenden Schulbuchbeispielen dargestellt:

1. Schulbuchbeispiel: Eine Funktion mit der Funktionsgleichung y = mx + b heißt lineare Funktion. Der Graph einer linearen Funktion ist geradlinig. m ist die Steigung der Geraden. Die Gerade schneidet die y-Achse im Punkt P(0|b). b nennt man daher y-Achsenabschnitt (oder auch Ordinantenabschnitt) (Bäuer et al., 2015, S. 106).
2. Schulbuchbeispiel: Ist der Graph einer Funktion eine Gerade, dann nennen wir sie lineare Funktion [...] allgemein hat eine lineare Funktion die Funktionsgleichung y = mx + b (Friebe et al., 2012, S. 164).

In der Sekundarstufe wird die lineare Funktion unabhängig von der Polynomfunktion eingeführt. Der Zusammenhang Polynomfunktion ergibt sich erst in der Betrachtung von weiteren ganzrationalen Funktionen. In dieser Hinsicht ist die interaktionsbezogene Ebene des Kontextes der Situation von hoher Bedeutung, was dazu führt, dass sich die fachliche Definition stark von den Definitionen aus den beiden Schulbüchern unterscheidet.

Innerhalb der Schulbuchdefinitionen zeigen sich Formulierungsunterschiede. Diese sind auf die inhaltsbezogenen Ebenen zurückzuführen. In den zwei Definitionen zur linearen Funktion werden die Objekte bzw. Eigenschaften unterschiedlich bezeichnet. So wird bei der ersten Definition der linearen Funktion die Eigenschaft durch das Adjektiv *geradlinig* zugeordnet. In den nachfolgenden Sätzen wird von einem Objekt durch das Substantiv *Gerade* gesprochen. Daraus ergeben sich die Unterschiede in der thematischen Strukturierung und im Aufbau der Schulbuchdefinitionen und hat damit einen Effekt auf die informationsbezogene Ebene. Beginnt die erste Schulbuchdefinition mit dem Gegenstand, der definiert werden soll, setzt die zweite Schulbuchdefinition mit den Eigenschaften einer Funktion an. Die erste Schulbuchdefinition zeichnet sich zusätzlich mit einer höheren Anzahl an Symbolen, u. a. durch Mehrfachnennung, aus.

Die Beispiele für Definitionen im Inhaltsfeld Stochastik und Funktionen zeigen, dass je nach Bedingungsgefüge, einzelne Ebenen des Kontextes der Situationen besonders akzentuiert werden und einen Einfluss auf die Formulierung der Texte haben.

3.4.3 Bei Mathematikaufgaben

Die Differenz von Mathematikaufgaben ergeben sich aus den bereits etablierten variantenreichen Unterscheidungsmöglichkeiten von Aufgaben, die aus der Fachliteratur erforscht sind. Aus diesem Grund wird in diesem Kapitel darauf verzichtet, einzelne Fallbeispiele zur Kontrastierung zu verwenden. Stattdessen werden Möglichkeiten der Einteilung und Klassifikation von Mathematikaufgaben diskutiert.

In Bezug auf die Unterscheidungsmöglichkeiten lassen sich inhaltsbezogene (mathematische), kognitionsbezogene (psychologische) und didaktische Merkmale von Mathematikaufgaben unterscheiden (Herget, 2010; Kleine, 2012; Leuders, 2015; U. Maier et al., 2014). Aus der Vielzahl unterschiedlicher Merkmale ergibt sich eine große Bandbreite an Varianten von Aufgabentypen. Für Klassenarbeiten bzw. Klausuren kann sich beispielsweise an kognitionsbezogenen Klassifikationen orientiert werden und technische, rechnerische und begriffliche Aufgaben unterschieden werden (Drüke-Noe & Schmidt, 2015). Die Aufgabenvarianten in Schulbüchern stellen sich jedoch meist vielfältiger dar als die genannte Klassifikation in drei Aufgabentypen. Nach Herget (2010, S. 179) können auf normativer Basis, durch Betrachtung der äußeren Gestalt der Aufgaben und der Schüleraktivitäten, neun Aufgabentypen zur Systematisierung mit den folgenden Kategorien unterschieden werden: einzeichnen, ergänzen, einsetzen; Umkehraufgaben; aus Fehlern lernen; Darstellungen verstehen; Informationen verknüpfen, verarbeiten und interpretieren; Ergebnisse darstellen; selbst Aufgaben stellen; Foto-Fragen-Situationen mathematisch modellieren.

Erste empirische Befunde zu Klassifikationsmöglichkeiten lieferte die Erhebung in der COACTIV-Studie (Jordan et al., 2008). Zur Beurteilung des Potenzials von Aufgaben in der COACTIV-Studie entwickelten Jordan et al. (2008) ein umfangreiches Klassifikationsschema. Aufgrund der Anlage der Studie, in der es nicht nur um die Beurteilung von Aufgaben zur Leistungsmessung ging, wurden in inhaltsbezogene (z. B. mathematisches Stoffgebiet, mathematisches Arbeiten), kognitionsbezogene (z. B. curriculare Wissensstufen, Grundvorstellungen) und didaktische (z. B. Lösungsprozess, Aufgabenstellung) Aufgabenmerkmalen differenziert (Jordan et al., 2008). U. Maier et al. (2010) konzipierten ein allgemein-didaktisches Kategoriensystem zur Analyse des kognitiven Potenzials von Aufgaben. Das System baut auf sieben Dimensionen auf, die drei oder vier Ausprägungen beinhalten. Die Dimensionen von Jordan et al. (2006) und U. Maier et al. (2010) können als zum Teil analog betrachtet werden. So sind als Teilmenge der Klassifikationen die Wissensart (bei Jordan et al. (2006) ebenfalls Wissensart), der kognitive Prozess (curriculare Wissensstufe und mathematisches Argumentieren), die Offenheit (Antwortformat), der Lebensweltbezug (mathematische Tätigkeit) und die sprachlogische Komplexität und Repräsentationsformen (Aufgabenstellung) festzustellen.

Für die Schwierigkeitsmodellierung und Kompetenzmessung wurde bei PISA zwischen drei unterschiedlichen Aufgabentypen unterschieden (Neubrand et al., 2002). Neubrand et al. (2002) unterschieden für Aufgaben zwischen technischen Aufgaben, deren Schwierigkeit abhängig vom curricularen Wissensniveau ist, rechnerischen Modellierungsaufgaben, deren Schwierigkeit abhängig vom curricularen Wissensniveau und daneben von der Komplexität und dem Umfang der Verarbeitung ist, sowie begrifflichen Modellierungsaufgaben, für die die curricularen Wissensniveaus keinen starken Einfluss auf die Schwierigkeit aufweisen und die Schwierigkeit insbesondere abhängig von dem Kontext ist. Eine analoge, aber gröbere Unterscheidung wird beim längsschnittlichen Projekt zur Analyse der Leistungsentwicklung in Mathematik (PALMA) durchgeführt, in dem nur zwischen Kalkülaufgaben, für die keine Grundvorstellungen, und Modellierungsaufgaben, für die Grundvorstellungen notwendig sind, unterschieden wird (Pekrun et al., 2006; vom Hofe et al., 2002).

Aus der Möglichkeit, die unterschiedlichen Aufgabenmerkmale zu verknüpfen, ergibt sich ein reichhaltiges Bild an unterschiedlichen Formulierungsvarianten von Mathematikaufgaben. Die aus der Literatur ergebene Kategorisierung von Formulierungsvarianten, lassen sich im Hinblick des theoretischen Modells der Ebenen des Kontextes der Situationen deuten. Die curriculare Wissensstufe der Aufgabe, die die inhaltlichen Anforderungen einer Aufgabe beschreibt, kann als ein Aspekt der inhaltsbezogene Ebene des Kontextes der Situationen interpretiert werden. Der Lebensweltbezug einer Mathematikaufgaben, durch den ein Bezug zwischen Mathematik und dem Lebenswirklichkeit der Lernenden geschaffen werden soll, ist Aspekt der interaktionsbezogenen Ebene und die Offenheit einer Aufgabe,

die die Vermittlungsstruktur einer Aufgabe grundlegend beeinflusst, lässt sich als
Aspekt der informationsbezogenen Ebene deuten.

3.5 Zusammenfassung

Texte sind zwar alltäglich, jedoch aufgrund der vielfältigen Erscheinungsformen
schwierig zu determinieren. Durch charakteristische Merkmale von Texten lässt
sich eine Arbeitsdefinition je nach Analyseschwerpunkt entwickeln, die für das
Forschungsvorhaben genutzt wird.

Für den Mathematikunterricht ergeben sich typische Texte, die in besonderer Weise die sprachliche Vermittlung von Inhalten prägen. Die unterschiedlichen
Texttypen kennzeichnen damit nochmals die in Kapitel 2 dargestellte Relevanz
der integrierten Betrachtung von fachlichen und sprachlichen Lernzielen.

In Hinblick auf die unterschiedlichen Texttypen stellt sich der Kontext für
Lehr- und Lernprozesse als Kriterium für einen Text als besonders bedeutsam
heraus. Dahingehend ist eine Klärung des Begriffs notwendig. Eine Möglichkeit,
den Begriff des Kontextes in Hinblick auf Sprache zu analysieren, ist eine sozial-
semiotische Perspektive, durch die der Kontext durch den Begriff *Kontext der
Situation* definiert werden kann. Der Kontext der Situation ist unterscheidbar in
drei verschiedene Ebenen. Die Ebenen fokussieren auf unterschiedliche Aspekte
des Kontextes einer Situation. Die erste Ebene *Field* beschreibt inhaltsbezogene
Aspekte des Kontextes der Situation. Die zweite Ebene *Tenor* betrachtet Aspekte,
die mit Interaktionen in Beziehung stehen. Die dritte Ebene *Mode* legt die
Betrachtung auf informationsbezogene Aspekte nah. Um die Dynamik von Kom-
munikationsprozessen vollständiger darstellen zu können, lässt sich die Ebene des
Kontextes einer Situation als Variable darstellen, die die Optionenvielfalt abbildet
und als Kontextuelle Konfiguration begrifflich definiert wird.

Die theoretischen Begriffe, die aus der Linguistik stammen und nur teilweise
(z. B. durch den Registerbegriff in Abschnitt 4.2) in der fachdidaktischen Literatur verwendet werden, lassen sich auch auf Inhalte im Mathematikunterricht
beziehen. So lassen sich an Fallbeispielen für Sätze und Definitionen aus den
verschiedenen Inhaltsbereichen sowie für Aufgaben zeigen, dass die inhalts-,
interaktions- und informationsbezogene Ebene des Kontextes der Situation zu
Formulierungsvarianten der Texte führt.

Ausblick: Wie in diesem Kapitel gezeigt, führt der Einfluss des Kontextes zu einer
Nutzung von sprachlichen Formulierungsvarianten. Kontext und Sprache stehen
damit in einer wechselseitigen Beziehung, die zu sprachlichen Variationen führt.

Diese Variationen haben im Bezug zur Konstruktion eines Instruments zur sprach-
lichen Variation von mathematischen Textaufgaben eine hohe Bedeutung, da die
Variationen die theoretische Grundlage für die sprachlichen Veränderungen sind.
Aus diesem Grund werden in Kapitel 4 die Variationen von Sprache thematisiert.

Variationen von Sprache

4

Gesamtüberblick: Die sprachliche Kommunikation ist geprägt durch die Vielfalt an Varianten, die existieren, um Gedanken und Beobachtungen sprachlich auszudrücken. Ein Instrument zur sprachlichen Variation von Textaufgaben im Mathematikunterricht sollte sich an den Veränderungen von Sprache in der Nutzung orientieren. Daher ist das Ziel dieses Kapitels die bedeutsamen Konzepte von Variationen von Sprache zu beschreiben.

Die Flexibilität der Sprache lässt sich durch sprachliche Variationen darstellen, die sich grundlegend in Dialekte und Register unterscheiden lassen (Abschnitt 4.1). Aufgrund des vorliegenden Forschungsfokus ist das Konzept des Registers relevant, da das Register Variationen theoretisch erklärt, die beispielsweise aufgrund von institutionellen oder fachspezifischen Gründen auftreten (Abschnitt 4.2). Maßgeblich für die Betrachtung des Registerbegriffs ist die Klärung des Begriffs durch eine Definition und die Darstellung unterschiedlicher Akzentuierungen (Abschnitt 4.2.1). In der mathematikdidaktischen Forschungsliteratur werden typischerweise drei unterschiedliche Register betrachtet, die für den Mathematikunterricht als relevant erachtet werden. Im Mathematikunterricht wird Sprache gebraucht, die ebenfalls im Alltag genutzt wird und das Register der Alltagssprache darstellt (Abschnitt 4.2.2). Die Institution Schule entwickelt eine Sprache der Vermittlung, die den Zweck erfüllt, für didaktische Prozesse genutzt zu werden, und die als Register der Schulsprache bezeichnet werden kann (Abschnitt 4.2.3). Neben der für didaktische Zwecke genutzten Sprache wird in der Institution Schule außerdem eine habitualisierte Sprache für die Vermittlung

Elektronisches Zusatzmaterial Die elektronische Version dieses Kapitels enthält Zusatzmaterial, das berechtigten Benutzern zur Verfügung steht https://doi.org/10.1007/978-3-658-33003-3_4.

D. Bednorz, *Sprachliche Variationen von mathematischen Textaufgaben*,
Bielefelder Schriften zur Didaktik der Mathematik 5,
https://doi.org/10.1007/978-3-658-33003-3_4

verwendet, die u. a. aus inhaltlichen Gründen verwendet und als bildungssprachliches Register charakterisiert wird (Abschnitt 4.2.4). Für den Gegenstandbereich der Mathematik ergeben sich spezifische Merkmale, die sich in der Verwendung einer Sprachvariation äußern, die als mathematisches (fachsprachliches) Register bezeichnet werden kann (Abschnitt 4.2.5). Da die Verwendung von Sprache kein statischer Prozess ist, gilt auch für die Verwendung von Registern, dass sich Änderungen ergeben, die mit Veränderungen von Situationen in Beziehungen stehen (Abschnitt 4.3). Registervariationen sind ein empirisches Phänomen. Für die Analyse von Registervariationen haben sich empirische Methoden entwickelt, die insbesondere mit quantitativen Verfahren mit computerbasierter Ermittlung die sprachlichen Merkmale (korpusbasierte Ansätze) ermitteln (Abschnitt 4.4). Durch die empirische Ermittlung von sprachlichen Merkmalen ergibt sich unterschiedliches Akzentuieren der Analyse (Abschnitt 4.5). So kann mit den computerbasierten Verfahren die Häufigkeiten von einzelnen sprachlichen Merkmalen festgestellt werden (Abschnitt 4.5.1). Außerdem besteht die Möglichkeit, das gemeinsame Vorkommen von sprachlichen Merkmalen festzustellen (Abschnitt 4.5.2). Zur Analyse des gemeinsamen Vorkommens von sprachlichen Merkmalen ergeben sich spezifische Verfahren, die als multivariate Verfahren bezeichnet werden (Abschnitt 4.5.3).

4.1   Formen von sprachlichen Variationen

Sprache ist im stetigen Wandel. Dies demonstrierten die angeführten Beispiele in Abschnitt 3.4, die die Vielfalt an unterschiedlichen Variationen sprachlicher Ausdrucksmöglichkeiten für den Mathematikunterricht exemplarisch zeigen. Die Unterschiede in der Verwendung von Sprache sind so prägnant in Gestalt und Vorkommen, dass bereits Freudenthal (1983) auf die Unterschiede aufmerksam machte und beschreibt, dass jeder Einzelne verschiedene Formen von Sprache verwendet, und dabei pointiert, dass keine zwei Personen dieselbe Sprache sprechen und es maßgeblich vom Ort, Dialekt, der Bildungssprache und der mathematischen Sprache abhängt, wie Sprache genutzt wird. Die durch Freudenthal (1983) ohne direkten linguistischen Bezug dargestellten Bedingungen deuten darauf hin, dass sich sprachliche Phänomene je nach Spezifika der Sprachnutzung ausbilden. Nach Ferguson (1994) sind es insbesondere sich wiederholende Ereignisse, die im Verlauf von Menschen mit ähnlichen sprachlichen Strukturen assoziiert und die in den Ereignissen wiederverwendet werden:

[a] communication situation that recurs regularly in a society (in terms of participants, setting, communicative functions, and so forth) will tend over time to develop identifying markers of language structure and language use, different from the language of other communication situations. People participating in recurrent communication situations tend to develop similar vocabularies, similar features of intonation, and characteristic (S. 20).

In Hinblick darauf erarbeitete Ferguson (1994) eine Arbeitsdefinition für Sprachvariationen, indem er sprachliche Variationen als mehr oder weniger deutlich abgrenzbare sprachliche Einheiten betrachtet, die, je deutlicher sie ausfallen, desto vorteilhafter als Analysegegenstand genutzt werden können:

Sets of identifying markers [...] vary greatly in the degree of cohesiveness they show as systems and the sharpness of the boundaries between them; the more cohesive the systems, the sharper the boundaries, and the more they are perceived by the participants as separate entities, the more useful it is to analyze them as language varieties (S. 23).

Zur Klassifikation solcher Sprachvariationen unterscheidet Ferguson (1994) vier Kategorien, durch die Sprache durch Verwendung variieren kann: Dialekt, Register, Genre und Konversationen. Häufig existiert in der Forschungsliteratur zum Thema sprachliche Variationen jedoch nur eine Unterscheidung in zwei Kategorien: Dialekt und Register (Biber, 2006; Finegan & Biber, 2001; Halliday, 1978, 2003a, 2014a; Ure & Ellis, 2014).

Die beiden Hauptkategorien von sprachlichen Variationen lassen sich begrifflich beschreiben. Sprachliche Variationen, deren Ursprung einer Gruppe von Sprechern zuzuordnen ist und die sich aufgrund unterschiedlicher lokaler und sozialer Varietäten in derselben Sprache ausbilden, werden als Dialekt definiert (Halliday, 1978). Ferguson (1994) bezeichnet einen Dialekt als die sprachliche Variation, die eine Person spricht, determiniert durch das, was sie ist. Ein Register wird als Variation einer Sprache aufgrund des Sprachgebrauchs und der Sprachhandlung definiert (Halliday, 1978). Nach Ferguson (1994) bezeichnet ein Register die sprachliche Variation, die eine Person spricht, determiniert durch das, was sie gerade tut. Da für den Forschungsgegenstand der vorliegenden Arbeit nur der Begriff des Registers als sprachliche Variation relevant ist, wird der Begriff des Dialekts nicht mehr betrachtet.

Neben der Beschreibung von sprachlichen Variationen ist das Register als eine Form von sprachlicher Variation bedeutsam für das Lehren und Lernen. Laut Ure und Ellis (2014) demonstriert die Breite des erfolgreichen Umgangs mit Registern die Spracherfahrung. In dieser Hinsicht wird die Beherrschung von

Registern in besonderem Maß für Lehr- und Lernprozesse im Mathematikunterricht relevant. Der Aspekt von Sprache als Lernvoraussetzung und -hindernis in Abschnitt 2.4.3 wird damit durch die Betrachtung von sprachlichen Variationen unterstrichen. So gilt es für Lernende im Mathematikunterricht, kompetent mit den unterschiedlichen Registern umzugehen; dies gelingt umso besser, desto mehr Spracherfahrung vorhanden ist. Nachfolgend soll aus diesem Grund neben einer weitreichenden Diskussion der Definition von Registern dargestellt werden, welche unterschiedlichen Register im Mathematikunterricht vorkommen und wie sich diese auszeichnen.

4.2 Register

Das Konzept des Registers beschreibt relevante Aspekte von sprachlichen Veränderungen für das Lernen und Lehren im Mathematikunterricht. Um den Einfluss der Register für den Mathematikunterricht deutlich zu machen, ist eine Analyse der unterschiedlichen Registern, die im Mathematikunterricht vorkommen, und der sprachlichen Merkmale, die mit diesen Registern verbunden sind, zu beschreiben.

Überblick (Abschnitt 4.2*):* In der Diskussion des Registers ergeben sich neben der in Abschnitt 4.1 dargestellten Beschreibung unterschiedliche Perspektiven, den Begriff des Registers auszulegen (Abschnitt 4.2.1). Für den Mathematikunterricht ergeben sich unterschiedliche Register, die typischerweise im Mathematikunterricht vorkommen können und sich durch spezifische Merkmale auszeichnen. Hierzu zählen Register der Alltagssprache als generealistische sprachliche Variation (Abschnitt 4.2.2). Des Weiteren ist die Schulsprache als Register für den Unterricht von Mathematik relevant, da hier besonders die Sprache akzentuiert wird, die zur didaktischen Vermittlung genutzt wird (Abschnitt 4.2.3). Daneben ist das bildungssprachliche Register ähnlich wie das schulsprachliche Register aufgrund von Vermittlungsaspekten für den Mathematikunterricht bedeutsam (Abschnitt 4.2.4). Aufgrund der fachlichen Gestaltung ergeben sich für den Mathematikunterricht Spezifika der Fachsprache Mathematik, die im Mathematikunterricht durch das mathematische Register vorkommen (Abschnitt 4.2.5).

4.2.1 Deutung des Registerbegriffs

Der Registerbegriff wurde von Reid (1956) eingeführt, um ein Konzept zu entwickeln, das Sprachvariationen korrespondierend mit Situationsvariationen vereinigt. Dieses Variationskonzept beschreibt den Zusammenhang von veränderlichen Sprachstrukturen und den Kontext der Situation (vgl. Abschnitt 3.3.2). Neben den unterschiedlichen Auslegungsvarianten des Registerbegriffs definiert Biber (2006) Register als Oberbegriff für jegliche Variation, die mit einem bestimmten Kontext der Situation oder Zweck assoziiert ist.

In der Diskussion rund um den Registerbegriff ergeben sich unterschiedliche Interpretationsmöglichkeiten. In einer frühen Auslegung des Registerbegriffs definieren Halliday und Hasan (1989) Register als Konfiguration von Bedeutungen im Zusammenhang mit situativen Konfigurationen, die mit den drei Ebenen des Kontextes einer Situation in Verbindung stehen, die in Abschnitt 3.3.3 beschrieben wurden:

> a configuration of meanings that are typically associated with a particular situational configuration of field, mode, and tenor (S. 38–39).

Ure und Ellis (2014) bezeichnen Register als ein konventionalisiertes soziales Phänomen innerhalb von Sprachgemeinschaften, das zur Bildung von regulären Sprachmustern in bestimmten Situationen führt. Die regulären Sprachmuster bezeichnet Halliday (2014a) als besondere Zusammenstellung von systemischen Wahrscheinlichkeiten (Halliday, 2014a). Halliday (2005) nutzt bei seiner Beschreibung für das Register häufig probabilistische Aussagen zur Definition eines Registers:

> A register is a tendency to select certain combinations of meanings with certain frequencies [...] (S. 66).

Dabei beschreibt ein Register eine Auswahl an semantischen Ressourcen, die Mitglieder einer Sprachgemeinschaft typischerweise mit einem Situationstypus mit gewissen Häufigkeiten identifizieren. In der Diskussion um Register wird dahingehend der Aspekt hervorgehoben, dass für bestimmte Register spezifische sprachliche Merkmale beschrieben werden können, deren Häufigkeit mit bestimmten Situationen in Verbindung stehen.

Trotz der Wahrscheinlichkeitsaussagen durch die begriffliche Beschreibung von Registern in Form von Möglichkeiten, Optionen, Potenzialen und Frequenzen weist Halliday (2014b) auf die Alltäglichkeit des Phänomens Register hin:

[…] but the existence of registers is a fact of everyday experience – speakers have no difficulty in recognizing the semantic options and combinations of options that are at risk under particular environmental conditions. Since these options are realized in the form of grammar and vocabulary, the register is recognizable as a particular selection of words and structures. But it is defined in terms of meanings, it is not an aggregate of conventional forms of expression superposed on some underlying content by social factors of one kind or another. It is the selection of meanings that constitutes the variety to which a text belongs (S. 267).

Die von Halliday (2014b) beschriebene Alltäglichkeit des Phänomens des Registers lässt sich als konstruktiver Akt der Sprachnutzung und -handlung deuten. Nach Ure und Ellis (2014) repräsentieren die variantenreichen Ausprägungen von unterschiedlichen Registern die damit korrespondierende Erfahrungs- und Bedeutungskonstruktion einer Gesellschaft. Dahingehend verweist Biber (2006) darauf, dass Register auf jeder Ebene der Generalität betrachtet werden können. So existieren tendenziell eher generalistische Register wie das alltagssprachliche Register (vgl. Abschnitt 4.2.2), aber auch hochspezielle Register wie das mathematische Register (vgl. Abschnitt 4.2.5). Dabei korrespondiert die sprachliche Reichweite des Registers mit der Reichweite der Situation, in der die Sprache genutzt werden kann (Ure & Ellis, 2014).

Für die Interpretation des Registerbegriffs ergeben sich weitreichende Konsequenzen. So kann, wenn in einer Sprachgemeinschaft Communitys existieren, die sich durch die Festigung von Aktivitäten und Sprachtraditionen in unterschiedlichen situativen Parametern unterscheiden (vgl. Abschnitt 3.3.2), aus dem Registerbegriff prognostiziert werden, dass diese Communitys ein unterschiedliches Sprach- bzw. Registerrepertoire nutzen werden. Durch die Nutzung unterschiedlicher Registermuster wird innerhalb einer Sprachgemeinschaft symbolisiert, dass sich die Sprecher einer spezifischen sozialen Situation bewusst sind. Durch die bewusste Nutzung oder Vermeidung von Registern kann ein Sprecher versuchen, bewusst die Verschiebung des Kontextes der Situation zu realisieren (Ure & Ellis, 2014).

4.2.2 Alltagssprache

Insbesondere in der Diskussion über Register in der Fachdidaktik und Fachsprachenforschung wird häufig neben der Unterscheidung zwischen bildungssprachlichen und fachsprachlichen Registern zusätzlich das alltagssprachliche Register unterschieden (Gogolin & Lange, 2011; Meyer & Prediger, 2012; Rincke, 2010; Vollmer & Thürmann, 2010, 2013).

Häufig bleibt dabei unklar, was Alltagssprache bedeutet und welche Relevanz dieser Begriff hat. Für Alltagssprache ergeben sich viele synonyme Begriffsverwendungen, beispielsweise: Gemeinsprache, Umgangssprache, Nationalsprache, Landessprache, Volkssprache oder Standardsprache (Hoffmann, 2008; Trabant, 1983).[1] So kann Alltagssprache auch als diejenige Sprache bestimmt werden, über die die Mehrheit der Sprachgemeinschaft verfügt, und mit der die allgemeine Kommunikation erst ermöglicht wird (Hoffmann, 2008).

Unter der Perspektive des Registers ist das alltagssprachliche Register definierbar, in dem betrachtet wird, welcher Kontext der Situation für die Kommunikation entscheidend ist. Insbesondere wird Alltagssprache dort deutlich, wo sie in Kontrast zur Fachsprache steht (Trabant, 1983) (vgl. Abschnitt 4.2.5). Ammon (1977) bietet dahingehend eine begriffliche Festigung, was unter dem alltagssprachlichen Register verstanden werden kann, indem der Kontrast zur Fachsprache gebildet wird und typische Aktivitäten, die der fachsprachlichen Sphäre zugeordnet, und Aktivitäten, die alltäglich sind, gegenübergestellt werden:

> Fachsprache und Gemeinsprache bilden ein komplementäres Begriffspaar. Als Gemeinsprache werden diejenigen Teile des Gesamtsprachrepertoires der Gesellschaft bezeichnet, die in den für alle Gesellschaftsmitglieder einigermaßen ähnlichen Lebensbereichen gebräuchlich sind und sich auf allgemeinbekannte Gegenstände, Sachverhalte und Vorstellungen beziehen. Differenziert ist die Gesellschaft aber vor allem in der Arbeitssphäre. In ihr ist folglich die Fachsprache hauptsächlich verankert. Für alle Gesellschaftsmitglieder einigermaßen gleichartige Bereiche finden sich dagegen primär in der Konsumtionssphäre, auf die sich die Gemeinsprache in erster Linie bezieht. Allerdings gibt es auch Spezialisierungen und Differenzierungen in der Konsumtionssphäre, beispielsweise die Vielfalt der Hobbywelt. Bei den dafür spezifischen Sprachinhalten (S. 29).

Durch die Referenz auf Fachsprache bildet Ammon (1977) eine grundlegende Beschreibung für das Phänomen Alltagssprache. Sie ist diejenige Sprache, die dadurch beschrieben werden kann, dass sie am geringsten durch situative Parameter fragmentiert ist. Damit sind Situationen gemeint, die für eine breite gesellschaftliche Schicht zugänglich sind. Trabant (1983) formuliert eine Definition der Alltagssprache, die ebenfalls auf dem Gegensatz zwischen Fachsprache und Alltagssprache basiert, spezifiziert jedoch dahingehend, dass nicht die Arbeitssphäre in der Betrachtung der Fachsprache gesehen wird, sondern das durch die Fachexpertise entwickelte spezielle sprachliche Repertoire in Form von Fachbegriffen und Nomenklaturen, die der weiteren Welt- und Bedeutungserschließung dienen:

---

[1] Der Begriff *Alltagssprache* wird nachfolgend für alle diese synonymen Begriffe verwendet.

Die Opposition von Gemeinsprache und Fachsprache basiert im Wesentlichen auf der Erfahrung des Unterschieds zwischen allgemein bekannten und nicht allgemein bekannten Sachen: Die Gemeinsprache deckt alle allgemein bekannten Sachen mit Wörtern ab, die Fachsprache dagegen benennt solche Sachen, die nicht allgemein bekannt sind, sondern nur von Fachleuten, Experten gewußt werden [...] [(Alltags)]Sprache insgesamt wird dabei als eine enger oder weiter auf die Welt ausgedehnte bzw. mehr oder minder fein differenzierte Nomenklatur verstanden, deren gemeinsamer Kern, der *common core*, das allgemeine, nicht spezialistisches Wissen über die Welt sprachlich repräsentiert (S. 29).

Trabant (1983) forciert in seiner Definition der Alltags- und Fachsprache die Funktion der unterschiedlichen Registervarianten. Beide dienen als sprachliche Ressourcen. Die Fachsprache dient als sprachliche Ressource zur Welt- und Bedeutungserschließung für eine Expertengruppe und die Alltagssprache als gemeinsamer Kern einer Sprachgemeinschaft, um allgemeine Situationen, die eine Sprachgemeinschaft teilen, durch Sprache zu erschließen. Beispiele für das alltagssprachliche Register können die Nutzung von Sprache im Kontext der Familie, in der Öffentlichkeit, in der Heimatstadt, im Urlaub und beim Einkaufen sein.

In Hinblick auf das Lehren und Lernen von Mathematik wird das alltagssprachliche Register häufig in Beziehung mit den *Basic Interpersonal Communication Skills* (BICS) gebracht (vgl. Abschnitt 2.4.2) (Cummins, 2017; Vollmer & Thürmann, 2010, 2013). Wie in Abschnitt 2.4.2 erläutert, handelt es sich bei BICS um sprachliche Fähigkeiten, die genutzt werden, um in Alltagssituationen kommunizieren zu können (Cummins, 2017). BICS zeichnen sich damit am deutlichsten durch einen geringen sprachlichen Grad einer Fragmentierung und eine geringe Komplexität sowie generalisierbaren Aussagen aus.

Sprachliche Merkmale des alltagssprachlichen Registers: Gogolin und Lange (2011) beschreiben das alltagssprachliche Register dahingehend, dass die Verwendung des Registers auf eine alltagssprachliche Situation bezogen ist, in der sich die Sprechenden auf einen gemeinsamen Kontext beziehen können. Die damit beschriebene Deutung entspricht den erläuterten Beschreibungen in den Definitionen und in Hinblick auf die Interpretation von BICS, als grundlegende sprachliche Fähigkeit zu kommunizieren. Ausgehend von dieser Ausdeutung des Begriffs leiten Gogolin und Lange (2011) sprachliche Merkmale dieses Registers ab, die beispielhaft für die Verwendung sind. Als Merkmale werden deiktische Sprach- und Deutungsmittel und die Kommunikation durch Sätze, die grammatisch unvollständig sind, genannt.

4.2.3 Schulsprache

Lehrkräfte greifen aktiv in den Sprachgebrauch von Lernenden ein und normieren damit das, was im Unterricht gesagt wird (Feilke, 2012b). Die Fähigkeiten, Kenntnisse und Erfahrungen des alltagssprachlichen Registers reichen für Lernende im institutionalisierten Rahmen der Schule nicht aus, denn die Voraussetzungen der Kommunikation im Unterricht gehen über die Fertigkeiten der Verwendung des alltagssprachlichen Registers hinaus (vgl. Abschnitt 2.4.2 und Abschnitt 2.4.3) (Feilke, 2012a; Schleppegrell, 2012). Normiert wird auf Grundlage der Spracherwartungen, die schulisch-institutionalisiert festgeschrieben werden (Feilke, 2012b).

Feilke (2012b) betrachtet die Schulsprache als ein spezifisch auf die situativen Bedingungen der Institution Schule gerichtetes Register. Unter diesem Aspekt wird Schulsprache dahingehend bestimmt, dass sie in einer Wechselbeziehung mit den Aktivitäten und Gegenständen des Unterrichts betrachtet wird. Folglich wird die Sprache der Schule nicht nur im Unterricht genutzt, sondern es findet institutionell die didaktische Konstruktion des sprachlichen Registers statt. Durch die didaktische Konstruktion, die durch die Intention der Vermittlung und des Lernens geprägt ist, wird eine spezifische für den Unterricht entwickelte und genutzte Sprache geschaffen. Damit dient das schulsprachliche Register als Basis für das Lehren und Lernen im Unterricht (Vollmer & Thürmann, 2010). Dahingehend definieren Vollmer und Thürmann (2010) Schulsprache besonders im Aspekt der in Abschnitt 2.3.1 erörterten kognitiven Funktion:

> [...] [Schulsprache ist] Ausdruck jener sprachlichen bzw. kommunikativen Anforderungen in fachlichen Lernkontexten, hinter denen sich komplexe Herausforderungen in der Verwendung von Sprache als kognitivem Werkzeug verbergen (S. 110).

Die Charakterisierung der Schulsprache beschreibt zum einen die Assoziation der sprachlichen Anforderungen mit fachlichen Kontexten, dementsprechend die in Abschnitt 3.3 und Abschnitt 4.2.1 erläuterte Relevanz zwischen Sprache und Kontext, und zum anderen die komplexen Herausforderungen, die mit dem schulsprachlichen Register einhergehen. Komplex sind diese Herausforderungen, da sie curricular wenig bis nicht sichtbar sind und für Lernende eine Hürde in der Bildungsbiografie darstellen können. Cathomas (2007) betrachtet die Problematisierung der Schulsprache als Art heimlicher Lehrplan, indem er Kritik daran übt, wie sprachliche Lernziele in der Schule konstruiert werden und welchen Fokus sie einnehmen:

Die Schule wollte für den außerschulischen Sprachalltag vorbereiten, hat dabei aber übersehen, dass sie selber eine eigene Sprachumgebung mit eigenen Regeln des Spracherfolges ist. Die Schule kann und muss nicht für den Alltag vorbereiten, dafür ist der Alltag besser geeignet. Sie hat genug damit zu tun, die Lernenden sprachlich für sich selber, für den Lebensraum Schule vorzubereiten (S. 110).

Das schulsprachliche Register, das dominant für die Vermittlung des Stoffs im Unterricht zuständig ist, muss dahingehend stärker in das Zentrum der Vermittlung rücken. Nur mit sprachlichem Lernen, zu dessen Gegenstand das schulsprachliche Register gehört, wird fachliches Lernen möglich. Daher können auch mathematische Inhalte ohne hinreichende Beherrschung des schulsprachlichen Registers nur unzureichend verstanden und gelernt werden, da sich im Verlauf der Didaktisierung der Vermittlung mathematischer Inhalte spezifische sprachliche Merkmale und Merkmalsmuster abgebildet haben, die es zu beherrschen gilt.

Sprachliche Merkmale des schulsprachlichen Registers: Auch für das schulsprachliche Register bilden sich Spezifika des Sprachgebrauchs ab. Darunter zählen beispielsweise besondere grammatische Konstruktionstypen, u. a. ein gewisser Grad an Literarität, Kenntnisse der Schriftsprachlichkeit und besondere sprachliche Eigenschaften bei der Unterscheidung von Registern (Genre, Texttypen) (Cathomas, 2007; Feilke, 2012b; Schleppegrell, 2001).

Im Vergleich zum alltagssprachlichen Register (vgl. Abschnitt 4.2.2) kann das schulsprachliche Register nach Vollmer und Thürmann (2010, S. 109) durch Adjektive wie „prägnant, präzise, vollständig, komplex, strukturiert, objektiv, distant, emotionsfrei, eindeutig, situationsungebunden und dekontextualisiert" beschrieben werden; sie ergeben sich aus der Verwendung der sprachlichen Mittel, deren Auswahl stets von den schulischen Bestimmungsfaktoren abhängig sind.

4.2.4 Bildungssprache

Abgrenzung zur Schulsprache: In Hinblick auf das in Abschnitt 4.2.3 vorgestellte schulsprachliche Register ist das Verhältnis zwischen Schulsprache und Bildungssprache zu bestimmen, da sich die Bildungssprache ebenfalls stark auf die Institution Schule bezieht.

Häufig finden beide Begriffe in der Analyse und Bewertung von schulischen Lehr-Lern-Prozessen Verwendung (Morek & Heller, 2012). So werden unter Begriffen wie *Bildungssprache*, *Academic Language* oder *Cognitive Academic*

Language Proficiency (CALP) häufig Aspekte des schulsprachlichen und bildungssprachlichen Registers subsummiert (Cummins, 1979, 1986, 2017; Morek & Heller, 2012; Schleppegrell, 2006). Für einzelne Analysen von Sprache im Lehr-Lern-Kontext ist dagegen eine Unterscheidung zwischen Schul- und Bildungssprache sinnvoll (Schleppegrell, 2001, 2004).

Nach Feilke (2012a) lässt sich der Unterschied zwischen Schul- und Bildungssprache damit darstellen, dass Schulsprache als Aspekt bzw. Ausschnitt der Bildungssprache betrachtet wird und sich die Schulsprache eine Schnittmenge an sprachlichen Merkmalen mit der Bildungssprache teilt. Die Schulsprache ist dahingehend eingegrenzt, dass mit diesem Begriff nur sprachliche Mittel betrachtet werden, die sich rein auf den Kontext Schule beziehen. Die Bildungssprache ist im Vergleich zur Schulsprache durch viel allgemeinere Sprachhandlungen bestimmt, die vom didaktischen Kontext der Schule und deren schultypischer Entwicklung spezifischer sprachlicher Traditionen und Normen entrückt sind.

Die Bildungssprache entwickelte lexikalische und grammatische Formen, die sich durch historische Entwicklungen, beispielsweise durch habituelle Distinktionsmechanismen und die Bildung von wissenschaftlichen Domänen zum Bedeutungs- und Erkenntnisgewinn, internalisiert haben (Feilke, 2012a; Morek & Heller, 2012). Gleichzeitig bedeutet dies, dass Bildungssprache nicht zwingend funktional für die Vermittlung von Inhalten ist; die Nutzung wird auf institutioneller, unter Umständen aufgrund tradierter Gründe, und inhaltlicher Ebene begründet (Morek & Heller, 2012; Schleppegrell, 2012). Obwohl das bildungssprachliche Register nicht zwangsläufig funktional für das Lernen aus didaktischer Perspektive ist, wird das bildungssprachliche Register aus normativer Sicht von Lernenden für den Schulerfolg verlangt (vgl. Abschnitt 2.4.3) (Gogolin & Lange, 2011).

Sprachliche Merkmale des bildungssprachlichen Registers: Situationen, die Bildungssprache benötigen, sind gegebenen, wenn verallgemeinerte Bedeutungskonstruktionen auf Basis von präzise gewählten sprachlichen Mittel angestrebt werden (Gogolin & Lange, 2011). Da das Lernen der Bildungssprache in die Erkenntnis- und Bedeutungskonstruktion integriert ist, benötigen Lernende in der Schule die Möglichkeit, ein Bewusstsein für die Bildungssprache zu erlangen und die Bildungssprache über sprachliche Aktivitäten zu nutzen (Schleppegrell, 2012).

Nach Gogolin und Lange (2011) orientiert sich das Register Bildungssprache konzeptuell eher an schriftsprachlichen Sprachhandlungsmustern. Dabei hat das bildungssprachliche Register eine hohe Bedeutung für alle Handlungen, die mit Lehr- Lernprozessen assoziiert sind, beispielsweise in Aufgaben, Lehrwerken, Unterrichtsmaterialien, Leistungsüberprüfungen und Unterrichtsgesprächen.

Sprachliche Spezifika sind u. a. die verwendete Terminologie, also die Verwendung eines bestimmten Wortschatzes, aber auch weitere lexikalische und grammatische Merkmale (vgl. Anhang). Neben der in Anhang zu findenden Auflistung ergeben sich weitere Bestimmungen der lexikalischen und grammatischen Merkmale von Bildungssprache, die die dargestellte Liste mit sprachlichen Merkmalen für das bildungssprachliche Register ergänzen würden (Biber & Gray, 2013b; Celce-Murcia, 2002; Fang et al., 2006; Gogolin & Lange, 2011; Schleppegrell, 2001, 2006).

Neben den zahlreichen möglichen Auflistungen von spezifischen sprachlichen Merkmalen des bildungssprachlichen Registers in einzelner Form gibt es weitere Tendenzen, die Merkmale in Beziehung miteinander zu setzen. Eine Möglichkeit bietet die Unterscheidung von grammatischen Formen, beispielsweise Lexik, Syntax, Morphologie sowie Wort-, Satz- und Textebene, wie in Anhang bei einigen Auflistung geschehen.

4.2.5 Mathematische Fachsprache

Wie bereits in Abschnitt 4.2.2 beschrieben, wird Fachsprache häufig in Kontrast zur Alltagssprache betrachtet. Unter Fachsprache können diejenigen Teile der Sprache verstanden werden, die in den zwischen den Gruppen einer Sprachgemeinschaft deutlich differenzierenden Lebensbereichen gebräuchlich sind und sich auf die dafür spezifischen Gegenstände, Sachverhalte und Vorstellungen beziehen (Kretzenbacher, 2008; Trabant, 1983).

Mathematisches Register: Auch im Bereich der mathematikdidaktischen Forschung ist, wie bereits erwähnt, das mathematische (fachsprachliche) Register von besonderer Relevanz. Im mathematikdidaktischen Diskurs verwendet Schweiger (1997) früh den Begriff des Registers für mathematisch-didaktische Inhalte. Der Begriff des numerischen Registers wird zur Beschreibung eines Teils der sprachlichen Äußerungen im Mathematikunterricht eingeführt. Im Vergleich zum mathematischen Register, das die sprachlichen Ressourcen, die benötigt werden, vollständig erfasst, betrachtet das numerische Register als Teil des mathematischen Registers nur einen Teil der sprachlichen Mittel. Seit der Nutzung des Registerbegriffs durch Schweiger (1997) ist der Begriff ein Standard in der Analyse und Diskussion von Sprache geworden.

Für das mathematische Register formuliert Halliday (1975) eine Definition durch eine funktionale Begründung der Verwendung von Sprache zur Bedeutungskonstruktion und der anschließenden Übertragung auf mathematische Inhalte aufgrund eines mathematischen Zwecks:

[…] a set of meanings that is appropriate to a particular function of language, together with the words and structures which express these meanings. We can refer to a mathematics register, in the sense of the meanings that belong to the language of mathematics (the mathematical use of natural language, that is: not mathematics itself), and that a language must express if it is used for mathematical purposes (S. 65).

Das mathematische Register konzeptualisiert sich entsprechend der Verwendung der natürlichen Sprache zum Zweck der mathematischen Bedeutungskonstruktion. Halliday (1975) verweist dabei explizit auf die strikte Unterscheidung zwischen Sprache und Mathematik. Die Sprache bzw. die sprachlichen Merkmale, die genutzt werden, sind nicht die Mathematik selbst.

Sprachliche Merkmale des mathematischen Registers: Grundlegend scheint die Terminologie der Fachsprache ein besonderes Kennzeichen zu sein, doch es zeigt sich, dass die terminologische Distinktion zwischen Fachsprache und anderen Registern ihre Grenzen hat (Hoffmann, 2008; Rincke, 2010). Aus diesen und anderen Gründen plädiert Kalverkämper (1990), unter Einbezug des Vergleichs zwischen Alltagssprachlichkeit und Fachsprachlichkeit, für eine integrierte Betrachtung von Fach- und Alltagssprache. Die Beziehung zwischen Fachsprache und Alltagssprache wird in Abb. 4.1 dargestellt.

Zwischen der Kontext- (I) und Sprachebene (II) befindet sich das alltägliche Phänomen im Gegensatz zum fachlichen Phänomen. Besonders gekennzeichnet ist die Fachsprache durch einen hohen Merkmalsreichtum. Außerdem wird Fachsprache meist als präziser Sprachgebrauch verstanden, der gegenstandsspezifisch ist. Dagegen unterscheidet sich die Alltagssprache deutlich und kann als ungenau, inakkurat und diffus angesehen werden (Trabant, 1983). Im Kontext u. a. von Aussagen von Merkmalsreichtum und -armut ist diese Unterscheidung nicht hinreichend, um das mathematische (fachsprachliche) Register zu beschreiben (Jakob, 2008; von Hahn, 2008).

Nach Rincke (2010) muss die Fachsprache als referenzieller Begriff verstanden werden, der stets im Zusammenhang mit der assoziierten Domäne betrachtet werden muss. So wäre die mathematische Fachsprache die Sprache, die Mathematikerinnen und Mathematiker nutzen, um über Inhalte der Mathematik zu kommunizieren. Außerdem ergeben sich aufgrund der Spezifika der Fachsprache zusammenhängende Kommunikationsanforderungen und -situationen.

Neben der erläuterten Betrachtung von Fachsprache analysiert Rincke (2010) zentrale Dimensionen, die Fachsprache kennzeichnen. So lassen sich das für die Domäne spezifisch genutzte Vokabular, die Abgrenzung zwischen Fachsprache und Alltagssprache unter dem dominanten Aspekt des Wortschatzes sowie den

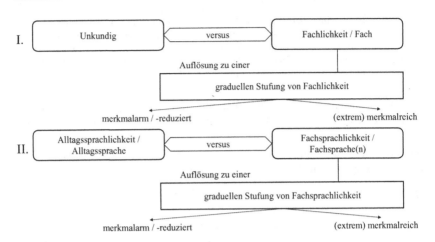

Abbildung 4.1 Skalen der Fachsprachlichkeit und Fachlichkeit nach Kalverkämper (1990, S. 123)

syntaktischen Mitteln, um Gegenstände zu beschreiben, die Ausbildung von speziellen Fachtextsorten und die Text-Kontext-Beziehungen, die für die Fachsprache eine Rolle spielen, unterscheiden (Halliday, 1993, 2004b; Lemke, 2012; Martin, 1993; Schleppegrell, 2006).

Eine Ergänzung zur Beschreibung des mathematischen (fachsprachlichen) Registers ist die Möglichkeit, die Fachsprache mit der Wissenschaftssprache in Beziehung zu setzen (Czicza & Hennig, 2011; Trabant, 1983). Kretzenbacher (2008) verweist darauf, dass es zum Teil problematisch sein kann, die Wissenschaftssprache als Teilmenge der Fachsprache zu betrachten. Dahingehend ergeben sich drei Problemfelder, die im Folgenden genannt und diskutiert werden sollen: zum einen der Fokus der Fachsprache, der tendenziell auf der lexikalischen Ebene und der Verbindung mit der Alltagssprache liegt, zum Zweiten eine weitreichendere Bedeutung der Sprache für die Wissenschaft (als Erkenntnisapparat) im Gegensatz zum Fach (z. B. zu denen auch Bereiche gezählt werden können, die nicht auf Erkenntnisgewinn abzielen) und drittens eine klarere Definierbarkeit des Begriffs *Wissenschaft* im Vergleich zum Fach (Morek & Heller, 2012).

Die drei genannten Problemfelder lassen sich im Kontext des mathematischen Registers wie folgt deuten. Das erste Problemfeld, die Betrachtung von Fach- und Alltagssprache und die Fokussierung auf lexikalische Merkmale, hat für den

Mathematikunterricht eine limitierende Beschreibungsfunktion, durch die erweiterte Betrachtung der Wissenschaftssprache können neben lexikalischen Merkmalen weitere für den Lehr-Lern-Prozess relevante Merkmale in Betracht gezogen werden (vgl. Abschnitt 4.2.4). Zum zweiten Problemfeld stellt sich dar, dass sich der Mathematikunterricht zwangsläufig auf die wissenschaftliche Bezugsdisziplin bezieht; insoweit scheint eine erweiterte Betrachtung durch die Wissenschaftssprache legitim. Das dritte Problemfeld bezieht sich auf die Definierbarkeit des Begriffs *Wissenschaft*, die sich schwieriger darstellt als für die Fachsprache, da hier die Alltagssprache nicht als Gegensatz dient. Die Schwierigkeit lässt sich nicht auflösen, jedoch können durch den Einbezug der Wissenschaftssprache weitere sprachliche Merkmale für das mathematische Register betrachtet werden, die als bedeutsam erachtet werden können. Um den Einbezug der Wissenschaftssprache durch eine Notation zu unterlegen, wird nachfolgend von mathematischer Fachsprache bzw. mathematischen fachsprachlichen Registern gesprochen.

Durch die von Czicza und Hennig (2011, S. 39) geleistete pragmatische Analyseebene ergibt sich eine Ergänzung zur Klärung der Deutung der Aspekte der Wissenschaftssprache, die sich ebenfalls für die mathematische Fachsprache als relevant herausstellen. Das in Abb. 4.2. dargestellte Modell stellt zentrale Unterscheidungskriterien der Verwendung von Wissenschaftssprache dar. Das Axiom der Wissenschaftssprache wird unter dem Aspekt der Erkenntniszuwachsorientierung betrachtet. Diese lässt sich als höchste Ebene auch für die mathematische Fachsprache abbilden und zeigt damit die enge Verbindung zwischen mathematischer Fachsprache und Wissenschaftssprache. Aus dem Axiom leiten sich unter den Punkt *Gebote* vier Aspekte ab.

Die Ökonomie als Maßgabe um Redundanz in Texten zu reduzieren, und damit unnötige Informationen, die nicht im Erkenntnisinteresse des Gegenstands sind, aus dem Text zu entfernen. Die Kondensation des Textes findet mit sprachlichen Mittel wie Komposita statt.

Präzision dient zur Vermeidung von Doppeldeutigkeiten und Unschärfe; der Erkenntnisgegenstand sollte klar und deutlich ausgedrückt werden, um deutlich darzustellen, was gemeint ist.

Origo-Exklusivität (Anonymität) ist die Zielsetzung wissenschaftlicher Kommunikation; der Erkenntnisgegenstand soll möglichst ohne überdeutliche interpersonelle Referenzen dargestellt werden und lässt sich als sprachlicher Ausdruck der Objektivität deuten. Realisiert wird die Objektivität durch Verallgemeinerungen im Bereich der erwähnten interpersonellen sprachlichen Formen durch Passiv und die Verwendung der dritten Person, aber auch durch spezifische Strukturierung der Zeit im Präsens.

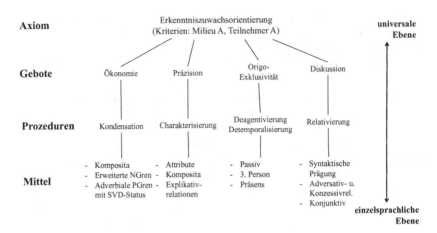

Abbildung 4.2 Modell der Wissenschaftskommunikation A: Pol maximaler Wissenschaftlichkeit nach Czicza und Hennig (2011, S. 50)

Diskussion ist die Voraussetzung für Erkenntnisgewinn und damit ebenfalls ein Kernelement wissenschaftlicher Kommunikation. Ohne den sozialen Austausch findet keine Erkenntnis statt. Dabei ist vor allem die Diskutierbarkeit ein bedeutender Aspekt der wissenschaftlichen Kommunikation. Daraus entwickeln sich Relativierung und daher Wahrscheinlichkeitsaussagen, Unbestimmtheit und Möglichkeiten, die sich u. a. in Modalformen und Konjunktiven ausdrücken.

In Abb. 4.3 ist das zweite Modell abgebildet, das ebenfalls die Alltagssprache zur Kontrastierung der Charakterisierung der Wissenschaftssprache nutzt. In diesem Modell ist die kommunikative Orientierung für die vier wissenschaftssprachlichen Dimensionen abgebildet. Die Wissenschaftssprache bzw. mathematische Fachsprache hat ein expansives Verhalten in Bezug auf den Erkenntnisgewinn, gegenüber zeigt sich für die Alltagssprache tendenziell kein Bezug zu einem Erkenntnisgewinn.

Der Einbezug der Wissenschaftssprache ermöglicht eine erweiterte Betrachtung von sprachlichen Merkmalen, die für das mathematisch-fachsprachliche Register als bedeutsam erachtet werden können. Besonders die von Abb. 4.2 und Abb. 4.3 dargestellten Modelle zeigen deutlich die Verbindung von wissenschaftssprachlichen Aspekten und der mathematischen Fachsprache, was deutlicher wird, wenn in Betracht gezogen wird, dass die in den Abbildungen dargestellten sprachlichen Merkmale als potenzielle sprachliche Hürden für Textaufgaben gelten (Prediger, 2013a).

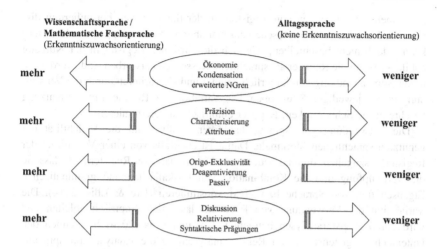

Abbildung 4.3 Modell der Wissenschaftskommunikation B: reduktives und expansives Verhalten von Wissenschafts- und Alltagssprache nach Czicza und Hennig (2011, S. 55)

Resümee (Abschnitt 4.2): Sprachliche Variationen bilden die Flexibilität und den Wandel von Sprache in der Nutzung wieder. In der Unterscheidung von Dialekt und Register können die häufigsten Phänomene von sprachlicher Variation differenziert werden. Das Konzept des Registers ist für Lehr-Lern-Prozesse in der Schule bedeutsam, da das Register sprachliche Variationen betrachtet, die mit situativen Parametern in Verbindung stehen. Dies betrifft u. a. die Institution Schule. Der Begriff *Register* kann in unterschiedlicher Weise interpretiert werden, grundlegend sind besonders Wahrscheinlichkeitsaussagen über sprachliche Merkmale, die in bestimmten Situationen frequentiert vorkommen. Für den Mathematikunterricht sind alltagssprachliche, schulsprachliche, bildungssprachliche und mathematisch-fachsprachliche Register interessant, die jeweils unterschiedliche sprachliche Merkmale nutzen und notwendig sind, um die fachlichen Inhalte zu vermitteln.

4.3 Variationen von Registern

Das Konzept des Registers klassifiziert spezifische Sprachhandlungsprozesse aufgrund der häufigen Nutzung von einzelnen sprachlichen Ressourcen. Damit erscheinen diese Gruppen von Registern in der theoretischen Formulierung diskret. Die Modellannahme von scheinbar klar abgrenzbaren Gruppen von Registern kann jedoch nicht beschreiben, wie sich die einzelnen Register in der Nutzung abbilden. Wenn die Register als sprachliche Ressourcen erworben sind, werden sie in der Sprachhandlung kontinuierlich genutzt und sie variieren durch die Verwendung in den jeweiligen Situationen. Die Variation von Registern in der Nutzung beschreibt die Schwierigkeit, Register empirisch zu determinieren.

Die Verwendung von Sprache hat einen Einfluss auf die Variabilität der genutzten sprachlichen Merkmale. Damit ist ebenfalls von einer Variabilität der Register auszugehen, da eine bedeutende Eigenschaft von Registern ist, dass sie die Verknüpfung und die Kombination von lexikalischen und grammatischen Eigenschaften von Sprache bzw. Text konstituieren (Ure & Ellis, 2014). Die Variabilität der Verwendung von Registern lässt sich empirisch ableiten und wird durch Registeranalysen betrachtet. Ure und Ellis (2014) bezeichnen den Untersuchungsgegenstand von Registeranalysen als die Analyse von sprachlichen Handlungen in Ausprägung von Text (und Diskurs) und des Kontextes der Situation. Register können untersucht werden, indem eine hohe Anzahl an Sprachhandlungen, beispielsweise Texte, betrachtet und daraus generalisierte Schlüsse über sprachliche Merkmale gezogen werden, die diese Texte teilen. Dahingehend verweisen Ure und Ellis (2014) darauf, dass ein bestimmtes Register, beispielsweise das bildungssprachliche Register, in einer idealen, diskreten, abgrenzbaren und definierbaren Form nicht existiert, dass dieser Text je nach Eigenschaft und Länge nur eine gewisse Anzahl an Registermerkmalen besitzt und dass sich die Einzelbetrachtung von Fällen als irreführend darstellen kann:

the ideal example of text in a specific register exists no more than does the ideal man in the street. Moreover, register is a property of the textual part of a language event which may be short or may be very long. The longer the text, the more register features it will carry, but we cannot demand that all these register features be packed into a short example, particularly not into a single-sentence example. Many register features take the form of inter-sentence linguistic relations: grammatical and lexico-grammatical cohesion [...] and lexical collocations [...] Single sentence examples can give a misleading picture of what register really is (S. 205).

Die Unschärfe, die bei der Betrachtung von Registern in der tatsächlichen sprachlichen Verwendung entsteht, impliziert die Variationen von Registern (Registervariationen) (Biber, 2006). Dass Registervariationen verbreitet sind, beschreibt Ure (1982) damit, dass jede Sprachgemeinschaft ein eigenes Registersystem bildet und dieses entsprechend dem Tätigkeitsbereich, in dem die Mitglieder agieren, anpasst und flexibel verwendet. Ein solches Registersystem wird für den

Mathematikunterricht in den diskutierten typischen Registern in den Abschnitten 4.2.2 (alltagssprachliches Register) bis 4.2.5 (mathematisches fachsprachliches Register) realisiert.

Ferguson (1983) bezeichnet Registervariationen, bei denen sich die Sprachstrukturen je Verwendungszweck verändern, als allgegenwärtig in der Sprache. Dadurch, dass kein Mensch durchgängig auf die gleiche Weise spricht, kann eine Vielzahl von Registern angetroffen werden. In Anbetracht des Mathematikunterrichts wird ersichtlich, dass das Registersystem flexibel angepasst und verwendet wird und nicht nur die sprachlichen Merkmale eines Registers in einer statistischen Sichtweise Verwendung finden. So stellt sich für den Mathematikunterricht eine variantenreiche Nutzung der in Abschnitt 4.2.2 bis 4.2.5 beschriebenen Register dar. Dahingehend spricht eine Lehrkraft im Mathematikunterricht nicht nur bildungssprachlich und verwendet registertypische sprachliche Merkmale, sondern variiert ihre Sprache und wechselt innerhalb einer Unterrichtsstunde je nach situativen Voraussetzungen zwischen den verschiedenen Registern.

Beschrieben werden können Registervariationen als sprachliche Unterschiede, die mit der Änderung der Situationen korrelieren (Biber, 2006; Ferguson, 1994). Finegan und Biber (2001) definieren Registervariationen als Variation der Häufigkeit von sprachlichen Merkmalen. In ähnlicher Weise betrachtet Halliday (2005) Registervariationen, indem er die Frequenz von sprachlichen Merkmalen als zentralen Gegenstand von Registervariationen bezeichnet (Biber & Reppen, 2002). So zeigt Svartvik (1985), dass die Frequenz von sprachlichen Merkmalen von Registern in einer Sprache variieren kann.

Zur Analyse von Registervariationen wird theoretisch angenommen, dass die sprachlichen Merkmale spezifische sprachliche Funktionen erfüllen, die nicht allein durch Konventionen erklärbar sind (Finegan & Biber, 2001). Beispielsweise lassen sich für E-Mails charakteristische sprachliche Merkmale identifizieren, zum Beispiel zu Beginn die Begrüßung *Hallo Philipp*, *Sehr geehrte Damen und Herren* etc. und abschließend *Viele Grüße*. Diese sprachlichen Merkmale sind konventionsbezogene Merkmale und aufgrund ihrer kommunikativen Funktion nicht funktional (Finegan & Biber, 2001). Nach Finegan und Biber (2001) können sich sprachliche Merkmale auf funktionaler Basis deutlich unterscheiden. So sind Texte mit häufigen Substantiven deutlich von Texten mit vielen Pronomen zu unterscheiden, nämlich dadurch, dass die Texte mit Pronomen kontextualisiert sind, im Gegensatz zu Texten mit vielen Substantiven. Die Frequenz für Pronomen in kontextbezogenen Texten ist so deutlich, dass Finegan und Biber (2001) Pronomen als sprachliche Marker zur Feststellung von alltagssprachlichen Texten nutzen. Das häufige Vorkommen von Pronomen in alltagssprachlichen Texten

basiert nicht auf konventionellen Bedingungen, sondern ergibt sich aus funktionalen Gründen, was dazu führt, dass Pronomen in kontextualisierten Situationen
häufiger gewählt werden.

Biber (2006) erörtert Registervariationen insbesondere als ein empirisches
Phänomen. Dahingehend ergeben sich unterschiedliche Analysemöglichkeiten
von Registervariationen. Diese Analysemöglichkeiten können in vier Kategorien unterschieden werden: synchrone Beschreibungen eines einzelnen Registers,
diachrone Beschreibungen, die die Entwicklung eines einzelnen Registers untersuchen, synchrone Beschreibungen der Variationsmuster zwischen mehreren
Registern und diachrone Beschreibungen, die Änderungen in den Variations-
mustern zwischen mehreren Registern betrachten. Die Analysen fokussieren den
Vergleich von Variationsdimensionen zwischen Sprachen oder zwischen der zeit-
bedingten Veränderung einer Sprache. Damit ist die Zielsetzung darauf ausgelegt,
gemeinsame oder unterschiedliche Muster der Registervariationen zu bestimmen.

Vor dem Hintergrund der in Abschnitt 2.4.3 beschriebenen Problematik, dass
nicht alle Lernenden Zugang zu den gleichen sprachlichen Ressourcen besitzen und entsprechend nicht gleich kompetent bei der Nutzung unterschiedlicher
Register sind, ist eine Analyse der Registervariationen unter der Perspektive
sprachlicher Hürden im Mathematikunterricht zur Bestimmung der sprachlichen Bedingungen, die vorausgesetzt werden, notwendig. Dahingehend sind für
die Entwicklung eines Instruments zur sprachlichen Variation von Textaufgaben
Registervariationen zu beachten. Im folgenden Abschnitt 4.4 werden methodische
Verfahren beschrieben, die die Analyse von Registervariationen beschreiben.

4.4   Korpusbasierte Ansätze zur Analyse von Registervariationen

Variationen von Registern treten auf, wenn empirisch geprüft wird, welche sprachlichen Merkmale in wechselnden situativen Voraussetzungen vorkommen. Wie in
den Abschnitten 3.3.4 und 4.3 ist eine Einzelfallbetrachtung von Texten nicht ausreichend, um Register zu untersuchen. Es wird eine Vielzahl von Fällen benötigt,
die das Sprachsystem in ausreichendem Maße repräsentiert. Eine Möglichkeit zur
Analyse von Registervariationen bieten aufgrund dieser Prämisse korpusbasierte
Ansätze.

Ein Korpus kann in sprachanalytischem Sinn als eine Kollektion von Texten
verstanden werden, die auf natürliche Weise vorkommen. Diese Textkollektion
wird gewählt, um einen bestimmten Zustand oder eine Varietät von zu charak-
terisierender Sprache festzustellen (Balossi, 2014; Sinclair, 1991; Viana et al.,

2011). Die Zielsetzung des korpusbasierten Vorgehens sind die Beobachtung, die Beschreibung und die Interpretation von stilistischen Merkmalen der Sprache in literarischen und nichtliterarischen Texten (Balossi, 2014; Zyngier et al., 2008). Für die Verwendung des Ansatzes spricht die Möglichkeit der Nutzung von Software und von bestehenden großen Korpora-Kollektionen, beispielsweise der Leipzig Corpora Collection, die die Analyse mit einem Referenzkorpus erleichtern. Der Einsatz von computergestützten Methoden wird dabei in vielen unterschiedlichen Bereichen der sprachwissenschaftlichen Forschung verwendet. Balossi (2014) fasst für den Korpus-Ansatz drei charakteristische Merkmale zusammen:

1. Empirisch: Die korpusbasierte Analyse ist empirisch, indem die tatsächlichen Muster von natürlichen Texten als Grundlage der Untersuchung verwendet werden.
2. Technisiert: Korpora werden in Form von computerbasierter Analyse in digitalisierten Modi konstruiert und sind so zugänglich für weitere Analysen.
3. Methodisch: In der weiteren Verwendung des digitalisierten Korpus können für weitere Analysen sowohl quantitative als auch qualitative Analyseverfahren verwendet werden.

Diese drei Merkmale werden in der praktischen Nutzung der Analyse von Korpora unterschiedlich umgesetzt und verwendet.

Die Technisierung in Form von computerbasierter Analyse hat insbesondere den Fokus, natürliche Texte für computerbasierte Verfahren zur Verfügung zu stellen. Es wird grundlegend unterschieden zwischen nicht annotierten Texten, das heißt, Texten ohne Markierung, beispielsweise rohe bzw. reine Texte in Form von Absätzen, Sätzen und Satzzeichen, und annotierten Texte, also Texten, die eine spezifische Markierung erhalten. Die Annotation bezeichnet die Klassifizierung von Texten durch die sprachlichen Bestandteile (Archer, 2007; Balossi, 2014; McEnery & Hardie, 2012). Die Korpusannotation kann dabei mittels Computerprogramm automatisch oder durch Experten oder Probanden manuell erfolgen. In der Praxis werden manuelle und computerbasierte Annotationen kombiniert (Balossi, 2014; Semino & Short, 2004). Die automatische Annotation von Texten wird dabei als Tag bzw. Tagging bezeichnet. Tagging leitet sich von der Bezeichnung für die Markierung von Wörtern in einem Korpus durch Etikettierung (Tag) ab. Durch das Tagging ist es möglich, zusätzliche Informationen über grammatikalische, semantische und pragmatische Funktionen oder den sprachlichen Kontext zu erhalten (McEnery & Hardie, 2012).

Für die Markierung von Texten werden unterschiedliche Formen von Annotationen unterschieden (Balossi, 2014; Leech, 2005). Eine der häufigsten Formen der Markierung ist die Part-of-speech(POS)-Annotation, auch POS-Tagging. Beim POS-Tagging wird den Elementen des Korpus eine allgemeine Wortklasse zugewiesen, beispielsweise wird das Wort *Winkelhalbierende* mit der Wortklasse *Substantive* markiert. Weitere Möglichkeiten sind semantische Annotationen, die durch die Bildung von semantischen Kategorien charakterisiert sind. So unterscheidet die semantische Annotation zwischen dem Begriff *Wurzel* auf der Ebene der Botanik und der Algebra. Daneben existiert das lexikalische Tagging, bei dem Wortformen des gleichen Lexems abgeleitet werden, beispielsweise werden für das Lexem *addieren* die zugehörigen Wortformen *addiert, addiere* und *addierte* angezeigt.

Neben diesen als klassisch zu betrachtenden Annotationsformen existieren Markierungen auf höherer sprachlicher Ebene. Eine Form ist die pragmatische Annotation. Diese zeichnet sich durch das Hinzufügen von Informationen aus. So kann die Phrase *[...] parallele Geraden konstruieren [...]* als Imperativ begriffen („Du sollst eine parallele Gerade konstruieren!") oder als Frage interpretiert werden („Kannst du parallele Geraden konstruieren?"). Das Hinzufügen der pragmatischen Instanz zeichnet diese Form des Tagging aus.

Neben der pragmatischen Annotation ist die linguistische Annotation eine Klassifikation auf einer höheren Ebene von Sprachphänomenen; so wird damit beispielsweise direkte und indirekte Sprache klassifiziert. Der Vorteil, der sich aus der Klassifikation sprachlicher Merkmale ergibt, ist das Hinzufügen weiterer interpretativer sprachlicher Informationen.

Ein besonderer Vorteil der korpusbasierten Analyse ist der einfache Transfer für weitere methodische Analysen. Es können dabei sowohl qualitative als auch quantitative Methoden verwendet werden. Für qualitative Methoden wird das Tagging als Basis zur Identifizierung und Beschreibung von Sprache genutzt (Biber et al., 1998, 2002, 2016). Für quantitative Methoden ergibt sich durch das automatische Tagging die Möglichkeit, zum einen die Häufigkeiten von Wörtern in einem Korpus darzustellen (vgl. Abschnitt 4.5.1) und zum anderen weitere nichtdeskriptive statistische Modelle zu nutzen (vgl. Abschnitt 4.5.3). Bezüglich quantitativer Methoden konstatiert Biber (2006), dass sie häufig nur deskriptiv verwendet werden. Er plädiert für korpusbasierte Analysen, die über die einfache Bestimmung der Anzahl von sprachlichen Merkmalen hinausgehen. Dahingehend werden in Abschnitt 4.5 unterschiedliche Möglichkeiten der quantitativen Analyse von Korpora dargestellt.

4.5 Methoden zur Analyse von Registervariationen

Korpusbasierte Verfahren ermöglichen es, eine Vielzahl von Texten zu analysieren. Damit wird grundlegend die Analyse von Registern und Registervariationen ermöglicht, die nur durch eine Stichprobe von vielen Fällen (Korpus) möglich ist. Ein Korpus soll die Varianz der verwendeten sprachlichen Mittel abbilden, um so Ähnlichkeiten und Unterschiedlichkeiten festzustellen.

Überblick (Abschnitt 4.5): In der Analyse eines Korpus kann die Häufigkeit von einzelnen sprachlichen Merkmalen untersucht werden (Abschnitt 4.5.1). Außerdem kann das gemeinsame Vorkommen von sprachlichen Merkmalen betrachtet werden, also die Identifikation von sprachlichen Merkmalen, die empirisch häufig in Texten vorkommen (Abschnitt 4.5.2). Zur Analyse des gemeinsamen Vorkommens von sprachlichen Merkmalen werden multivariate Verfahren genutzt, um die sprachlichen Muster zu klassifizieren (Abschnitt 4.5.3).

4.5.1 Betrachtung von einzelnen sprachlichen Merkmalen

Registeranalysen, die nur einzelne sprachliche Merkmale untersuchen, betrachten die Häufigkeiten, die sich ableiten lassen, durch unterschiedliche Verwendungszwecke dieser Merkmale. Nach Conrad (2015) dient eine solche Analyse nicht dazu, Register selbst zu beschreiben, jedoch kann durch ein solches Vorgehen eine Vielzahl von Informationen hergestellt werden, über die sprachliche Merkmale in den verschiedenen Registern dargestellt werden. Die Analyse von einzelnen sprachlichen Merkmalen wurde von unterschiedlichen Studien verwendet. Conrad (2015) liefert eine Auswahl an Studien, die sich am Begriff der Registervariationen orientierten. In diesen Studien wird durch Häufigkeitsanalysen beispielsweise das Vorkommen von Adjektiven, Nominalisierungen, Passiv oder lexikalischen oder grammatikalischen Merkmalen bestimmt und verglichen.

Neben Studien, die den Bezug zu Registeranalysen und Analysen zu Registervariationen herstellten, existieren weitere Studien, die nicht speziell darauf verweisen, jedoch ebenfalls den Ansatz der Analyse von einzelnen sprachlichen Merkmalen verfolgen, die mit einem Register in Beziehung gesetzt werden (Haag et al., 2015; E. Johnson & Monroe, 2004).

4.5.2 Gemeinsames Vorkommen von sprachlichen Merkmalen

Einige sprachliche Merkmale treten in gehäufter Weise gemeinsam mit anderen Merkmalen auf. Das gemeinsame Auftreten von sprachlichen Merkmalen wird in der Literatur unterschiedlich aufgegriffen, je nach Analysegegenstand entweder theoretisch oder empirisch und häufig in Hinblick auf die Textfunktion beschrieben (Eggs, 2008; Feilke, 2012b; Gogolin et al., 2007; Gülich & Hausendorf, 2008; Heinemann, 2008; Hoffmann, 2008; Jahr, 2008; Rolf, 2008).

Biber (2006) begründet das gemeinsame Vorkommen von sprachlichen Merkmalen, wie in Abschnitt 4.2 geschildert, funktional. Dies bedeutet, dass das gemeinsame Vorkommen nicht durch Konventionen erklärbar ist, wie beispielsweise in der Formulierung einer E-Mail.

Feilke (2012b) konzipiert in Bezugnahme zum bildungssprachlichen Register eine funktionale Gruppierung von sprachlichen Merkmalen. Den einzelnen sprachlichen Merkmalen werden in diesem Modell grundlegend zwei Äußerungsaspekte zugeordnet, zum einen der Inhaltsaspekt und zum anderen der Beziehungsaspekt. Der Inhaltsaspekt und der Beziehungsaspekt werden in zwei Sprecherstrategien untergegliedert. Der Inhaltsaspekt, in dem die Aussageinformationen im Vordergrund stehen, wird differenziert in das Explizieren und das Verdichten. Der Beziehungsaspekt bezieht sich auf die Sprecherabsicht, die die Strategien des Verallgemeinerns und Diskutierens zusammenfasst.

Im Bezug zum Inhaltsaspekt werden dem Explizieren „komplexe Adverbiale, Attribute und Sätze zugeordnet und dem Verdichten Nominalisierung, Komposita, Partizipialattribute (die siebende Flüssigkeit), Präpositionaladverbien (unter Druck, durch Erhitzen)" zugeordnet (Feilke, 2012b, S. 8).

Im Beziehungsaspekt werden für das Verallgemeinern sprachliche Mittel zusammengefasst wie: „verallgemeinernden (generischen) Formen, z. B. Verwendung der 3. Person, Vermeidung der 1. und 2. Person, Ausblendung des Handlungsträgers (Deagentivierung, z. B. Passiv-, man-, lassen-Konstruktionen, z. B. es wird gezeigt, dass; man kann zeigen, dass; es lässt sich zeigen, dass; kommt es dazu, dass)". Für das Diskutieren werden sprachliche Mittel wie „Modalverben, Modalisierungen, z. B. Konjunktivformen (würde bedeuten, dass, hätte zur Folge)" zusammen betrachtet (Feilke, 2012b, S. 8).

Wird die Unterscheidung der Äußerungsaspekte mit den in Abschnitt 2.3 erläuterten sprachlichen Funktionen betrachtet, ist die Verknüpfung von sprachlichen Funktionen und den erläuterten Aspekten legitim und begründet die funktionale Einteilung der sprachlichen Merkmale. Besonders für eine funktionale Verknüpfung eignen sich die in Abschnitt 2.3.3 geschilderten Metafunktionen. Die ideelle

Metafunktion lässt sich mit dem Inhaltsaspekt und die interpersonale Meta-funktion mit dem Beziehungsaspekt in Beziehung setzen. Ergänzend zu dieser funktionalen Zuordnung wird in Abschnitt 6.4 die Gruppierung um den Textaspekt in Verbindung mit der textuellen Metafunktion ergänzt.

Neben der erläuterten Gruppierung von Textmerkmalen lassen sich für die Verwendung von Sprache, unterschiedliche Strategien der Vertextung unterschei-den, die sich durch bestimmte Textorganisationen und Textmerkmale auszeichnen. Gemäß Werlich (1976) lassen sich fünf unterschiedliche Strategien der Vertex-tung (Text-Types) differenzieren. Die erste Form ist das Vertextungsmuster der Deskription. Die Deskription zeichnet sich durch das Darstellen von Objekten durch die Vermittlung von konkreten Merkmalen, Kennzeichen und Besonder-heiten aus (Heinemann, 2008). Die zweite Form ist das Vertextungsmuster der Explikation. Die Explikation dient der Erläuterung von Handlungen, Behaup-tungen, Wünschen etc. (Jahr, 2008). Die dritte Form ist das Vertextungsmuster der Narration. Narrative Texte werden genutzt, um zeitliche und geschichtliche Prozesse darzustellen (Güllich, 2008). Eine weitere Vertextungsform ist die der Argumentation. Argumentative Texte orientieren sich teilweise an Aspekten der Explikation, mit der gewisse Konzepte, Ideen oder Annahmen dargestellt wer-den. Die Besonderheit stellt das Ziel dar, Gründe für oder gegen einen Inhalt zu präsentieren (Eggs, 2008). Die fünfte Form ist das instruktive Vertextungs-muster. Instruktive Texte werden genutzt, um den Lesenden zu verdeutlichen, was verlangt wird und zu tun ist, mit einer direkten Zweckbindung des Texts auf die Handlung (Werlich, 1976). Die fünf Formen von Vertextung zeichnen sich durch die Verwendung von spezifischen Textmarkern aus. Diese können sich auf die Verwendung von Verben und Adverben oder die Nutzung von gewissen Substantiven beziehen (Werlich, 1976). Aufgrund des direkten Bezugs zwischen Vertextungsstrategien und Textmerkmalen können die unterschiedlichen Vertex-tungsstrategien dazu dienen, das gemeinsame Vorkommen von Textmerkmalen zu deuten. Aus diesem Grund werden in Abschnitt 7.2.5 die empirisch ermittel-ten, zusammen vorkommenden Textmerkmale auf gewisse Vertextungsstrategien zurückbezogen, um geeignete tragfähige Bezeichnungen für die empirischen Ergebnisse (Faktoren) zu erhalten.

4.5.3 Multivariate Verfahren zur Analyse des gemeinsamen Vorkommens von sprachlichen Merkmalen

Wenn für die Analyse von Registervariationen das gleichzeitige Auftreten von sprachlichen Merkmalen untersucht wird, muss das Ziel der Untersuchung sein, die Varianz im Auftreten unterschiedlicher sprachlicher Merkmale von Registern zu untersuchen.

Biber (2006) verwendete zur Analyse des gemeinsamen Vorkommens das multivariate Verfahren der Faktorenanalyse, die er aufgrund der Bildung von Dimensionen als multidimensionales Verfahren zur Analyse von Sprache respektive der sprachlichen Merkmale bezeichnet. Für das multivariate Verfahren wird angenommen, dass sprachliche Merkmale, die durch das gehäufte gemeinsame Auftreten eine Gruppe bilden, eine gemeinsame sprachliche Funktion miteinander teilen (Biber et al., 1998, 2016; Biber & Conrad, 2019; Biber & Gray, 2013a; Conrad, 2015).

Wie erwähnt, interpretiert Biber (2006) jeden Faktor der Faktorenanalyse als eine Dimension der Variation der sprachlichen Merkmale, da sich bei den Faktoren empirisch festgestellte Unterschiede ergeben. Durch die Faktorenanalyse werden die sprachlichen Merkmale, die in einem Datensatz analysiert werden sollen, systematisiert. Dadurch entstehen spezifisch textuelle Muster. Der multivariate Ansatz wird genutzt, um durch ein quantitatives Verfahren sprachliche Merkmale explorativ zu systematisieren (Biber & Egbert, 2018; Conrad, 2015). Neben der Betrachtung der explorativen Faktorenanalyse von Biber (2006) als Mittel zur Registeranalyse sieht Pause (1984) die Faktorenanalyse und die Faktorenbewertung als mögliche Informationsquellen für die Analyse des Textverstehens. Die explorative Faktorenanalyse bzw. multivariate und strukturentdeckende Verfahren bieten daher reichhaltige Möglichkeiten der Analyse von Sprache im fachlichen (mathematischen) Kontext.

Das Vorgehen des Ansatzes kann in drei Stufen unterschieden werden: erstens die Bestimmung der Ausprägung der sprachlichen Merkmale je Aufgabe, zweitens die Verwendung der Faktorenanalyse, um die Faktoren der textuellen Muster festzustellen, drittens die funktionale Interpretation der textuellen Muster bei den Faktoren (Biber & Egbert, 2018). Die Faktoren der Faktorenanalyse können sowohl auf sprachlicher Ebene als auch auf funktionaler Basis beschrieben werden. Die sprachliche Ebene ist durch die textuellen Muster der sprachlichen Merkmale bestimmt, die bei einem Faktor besonders repräsentiert werden. Auf funktionaler Basis können die Faktoren durch die funktionalen Merkmale interpretiert werden, die die sprachlichen Merkmale am häufigsten teilen. Für die funktionale Interpretation wird angenommen, dass die textuellen Muster zugrundeliegende Kommunikationsfunktionen widerspiegeln (Biber & Egbert, 2018).

Gemäß Biber und Egbert (2018) werden auf Basis der Identifikation der Faktoren durch die Interpretation der spezifischen textuellen Muster je Faktor

Bezeichnungen gewählt, die der Kommunikationsfunktion entsprechen. Die Herstellung und die Interpretation der textuellen Muster der Faktoren bieten die Möglichkeit, zu bestimmen, welche besonderen sprachlichen Voraussetzungen für die kommunikativen Funktionen dieser Texte erfüllt werden müssen. Für die Interpretation der Faktoren ist der Einbezug der Ähnlichkeiten und der Unterschiede der Faktoren zentral.

Der multivariate Ansatz vereinigt sowohl makroskopische Analysen, die die Beschreibung der typischen sprachlichen Merkmale von Registern betreffen, als auch mikroskopische Analysen, die die detaillierte Analyse sprachlicher Merkmale in bestimmten Texten anbelangen (Biber, 1985, 2006; Biber & Gray, 2013a). Dies geht mit der Annahme einher, dass Verallgemeinerungen bezüglich Registervariationen auf einem breiten Spektrum an unterschiedlichen Registern basieren müssen und es nicht ausreicht, einzelne sprachliche Merkmale zu betrachten, um die Ähnlichkeiten oder Unterschiede von Registervariationen zu erfassen (Biber, 2006; Biber et al., 2002; Biber & Reppen, 2002). Zur Analyse von Registervariationen nutzt Biber (2006) beispielsweise lexikalische Merkmale wie Type-token-Verhältnisse, Wortlänge; grammatische Merkmale wie Substantive, präpositionale Phrasen, Adjektive; und syntaktische Merkmale wie Relativsätze, Adverbialsätze.

Für den Vergleich der Faktoreninterpretation empfehlen Biber und Egbert (2018) die Bildung von Faktorenbewertungen anhand der Faktorenwerte. Zwar handelt es bei der Analyse von Registervariationen grundlegend um ein empirisches Verfahren, jedoch ist für die Interpretation dieser Muster ein qualitatives Vorgehen notwendig. Es findet dahingehend eine Synthese zwischen den quantitativen Ergebnissen und der qualitativen Interpretation der Variationsdimensionen statt. Die Interpretation geschieht insbesondere aufgrund der kommunikativen Funktion der einzelnen Merkmale. Für jede Variationsdimension wird in Hinblick auf die kommunikative Funktion ein Label als interpretative Bezeichnung vergeben, beispielsweise narrative vs. nichtnarrative Anliegen oder explizite vs. situationsabhängige Referenz (Biber, 2006).

Das multivariate Verfahren wird insbesondere als hochstatistische und in hohem Maß zeitaufwendige Analyse betrachtet (McEnery & Hardie, 2012). Nach Conrad (2015) hat das multivariate Verfahren als Methode zur Betrachtung von Mustern von sprachlichen Merkmalen insbesondere in der empirischen Bildungsforschung noch keine große Verbreitung gefunden. Gründe können die bisher geringe Integration von multivariaten Verfahren mit qualitativen Techniken zur Analyse von Sprache und die ökonomische Perspektive sein.

4.6   Zusammenfassung

Die Verwendung von sprachlichen Mitteln ist durch ständige Veränderungen geprägt, die sich während der Nutzung ergeben. Ein Instrument, das die Sprache bei Textaufgaben im Mathematikunterricht verändern soll, muss sich zwangsläufig an den typischen Variationen orientieren, die sich durch die Nutzung von Sprache im Mathematikunterricht ergeben.

Sprachliche Variationen sind Teil der menschlichen Sprache und können unterschieden werden in Dialekt und Register. Register beziehen sich auf Variationen, die mit situativen Veränderungen in Beziehung stehen, und sind damit von besonderer Bedeutung für die Betrachtung für die Schule und den Mathematikunterricht.

Register sind durch die gehäufte Verwendung von sprachlichen Merkmalen in gewissen Situationen ausgezeichnet. Für den Mathematikunterricht lassen sich typischerweise das alltagssprachliche, schulsprachliche, bildungssprachliche und mathematisch-fachsprachliche Register unterscheiden, die jeweils durch unterschiedliche sprachliche Merkmale bestimmt sind.

Die Bedingungen der Veränderungen von Sprache betreffen auch das Konzept des Registers. Der Wechsel von sprachlichen Ressourcen unterliegt ebenfalls dem Register und wird als Registervariation diskutiert. Registervariationen sind ein empirisches Phänomen, für das unterschiedliche Herangehensweise der Analyse existieren, wobei besonders computerbasierte Ansätze, die eine Kollektion von Texten (Korpus) verwenden, häufig genutzte Verfahren sind. Für die Analyse der sprachlichen Merkmale in einem Korpus existieren verschiedene Methoden. Es können die einzelnen sprachliche Merkmale in Form von Häufigkeitsanalysen betrachtet werden. Daneben existiert die Möglichkeit, das gemeinsame Vorkommen von sprachlichen Merkmalen zu betrachten. Als Methode zur Betrachtung des gemeinsamen Vorkommens von sprachlichen Merkmalen wird die Faktorenanalyse verwendet, die zur Gruppe der multivariaten Verfahren gezählt wird.

Ausblick: Das Register und die damit in Verbindung stehenden Konzepte erklären die Veränderungen von Sprache in der Nutzung. Sprachliche Variationen wie das schulsprachliche, bildungssprachliche und mathematisch-fachsprachliche Register können zu Hürden im Verstehen von Texten führen. Welche Grundlage diese Hürden im Textverstehen haben, wird im nachfolgenden Kapitel 5 erörtert.

Textverstehen von Textaufgaben als sprachliche Anforderung im Mathematikunterricht

Gesamtüberblick: In Hinblick auf Text und sprachliche Variationen, die aufgrund von Anpassung an situative Bedingungen erfolgen, ist das Textverstehen ein zentraler Gegenstand, um sprachliche Schwierigkeiten, die aufgrund der Veränderungen von Sprache erfolgen, in der Mathematik antizipieren zu können. Dahingehend ist zur Einordnung des Textverstehens eine allgemeine Betrachtung der sprachlich kommunikativen Anforderungen im Fach Mathematik notwendig (Abschnitt 5.1). Die Beschreibung des Textverstehens ist vielfältig und kann auf verschiedenen Ebenen stattfinden (Abschnitt 5.2). Es existieren unterschiedliche begriffliche Verwendungen des Textverstehens, die unterschiedliche Aspekte des Prozesses des Verstehens betreffen (Abschnitt 5.2.1). Eine Perspektive der Betrachtung des Textverstehens sind Repräsentationen des Textes und die Betrachtung von mentalen Modellen (Abschnitt 5.2.2). Darüber hinaus können die Prozesse auf Merkmalsebene analysiert werden, die für das Textverstehen notwendig sind (Abschnitt 5.2.3). Aus den Kriterien des Textverstehens können Textmerkmale identifiziert werden, die die Textschwierigkeit erhöhen und auf den Mathematikunterricht zurückbezogenen werden (Abschnitt 5.2.4).

Zur Feststellung der Textverständlichkeit haben sich verschiedene Verfahren zur Messung und Vorhersage etabliert (Abschnitt 5.3). Ein Ansatz zur Messung stellt die Lesbarkeitsforschung dar, die durch die Häufigkeit von einzelnen Textmerkmalen die Textverständlichkeit durch einen Index ableitet (Abschnitt 5.3.1). Daneben existieren weitere Ansätze, die ebenfalls Elemente von Rezipienten einbeziehen und Aspekte definieren, die für die Entwicklung eines verständlichen Textes relevant sind (Abschnitt 5.3.2). Neben der allgemeinen Betrachtung der Textverständlichkeit ist eine Spezifikation der Untersuchung der Textverständlichkeit speziell von fachlichen Texten möglich (Abschnitt 5.3.3). Aus den Prinzipien

© Der/die Autor(en) 2021
D. Bednorz, *Sprachliche Variationen von mathematischen Textaufgaben*,
Bielefelder Schriften zur Didaktik der Mathematik 5,
https://doi.org/10.1007/978-3-658-33003-3_5

der Messung und Vorhersage der Textverständlichkeit lassen sich zusammenfassend allgemeine Textgestaltungs- und Optimierungsprinzipien ableiten, die dazu dienen können, Texte insoweit zu verändern, dass sie den Kriterien genügen (Abschnitt 5.3.4).

In Hinblick auf die Veränderung von Texten aufgrund der Maßgabe von Textverständlichkeitsprinzipien ergeben sich sprachliche Variationen, die den Ursprungstext in eine andere (optimierte) Version verändern (Abschnitt 5.4). Zur Veränderung von Mathematikaufgaben existieren unterschiedliche Formen von Variations- bzw. Simplifizierungsstrategien, die bei der Testung mathematischer Fähigkeiten genutzt wurden (Abschnitt 5.4.1). Speziell für den naturwissenschaftlichen und mathematikdidaktischen Forschungsbereich existiert ein sprachliches Variationsmodell zur Veränderung von Aufgaben (Abschnitt 5.4.2). Die empirischen Befunde zu den unterschiedlichen Möglichkeiten von Variationsstrategien von sprachlichen Merkmalen bei mathematischen Testaufgaben zeigen ein differenziertes Bild der Effektivität solcher Maßnahmen (Abschnitt 5.4.3).

Werden die Forschungsansätze des Textverstehens in einen Zusammenhang mit den empirischen Ergebnissen und den in Kapitel 3 und Kapitel 4 erörterten Theorien gebracht, ergeben sich offene Fragestellungen, die die Zielsetzung dieser Arbeit motivieren (Abschnitt 5.5).

5.1   Allgemeine sprachlich-kommunikative Anforderungen im Fach

Wie in Kapitel 2 ausgeführt, sind auch für das Fach Mathematik sprachlich-kommunikative Anforderungen ein essenzieller Bestandteil des Lehrens und Lernens. Gleichzeitig nimmt das Bewusstsein von Lehrkräften in Bezug auf die sprachlich-kommunikativen Anforderungen zu, wie beispielsweise über die steigenden Anfragen zu Fortbildungen abgeleitet werden kann (Prediger, 2017).

Nach Vollmer und Thürmann (2010) werden die sprachlich-kommunikativen Anforderungen für den Mathematikunterricht insbesondere durch die Verwendung von Sprachhandlungsverben, den sogenannten Operatoren, verdeutlicht. Durch die Verwendung von Operatoren werden inhaltliche und kognitive Prozesse verbunden. So sind zentrale Sprachhandlungsverben das Erfassen, Benennen, Beschreiben, Erklären, Argumentieren, Bewerten und Aushandeln. Mittels der Handlungsverben wird eine transparente Möglichkeit geboten, die sprachlich-kommunikativen Anforderungen einer Aufgabe darzustellen. Sie bieten weiterhin die Möglichkeit, in tabellarischer Form durch Alltagssprache erklärt zu werden; somit wird die Intention einer Aufgabe erleichtert und damit gleichzeitig eine vereinfachte Diagnose durch die Lehrkraft ermöglicht. Neben den Verben als besondere sprachliche Mittel, die institutionalisiert eingesetzt werden, werden darüber hinaus prozessbezogene Kompetenzen im Mathematikunterricht verlangt, die zum Teil sprachliche Anforderungen umfassen, z. B. das Argumentieren/Kommunizieren. Vollmer und Thürmann (2010) bezeichnen die Anbindung von sprachlichen Anforderungen an Kompetenzen als Maßnahme zur Sicherung der Überprüfbarkeit von Leistungsfähigkeit und Lernergebnissen auch für sprachliche Fähigkeiten.

Sowohl typische Sprachhandlungen als auch Kompetenzen mit sprachlichem Prozessbezug zeigen, dass es sich im Fach Mathematikunterricht nicht nur um fachliche Anforderungen des Lernens von mathematischen Gegenständen handelt, sondern auch um sprachliche Anforderungen, die eng mit dem Lernen der mathematischen Gegenstände in Zusammenhang stehen.

Vollmer und Thürmann (2010) bildeten durch die Analyse der unterschiedlichen Anforderungen der curricularen Vorgaben der Bildungsstandards und der Kehrlehrpläne der einzelnen Bundesländer eine Systematisierung der sprachlichen Anforderungen für den Fachunterricht ab. Die Systematisierung wurde unter der Prämisse der Differenzen der unterschiedlichen Fächerdomänen geleistet, die im Aspekt der kommunikativen Formen jedoch als vergleichbar bezeichnet werden können. Die Untersuchung der unterschiedlichen sprachlichen Anforderungen lassen sich auf vier Dimensionen des sprachlichen Handelns im Fach zurückführen. Vollmer und Thürmann (2010) bezeichnen die vier Dimensionen als Schulsprache, also die sprachliche Variation, die in Abschnitt 4.2.3 dargestellt wurde. Wie in Abschnitt 4.2.3 dargelegt, umfasst das Konzept der Schulsprache die sprachliche Variation durch die Nutzung von Sprache (Sprachhandlungen) im Kontext der Schule. Unabhängig von den Herausforderungen, die mit der Bezeichnung *Schulsprache* einhergehen (aufgrund der nicht vorhandenen Differenzierungen unterschiedlicher sprachlicher Register), bieten diese Dimensionen einen hinreichenden Überblick über die unterschiedlichen sprachlichen Anforderungen für den Mathematikunterricht.

1. Die erste Dimension umfasst das Feld des sprachlichen Handelns im Fachunterricht. Damit werden verschiedene Fähigkeiten subsummiert, die die Beteiligung an Interaktion, das Erschließen und Beschaffen von Informationen, das Strukturieren und Anpassen von Wissen, die Präsentation und Diskussion sowie das Reflektieren und Optimieren umfassen.
2. Die zweite Dimension beschreibt die kognitiv-sprachlichen Aktivitäten und die Diskursfunktion. Hiermit sind insbesondere die Sprach- und Denkhandlungen

bezeichnet, die z. B. durch die Verwendung von Operatoren kenntlich gemacht sind.

3. Die dritte Dimension umfasst die fachunterrichtlichen Materialien, Textsorten, Genres und Zeichensysteme. Für den Mathematikunterricht ergeben sich in dieser Dimension spezifische Mittel. Auf der Ebene der Darstellungsmittel von mathematischen Gegenständen kann dies ein Geodreieck sein, das zur Messung von Winkeln eingesetzt wird. In Abschnitt 3.1 erfolgte die Erläuterung der speziellen Textsorten im Mathematikunterricht und der unterschiedlichen Aspekte der Verwendung. Außerdem ergibt sich für den Mathematikunterricht eine besondere Verwendung von Zeichensystemen. Dies umfasst numerische Zeichensysteme genauso wie Größen und weitere Symbole, die Verwendung finden; wie beispielsweise in Abschnitt 4.2.5 beschrieben, kann das numerische Zeichensystem als numerisches Register bezeichnet werden.

4. Die vierte Dimension beinhaltet die Textkompetenz- und Diskursfähigkeit. Die vierte Dimension gliedert sich in vier Hinsichten.

- Diskursstrategien: Fokussieren oder Elaborieren (primär beim Textverstehen)
- Textualitätskriterien: Register und Textstrukturen
- Sprachliche Mittel: Wortschatz und Grammatik
- Kommunikative Aktivität: Textverstehen und Schreiben

Entsprechend der vorgestellten Systematik ist das Textverstehen als sprachliche Anforderung von Bedeutung. Dies bedeutet, dass das Textverstehen von Mathematikaufgaben respektive mathematische Textaufgaben einen Einfluss auf das Lehren und Lernen von Mathematik in Leistungs-, aber auch Lernsituationen haben können. Dass das Textverstehen in Bezug auf Textaufgaben eine Anforderung für Lernende darstellt, zeigt eine nichtrepräsentative Umfrage von Prediger (2017). Die Umfrage zeigt, dass sich die meisten Lehrkräfte als bereits sensibilisiert gegenüber den Anforderungen von Textaufgaben zeigen, insbesondere, was den mangelnden Wortschatz von Lernenden betrifft.

5.2   Perspektiven auf das Textverstehen

Textverstehen ist auf curricularer Ebene eine klare Anforderung des Faches. Unklarer ist jedoch, was unter dem Begriff *Textverstehen* gemeint wird. Daneben existieren unterschiedliche Modelle, die Textverstehen theoretisch darstellen. Dahingehend ist die Klärung der unterschiedlichen Perspektive auf den Begriff des Textverstehens notwendig.

Überblick (Abschnitt 5.2): Der Begriff des Textverstehens wird mit unterschiedlichen Begriffen in einen Bezugsrahmen gesetzt wie Textverständnis, Textverständlichkeit und Textschwierigkeit, die unterschiedlich verwendet werden (Abschnitt 5.2.1). Zur theoretischen Bestimmung des Textverstehens können zwei Ansätze unterschieden werden. Der erste Ansatz forciert die mentale Repräsentation des Textes, die der Lesende konstruiert und damit die Rolle des Rezipienten stärkt (Abschnitt 5.2.2). Der zweite Ansatz betrachtet stärker die Textmerkmale, die einen Einfluss auf das Textverstehen haben, wodurch ein Fokus auf Textfaktoren gelegt wird (Abschnitt 5.2.3).

5.2.1 Begriffsklärung

Die in Abschnitt 3.4.3 exemplarisch dargestellten Textarten für den Mathematikunterricht erklären intuitiv, dass Textverstehen nicht nur durch objektive Kriterien von Textmerkmalen wie die Komplexität der Sätze bestimmt ist (Christmann, 2004). Die Definition der Laplace-Wahrscheinlichkeit in der fachlichen (fachdidaktischen) Formulierung ist für mathematisch fachlich kompetente Lesende verständlich, für viele andere Lesende, die den Inhalt nicht kennen oder erst lernen, jedoch nicht. Einen Text zu lesen ist kein passiver Prozess, sondern stellt stets einen Prozess der Bedeutungskonstruktion dar. Der Rezipient eines Textes muss diesen Konstruktionsprozess leisten, wenn ein Text unter der Bedingung von Wissensvoraussetzungen des Rezipienten gelesen wird (Artelt et al., 2007; Groeben, 1982; Härtig et al., 2019). Gemäß Groeben (1982) und Christmann (2004) ist Textverstehen als sowohl kognitive als auch konstruktive Verarbeitung einer bestimmten Textsemantik zu verstehen, die als Postulat eines kognitiv konstruktiven aktiven Lesenden verstanden wird. Das bedeutet, dass neben Aspekten von Textmerkmalen immer auch die wechselseitige Beziehung zwischen Text und Lesenden und die individuellen Voraussetzungen des Lesenden mitgedacht werden müssen. Die Auffassung, sowohl Textmerkmale als auch den Lesenden und seine individuellen Voraussetzungen zu betrachten, kann als breiter Konsens in der wissenschaftlichen Diskussion zum Textverstehen betrachtet werden (Christmann, 2006; A. Frey et al., 2010; Groeben, 1982). Die Prozesse des Verstehens von Text sind damit in einem wechselseitigen Verhältnis zwischen Textmerkmalen und kognitiven und motivationalen Voraussetzungen zu betrachten. Nach Kintsch (2007) ist die Wechselwirkung als ein Prozess der sowohl textbezogenen als auch wissensbezogenen Konstruktion vereinigt, zu verstehen.

Aus der empirischen Perspektive ist der Vorgang des Textverstehen selbst nicht beobachtbar (Groeben, 1982; Pause, 1984). Der Vorgang des Verstehens

kann nur durch das Beziehungsgefüge zwischen den Konzepten des Textverständnis und der Textverständlichkeit, die die Prozess- und Produktdimensionen
widerspiegeln, rückgewonnen werden (Groeben, 1982; Pause, 1984). Aus dieser
Beschreibung der notwendigen Parameter zur empirischen Beschreibung des Textverstehens leitet sich die Akzentuierung der Analyse ab. Das Textverstehen wird
in Hinblick auf Analysen, die die Ebene des Rezipienten betrachten und damit
auf die kognitiven Fähigkeiten und affektiven Bedingungen fokussieren, als Textverständnis bezeichnet (Christmann, 2004; Groeben, 1982; Pause, 1984). Solche
Analyse forcieren den Prozess des Textverstehens. Ist die Akzentuierung der Analyse auf die Ebene der Textmerkmale gelegt, geht dies mit der Prämisse einher,
dass die Textmerkmale als hauptsächlicher Mediator für das Textverstehen gelten.
Eine solche Betonung betrachtet besonders den reibungslosen Ablauf der Deco-
dierung und der Informationsverarbeitung. Diese Forschungsakzentuierung wird
unter dem Begriff der Textverständlichkeit definiert (Christmann, 2004; Groeben,
1982; Pause, 1984).

Weitere Modelle verfeinern die Unterteilung in Textverständnis und Textverständlichkeit. Artelt et al. (2007, S. 12). betrachten vier unterschiedliche
Determinanten. Die Determinanten *Merkmale des Lesers/der Leserin* und *Aktivität des Lesers/der Leserin* repräsentieren die Ebene des Rezipienten. Die
Determinanten *Leseanforderungen* und *Beschaffenheit des Textes* beschreiben die
textspezifischen Aspekte. Im Modell von Artelt et al. (2007) ist eine Wechselwirkung der Text- und Personenmerkmale vorausgesetzt, deren Gewichtung sich
nach individuellen Spezifika unterscheiden kann.

Eine zentrale Ergänzung für die Facette des Textverstehens liefert Groeben
(1982), indem der Text als Gegebenes betrachtet wird und eine Anpassung
zwischen Lesenden und Textstruktur stattfinden muss. Gemäß Groeben (1982)
wird die Ebene der Lesenden bzw. der Leserinstanz als veränderlich verstanden.
Damit wird der Begriff *Textverständnis* aufseiten der Fragestellungen nach der
Anpassung des Lesenden an den Text thematisiert, während die anders gerich-
tete Fragerichtung die Anpassung des Textes an den Lesenden ist und durch den
Begriff der Textverständlichkeit erfolgt. Die dadurch geleistete Verknüpfung zwischen Textverstehen und Textanpassung liefert die theoretische Fundierung für
sprachliche Variationen im Kontext des Textverstehens. Sprachliche Variationen
und Textverstehen haben einen direkten Bezug zueinander. Sprachliche Variationen bzw. Anpassungen des Textes an den Lesenden sind unter dem Begriff der
Textverständlichkeit zu betrachten und, wie in Kapitel 6 formuliert, ein bedeutendes Ziel der Entwicklung des Instruments zur sprachlichen Variation von
mathematischen Textaufgaben.

Neben dem Begriff des Textverstehens wird im Kontext des Verstehens von Texten in der mathematikdidaktischen und fachsprachlichen Forschungsliteratur häufig der Begriff der Textschwierigkeit, der sprachlichen Komplexität, der sprachlichen Schwierigkeit, aber auch der sprachlichen Hürden verwendet (Bamberger & Vanecek, 1984; Groeben & Christmann, 1989; Heine et al., 2018; Leiss et al., 2017; Prediger et al., 2015). Besonders die Textverständlichkeit steht in einem engen Zusammenhang mit der Textschwierigkeit. Dabei referiert Christmann (2004) von Textschwierigkeit auf Textverständlichkeit und verwendet beide Begriffe synonym. Entsprechend der Literatur werden diese Begriffe als quasi synonym verwendet; in Anlehnung zu den genannten Autoren werden für beide Begriffe unterschiedliche Richtungseffekte gedeutet. So verweist eine hohe Textschwierigkeit auf einen negativen Effekt auf die Verständlichkeit des Textes, während eine hohe Textverständlichkeit auf einen positiven Effekt auf die Verständlichkeit eines Textes referiert. Aufgrund der besseren Beschreibbarkeit je nach Gegenstand wird für die in Kapitel 8 präsentierten Ergebnisse der empirischen Studie ausschließlich der Begriff *Textschwierigkeit* genutzt.

In Anbetracht der allgemeinen Schwierigkeitsmodellierung für Mathematikaufgaben nach PISA und PALMA, die in Abschnitt 3.4.3 dargestellt wurde, wird zwischen technischen (Kalkül-)Aufgaben und Modellierungsaufgaben unterschieden (Neubrand et al., 2002; Pekrun et al., 2006; vom Hofe et al., 2002). Dabei ist davon auszugehen, dass die Textschwierigkeit (bzw. die sprachlogische Komplexität) einen Anteil an der Schwierigkeitsvarianz von Aufgaben besitzt (Blum et al., 2004). Es ist jedoch zu beachten, dass davon ausgegangen wird, dass die Textschwierigkeit im Schnitt einen geringeren Anteil an Schwierigkeitsvarianz erklärt als inhaltliche Kriterien wie die Grundvorstellungsintensität; diese kann jedoch aufgrund der Bedeutung der Sprache für verschiedene Mathematikaufgaben variieren (Blum et al., 2004; Kleine, 2004; Ufer et al., 2013).

Newman (1986) liefert für Mathematikaufgaben eine Klassifikation von drei Anforderungsstufen für sogenannte Leseverstehensaufgaben. Leseverstehensaufgaben werden als Mathematikaufgaben bezeichnet, für die das Textverstehen relevant ist. Die drei Stufen sind die folgenden:

1. Mechanische Lesefähigkeit, die das Erkennen von Wörtern und Symbolen betrifft. Daneben sind das Tempo und die Art des Lesens und das Verstehen des Kontextes Elemente.
2. Begriffsverständnis.
   a. Niveau 1: Lesen, um Anweisungen zu befolgen. Dafür notwendig sind bekannte Wörter und Zahlen, um Informationen zusammenzutragen und daraus die Lösung nach einer festgegebenen Reihenfolge zu bewältigen.

b. Niveau 2: Interpretieren. Hierfür notwendig sind Fähigkeiten zur Vorhersage von Ereignissen und die Interpretationsfähigkeit von generellen Bedeutungszuschreibungen bei gleichzeitigem Ignorieren von irrelevanten Informationen. Daneben ist das Interpretieren von Grafiken dem zweiten Niveau zugeordnet.

c. Niveau 3: Abschließend bewertende Fähigkeiten.

3. Anwendungsfähigkeit. In dieser Stufe werden das selbständige Nutzen eines Lehrbuchs und die eigenständige Formulierung von Sachverhalten subsummiert.

Nach Klärung und Beschreibung der verschiedenen terminologischen Verwendungen, die in Beziehungen zum Begriff *Textverstehen* stehen, werden anschließend unterschiedliche Analyseebenen des Begriffs betrachtet.

5.2.2 Ebene der Textrepräsentation

Besonders psychologische Ansätze fokussieren bei ihrer Betrachtung von Textverstehen Aspekte der Repräsentation des Textes. Repräsentation bedeutet, dass der Rezipient den Text bei seiner Bedeutungskonstruktion durch ein inneres mentales Bild und Beziehungsstrukturen aufbaut (Schiefele, 1996; Schnotz, 2005). Gemäß Schiefele (1996) ist von einer Distinktion zwischen Wahrnehmung und Repräsentation von Text auszugehen, wodurch die nichttextadäquate Interpretation der Intention des Autors mitinbegriffen wird. Diese Perspektive konzentriert sich bei der Ermittlung des Textverstehens darauf, die externe sprachliche Botschaft in Bezug auf die intendierte interne Textverarbeitung zu evaluieren. Textverstehen unter einer repräsentationalen Perspektive bedeutet daher die Konstruktion vielfältiger mentaler Repräsentationen, in denen der Text als vorwissensgeleitet erachtet wird und zur mentalen Modellkonstruktion, -evaluation und -revision beiträgt (Schnotz, 2005).

Nach Schnotz (2005) können unterschiedliche mentale Repräsentationsebenen unterschieden werden. Es wird unterschieden zwischen der Oberflächenebene, die die Repräsentation der Textoberfläche umfasst, der propositionalen Ebene als Repräsentation des semantischen Gehalts und der Modellebene als das mentale Modell des beschriebenen Gegenstands. Unterscheidungen lassen sich zwischen den Repräsentationsebenen sowohl in den Eigenschafen als auch in Funktionen der Repräsentationen beschreiben.

Die Oberflächenebene ist die basale mentale Repräsentationsebene und bildet damit den Aufbau für die höhere Repräsentationsebene. Die Oberflächenebene ermöglicht eine wortwörtliche Wiederholung von Textabschnitten, ohne dass diese zwangsläufig verstanden werden müssen (Schnotz, 2005).

Die propositionale Ebene repräsentiert den semantischen Gehalt, der aus Propositionen besteht. Die definitorische Bestimmung des Begriffs *Propositionen* erfordert eine differenzierte Betrachtung der unterschiedlichen Facetten des Begriffs. Dänzer und Hoeltje (2017, S. 367) fassen für Propositionen sieben Konzepte zusammen, die als grundlegend erachtet werden können:

1. Inhalte von mentalen Zuständen, z. B. Überzeugungen und Wünsche
2. Inhalte von Sprechakten, z. B. Behauptungen und Fragen
3. Träger von Wahrheitswerten
4. Bedeutungen von Deklarativsätzen
5. Bezugsobjekte von dass-Sätzen
6. Abstrakte Entitäten, z. B. in ähnlicher Weise wie Mengen und Zahlen
7. Existenziell unabhängig von geist- und sprachbegabten Wesen

Ballstaedt et al. (1981) betrachten unter der Perspektive des Textverstehens Propositionen als kleinste partikuläre Einheit, die als Satz verstanden werden kann, in einem Text vorkommt und sowohl intraindividuelle als auch strukturell-semantische und logische Zustände abbildet. Die propositionale Theorie betrachtet dabei Propositionen als Repräsentanten für Oberflächen- und Tiefenstrukturen (Kintsch & van Dijk, 1978)

Nach Schnotz (2005) ermöglicht die propositionale Repräsentation, im Gegensatz zur Oberflächenebene, das Verstehen (Nachvollziehen) dessen, was gesagt wird, unabhängig davon, ob der Sachverhalt selbst verstanden wurde. Situationen, die diesen Bedingungen genügen, kommen in der alltäglichen Kommunikation kaum vor, sind jedoch bei hochkomplexen und schwierigen Texten nicht unüblich. Schnotz (2005) verweist auf Sätze, die zwar durch propositionale Repräsentationen abgebildet werden können, für die sich jedoch kein konkreter Sachverhalt vorgestellt werden kann. Das können Sachverhalte sein, die sich durch eine hohe Abstraktionsstufe auszeichnen und beispielsweise in der Mathematik häufig vorkommen.

Textverstehen als reine Verknüpfung von Propositionen ist jedoch nicht ausreichend oder erschöpfend, da, wie bereits oben erwähnt, das Verstehen von Texten immer auch die Bedeutungskonstruktion beinhaltet. Die Perspektive der Bedeutungskonstruktion wird besonders durch die Ebene der Repräsentation eines mentalen Modells erfüllt (Schnotz, 2005). Die Verwendung des Begriffs *Mentales Modell* ist jedoch umstritten. Nach Perrig und Kintsch (1985) handelt es sich bei allen erläuterten Ebenen der Textrepräsentation um mentale Modelle.

Dahingehend wird vorgeschlagen, statt des Begriffs *Mentales Modell* den Begriff *Situationsmodell* zu verwenden, da es sich bei der letzten Ebene um die Gegenstandsebene bzw. Situationsebene handelt, in der der Text dargestellt wird (Artelt et al., 2007; van Dijk & Kintsch, 1983).

Zur Beschreibung des Textverstehens, in Hinblick auf mentale Modelle, ist der Begriff der Fokusaktivierung bedeutsam. Laut Schnotz (2005) hat die Fokusaktivierung eine limitierende Eigenschaft für das Textverstehen, da das Arbeitsgedächtnis nur begrenzte Kapazitäten zur Verfügung hat und sich entsprechend nur begrenzt fokussieren kann. Beispielhaft für solche Aktivierungs- und Fokussierungsprozesse sind mentale Modelle, die durch sogenannte Topic-Markierungen gegeben sind. Schnotz (2005) beschreibt, dass Topic-Markierungen durch pronominale und nominale Referenzen realisiert werden. Die pronominale Referenz bezieht sich durch ein Pronomen auf einen Referenzgegenstand. Damit soll dem Rezipienten deutlich gemacht werden, dass das, was zuvor explizit beschrieben wurde, noch aktuell ist und keine Fokusverschiebung stattfinden muss. Eine nominale Referenz forciert auf etwas noch nicht zwangsläufig Genanntes, es kann also eine neue Aktivierung des Fokus stattfinden. Je nachdem, welches Referenzmodell gewählt wird, können sich unterschiedliche mentale Repräsentationen ergeben. Für einzelne Fälle bietet sich eine nominale Referenz an, wenn bei weiterer Bezugnahme wieder auf das Ursprungswort zugegriffen werden kann; so können dauerhaft Oberflächenrepräsentationen, propositionale Repräsentation und mentale Modelle vorkommen. Bei der Nutzung von pronominalen Referenzen fällt die Oberflächenrepräsentation weg und dies kann zu einer schwierigeren Fokussierung führen. Zur Verdeutlichung der pronominalen und nominalen Referenz dienen die drei selbstformulierten Beispiele; die unterstrichenen Begriffe markieren die jeweiligen Referenzen:

- Beispiel eines Aufgabenteils einer Mathematikaufgabe mit pronominaler Referenz: Auf ihrer Reise nach Zürich stoppt Kerstin die Zeit und notiert, wie lange ihr Zug im Bahnhof steht […]

- Beispiel eines Aufgabenteils einer Mathematikaufgabe mit nominaler Referenz (ohne Fokusverschiebung): Sabine und Michael machen ein Wettrennen über 100 m. Michael lässt Sabine einen Vorsprung von 2 Sekunden […]

- Beispiel eines Aufgabenteils einer Mathematikaufgabe mit nominaler Referenz (mit Fokusverschiebung): Frau Müller kauft Kinokarten für einen Klassenausflug für 9 € pro Karte. Herr Schmidt hat einen Mengenrabatt bekommen und musste nur 6 € pro Karte bezahlen […]

Für die Mathematikdidaktik ist die Betrachtung der Textrepräsentation zur Beschreibung des Textverstehens auch unter theoretischer Betrachtung interessant. So können mentale Modelle zur Beschreibung des Textverstehens genutzt werden und dienen auch in der Mathematikdidaktik dazu, innere Konstruktionsprozesse für mathematische Inhalte zu beschreiben. Damit existieren zumindest auf konzeptioneller Basis Parallelen zwischen Textrepräsentation und mathematischen Grundvorstellungen als mentale Modelle zu mathematischen abstrakten Gegenständen (Blum et al., 2004; vom Hofe, 1992; vom Hofe et al., 2005). Dass die Verknüpfung naheliegt, zeigt die in Abschnitt 3.2.5 dargestellte Einführung des Begriffs des Situationsmodells als mentale Repräsentation der Textbasis von Modellierungsaufgaben in der Mathematik (Blum & Leiß, 2005; Leiss et al., 2010, 2019). Situationsmodelle dienen als Vermittler zwischen Realsituation und Realmodell, während Grundvorstellungen notwendig sind, um Übersetzungsprozesse zwischen realer Welt und Mathematik zu leisten.

5.2.3 Ebene der Textprozesse

Unter der Perspektive von prozessbezogenen Bedingungen des Textverstehens wird vom prozeduralen Aspekt gesprochen (Schnotz, 1987). Hierbei stehen Textmerkmale im Vordergrund, die zur Verarbeitung des Textes eine notwendige Voraussetzung sind. Für die Betrachtung des Textverstehens auf Textprozessebene werden Textmerkmale selektiert und es wird untersucht, in welcher Weise die sprachlichen Merkmale einen Einfluss auf den Prozess der Kommunikation und die Textverständlichkeit für den Rezipienten haben können. Dadurch ergibt sich ein Modell, das nicht nur einzelne Variablen der Textverständlichkeit betrachtet, sondern die wechselseitige Wirkung der Variablen in die Analyse integriert (Heringer, 1984).

Nach Bayer und Seidel (1979) besteht die Möglichkeit, den Textverständlichkeitsbegriff in Hinblick auf eine Konzentration auf spezifische sprachliche Merkmale eingeschränkt zu betrachten. Eine solche Vorgehensweise bedeutet, dass die Analyse von Textmerkmalen erfolgt, während andere Aspekte aus dem Kommunikationsprozess nicht betrachtet werden. Aus diesem Grund wird nachfolgend statt des Begriffs *Textverstehen*, der sowohl Rezipienten- als auch Textmerkmale betrachtet, der limitierende Begriff der Textverständlichkeit bzw. Verständlichkeit verwendet.

Für die Klassifikation unterschiedlicher Teilprozesse der Textverständlichkeit wird in der Forschungsliteratur der Linguistik, der Mathematikdidaktik und der Bildungsforschung meist nach Verständlichkeit auf Wort-, Satz- und

Textebene unterschieden (Artelt et al., 2007; Czicza & Hennig, 2011; Gürsoy et al., 2013; Heppt et al., 2014; Leisen, 2013; Prediger, 2013b; Schmitz, 2015). Diesbezüglich sollen die unterschiedlichen Ebenen inhaltlich beschrieben werden; ergänzend dazu wird in Abschnitt 5.3.2 auf die Schwierigkeiten von Textmerkmalen eingegangen, die für die unterschiedlichen Ebenen resultieren.

Verständlichkeit auf Wortebene: Der Ausgangspunkt der Verständlichkeit auf Wortebene ist die sensorische Verarbeitung von optischen Reizen (Ballod, 2001; Halliday, 2014a). Nach Artelt et al. (2007) kann die Entwicklung der Bedeutung durch die durch sensorische Wahrnehmung erfassten Buchstabenfolgen (Wörtern) als lexikalischer Zugriff bezeichnet werden. Zentraler Aspekt für die Verständlichkeit auf Wortebene ist die Verarbeitung und Erkennung von Wörtern. Dabei wird durch die Verarbeitungsprozesse das semantische Gedächtnis bzw. das mentale Lexikon für die Erkennung aktiviert (Just & Carpenter, 1980).

Verständlichkeit auf Satzebene: Gemäß Just und Carpenter (1980) müssen die Wörter neben einer separierten Erkennung und Verarbeitung durch eine Bedeutungseinheit in einen Gesamtzusammenhang gebracht werden. Rickheit und Strohner (1983) unterscheiden die Verständlichkeit auf der Ebene des Satzes in fünf Phasen. Die Phasen umfassen:

1. Informationsaufnahme
2. lexikalische Bedeutungszuweisung
3. Bestimmung der Kasusrollen
4. Integration von Teilsätzen
5. Satzabschluss

Nach Ballstaedt et al. (1981) kann angenommen werden, dass die einzelnen Einheiten der Bedeutung durch Propositionen repräsentiert sind. Mit der Einteilung wird die syntaktische Ebene betrachtet, also der Bedeutung, die in einem Text hinterlegt ist, durch die im Text kodierten Wörter.

Verständlichkeit auf Textebene: In Bezug auf die Verständlichkeit auf der Ebene des Textes werden zum einen die bereits in Abschnitt 5.2.2 geschilderten repräsentationalen Aspekte bedeutend. Damit werden bei der Analyse auf Textebene die sprachlichen Merkmale eines Textes betrachtet, die sich als relevant für den aktiven Konstruktionsprozess auszeichnen. Im Beispiel der Modellierungsaufgabe Feuerwehr kann verdeutlicht werden, welchen Einfluss repräsentationale Aspekte auf die Verständlichkeit auf Textebene haben können. Um ein adäquates mathematisches Modell zu bilden, ist für die Modellierungsaufgabe notwendig, eine mentale Vorstellung davon zu bilden, was unter einem Drehleiter-Fahrzeug verstanden wird. In der Modellierungsaufgabe wird die Bildung eines Situationsmodells dadurch erleichtert, dass eine Illustration (nicht mit abgebildet) eines Drehleiter-Fahrzeugs dargestellt wird. Das bedeutet, dass einzelne Textmerkmale einen Einfluss auf die gesamte Repräsentation des Textes haben können und damit die Verständlichkeit auf Textebene beeinflussen.

Feuerwehr:

Die Münchner Feuerwehr hat sich im Jahr 2004 ein neues Drehleiter-Fahrzeug angeschafft. Mit diesem kann man über einem am Ende der Leiter angebrachten Korb Personen aus großen Höhen retten. Dabei muss das Feuerwehrauto laut einer Vorschrift 12 m Mindestabstand vom brennenden Haus einhalten.

Die technischen Daten des Fahrzeugs sind:

Fahrzeugtyp:	Daimler Chrysler AG Econic 18/28 LL – Diesel
Baujahr:	2004
Leistung:	205 kw (279 PS)
Hubraum:	6374 cm^3
Maße des Fahrzeugs:	Länge 10 m Breite 2,5 m Höhe 3,19 m
Maße der Leiter:	30 m Länge
Leergewicht:	15540 kg
Gesamtgewicht:	18000 kg

Aus welcher maximalen Höhe kann die Münchner Feuerwehr mit diesem Fahrzeug Personen retten? Schreibe deinen Lösungsweg auf (Blum und Leiss, 2007).

Weitere Ansätze zur Determination der Textverständlichkeit, neben der Unterscheidung zwischen Wort-, Satz- und Textebene, insbesondere in Hinblick auf den Begriff der Textschwierigkeit, bieten Forschungen zur Konstruktion von Sprachtests. Grotjahn (2000) bietet eine Möglichkeit, unterschiedliche Schwierigkeitsindikatoren der Textschwierigkeit zu unterscheiden, die in drei Typen von Schwierigkeitsprädikatoren untergliedert werden (vollständige Auflistung siehe Anhang).

1. Itemvariablen, bei denen beispielsweise Ambiguität der Item-Formulierung und die Anzahl der schwierigen Wörter betrachtet werden und mit der vorher diskutierten Wortebene verglichen werden können.
2. Textvariablen, hierunter fallen die Komplexität der Satzstruktur und die Zahl der referenziellen Einheiten. Diese Ebene kann mit der betrachteten Satzebene verglichen werden.

3. Text-Item-Variablen integrieren sowohl Item- als auch Textvariablen, bei denen betrachtet wird, ob nur Hauptinformationen erfragt oder Hintergrundinformationen benötigt werden.

Die Entwicklung des Instruments zur sprachlichen Variation von Textaufgaben hat den Fokus, ausschließlich Textmerkmale in die sprachlichen Veränderungen von Textaufgaben einzubeziehen. Das Instrument soll zur Anpassung von Texten dienen, um die Textverständlichkeit unter gewissen Prämissen zu verändern. Dahingehend werden nachfolgend die für das Forschungsinteresse relevanten Einflüsse von Textmerkmalen auf die Textschwierigkeit betrachtet.

5.2.4 Erklärungsansätze des Einflusses von sprachlichen Merkmalen und Konkretisierung auf die Mathematikdidaktik

Wie bereits in Abschnitt 5.2.3 erörtert, beginnt der Prozess des Textverstehens mit der Erkennung und Verarbeitung von Wörtern. Gemäß Rayner und Pollatsek (1989) können Identifikationsmodelle von Wörtern interpretiert werden, als differenziellen lexikalischen Zugriff, der aufgrund von unterschiedlichen kognitiven Verarbeitungsebenen in Merkmals-, Buchstaben- und Wortebene unterschieden wird. Das Erkennen und Verarbeiten von Wörtern wird unter Betrachtung dieser kognitiven Verarbeitungsebenen betrachtet. Insbesondere Modelle für die Wortebene betrachten Worthäufigkeitseffekte. Postuliert wird, dass häufige Wörter schneller erkannt werden als Wörter, die eher selten in der jeweiligen Sprache vorkommen. Just und Carpenter (1987) zeigten in ihrer Studie zu Verarbeitungseffekten, dass Inhaltswörter (Nomen, Verben, Adjektive, Adverben) länger fixiert werden als z. B. Funktionswörter (Artikel, Präpositionen, Konjunktionen), die bei der Untersuchung teilweise übersprungen wurden. Nach Grimm und Engelkamp (1981) ist der höhere Verarbeitungsaufwand durch Textelemente wie Inhaltswörter damit zu erklären, dass Inhaltswörter im Vergleich zu Funktionswörtern weniger häufig auftreten. Die kürzere Dauer der Betrachtung von Funktionswörtern ist damit zu erklären, dass diese einen niedrigeren Gehalt an Informationen und im mentalen Lexikon zur Aktivierung ein höheres Niveau aufweisen (Forster, 1994; Underwood & Batt, 1996). Für die Wortebene stellt die Worthäufigkeit ein potenzielles Merkmal für die Textschwierigkeit dar (Taft, 1979). Je häufiger insbesondere inhaltsgeprägte Wörter verwendet werden, die gegebenenfalls unvertraut sind, desto mehr führt dies zu Schwierigkeiten im Textverstehen.

Für den Mathematikunterricht sind mathematische Fachbegriffe mögliche Wörter, die die Textschwierigkeit beeinflussen und entsprechend für die Wortebene als häufiges schwierigkeitsgenerierendes Kriterium in der Literatur genannt werden (Abshagen, 2015; Härtig et al., 2019; Leisen, 2013; Leisen & Seyfarth, 2006; Schmiemann, 2011). Arya et al. (2011) konnten für den naturwissenschaftlichen Forschungsbereich zeigen, dass alltägliche Formulierungen im Vergleich zur Nutzung von Fremdwörtern einen Effekt auf die Textverständlichkeit haben. In Anbetracht von Funktionswörtern im Mathematikunterricht bzw. in mathematischen Texten sind Funktionswörter für die Konzeptualisierung mathematischer Beziehungen essenziell (Prediger, 2013b). In Hinblick auf die geringe Fixationsdauer und eine potenziell hohe Bedeutung der Funktionswörter für das Verstehen des mathematischen Inhalts in einem Text kann die Textverständlichkeit beeinflusst werden.

Neben Worthäufigkeitseffekten hat die Wortlänge einen Einfluss auf die Textverständlichkeit. Die Wortlänge bezieht sich auf die morphologische Komplexität eines Textes und ist ebenfalls als Zugriff auf das mentale Lexikon zu deuten (Feldman, 1991; Schriefers, 1999). Nach Just und Carpenter (1980) kann der Effekt der Wortlänge auf den Verarbeitungsaufwand verdeutlicht werden. So zeigt sich, dass die Fixierung von langen Wörtern deutlich höher ausfällt als die von kurzen Wörter, was durch die gestiegene Silbenanzahl erklärt wird. In dieser Hinsicht ist in der deutschen Sprache die Kompositaverwendung ein Merkmal, das Effekte auf die Textverständlichkeit zeigen kann und häufig in fachlichen und mathematischen Texten vorkommt (Abshagen, 2015; Leisen, 2013; Leisen & Seyfarth, 2006). Feldman (1991) betrachtet Verarbeitungseffekte auf Basis von Morphemen, das bedeutet, die Flexionen und Derivationen von Wortstämmen. Durch die Betrachtung von Morphemen kann die zusätzliche kognitive Beanspruchung des lexikalischen Zugriffs modelliert werden. Die kognitive Beanspruchung ist besonders für längere und zusammengesetzte Wörter bedeutsam, weshalb die Silbenanzahl einen guten Indikator für die Beanspruchung darstellt.

Neben den Effekten, die sich auf die Worthäufig und -komplexität beziehen, werden insbesondere in der naturwissenschaftlichen Didaktik Worteffekte auf Ebene der Textkohäsion betrachtet (Starauschek, 2006). Nach Pause (1984) ist die Anaphorik ein bedeutendes Mittel zur Bildung von Textkohäsion. Mit Anaphorik sind die Verweisstrukturen, die in einem Text gebraucht werden, gemeint, die zum einen die referentielle und zum anderen die thematische Kontinuität eines Textes bilden. Dabei lassen sich unterschiedliche anaphorische Bezüge unterscheiden, die je nach Bedingungen Schwierigkeiten für die Textverständlichkeit ergeben können. Hierbei spielen u. a. die Nutzung von nominaler Wiederaufnahme (explizite Verweise), Pronomen und die synonyme Verwendung von Wörtern eine Rolle, deren Relevanz durch empirische Ergebnisse bestätigt und durch einen höheren kognitiven Aufwand erklärt wird (Arya et al., 2011; Ozuru et al., 2009; Starauschek, 2006). Weitere bedeutende Textmerkmale auf Wortebene zur Bildung von Verweisstrukturen, um logische und inhaltliche Zusammenhänge im Text herzustellen, sind Wiederaufnahmestrukturen, Konjunktionen und Präpositionen (Groeben & Christmann, 1989).

Neben kognitiven Aspekten und dem Zugriff auf das mentale Lexikon können relationale Diskrepanzen zwischen Wörtern einen Effekt auf die Textverständlichkeit zeigen. Dies ist für mathematische Begriffe interessant, die im mathematischen und im alltäglichen Kontext eine gleiche oder andere Bedeutungszuschreibung besitzen (Groeben & Christmann, 1989). In der Begriffsfindung der Domäne Mathematik bedienen sich Mathematikerinnen und Mathematiker zum Teil an bestehenden Begriffen aus der Alltagssprache, durch die eine Bedeutungsübertragung stattfindet. Gemäß Wessel (2015) dienen Fachbegriffe zur Vorstellungsentwicklung, da formalbezogene Fachsprache nicht ausreichend ist, um ein inhaltliches Verständnis zu festigen. Nach Malle (2009) kann die Verwendung von Metaphern (z. B.: Wurzel, Wurzel ziehen) als Brückenglied zur formalbezogenen Sprache dienen. Fachwörter bieten die Möglichkeit zur Differenzierung und Systematisierung inhaltlicher Konzepte. Die Vernetzung von bedeutungs- und formalbezogenen Sprachmitteln steht für die Vorstellungsentwicklung im Vordergrund und das kann durch die Nutzung von Metaphern begünstig werden oder im Falle von nicht gut gewählten Metaphern sich negativ auf das Verstehen auswirken (Malle, 2009).

Beim Erschließen, welche Bedeutungszuschreibung eines Begriffs die richtige ist, kann der sprachliche Kontext einen Aspekt für die Textverständlichkeit darstellen (Ferstl & d'Arcais, 1999; Underwood & Batt, 1996). Laut Tabossi (1988) kann der sprachliche Kontext eine erleichternde Wirkung haben, wenn er die prominente Bedeutung eines Wortes stützt. Wird jedoch die ungeordnete Bedeutung durch den sprachlichen Kontext gestützt, findet eine Aktivierung beider Bedeutungen statt.

Prediger (2013b) fasst für mathematische Texte für die Wortebene Textschwierigkeiten (bzw. sprachliche Hürden) auf lexikalischer und lexikalisch-morphologischer Ebene zusammen. Unter die lexikalische Ebene fallen fremde und zusammengesetzte Wörter. Die lexikalisch-morphologische Textschwierigkeit ergibt sich aus der Nutzung von Strukturwörtern, beispielsweise Präpositionen.

Auf der Ebene des Satzes ergeben sich Verknüpfungspunkte zur Wortebene durch Kohäsionsstrukturen im Text. Für die Satzebene ist die lokale Kohärenz bedeutend, die für die Mathematik insbesondere durch die Verwendung von

relationalen Strukturwörtern hergestellt wird, u. a. die konjunktivistische und präpositionale Nutzung. Neben den direkten Beziehungen der Wort- und Satzebene
durch strukturlogische Bezugssysteme ergeben sich weitere Textschwierigkeiten
aufgrund von komplizierten Sätzen mit einer hohen Informationsdichte. Groeben
und Christmann (1989) fassen für Textschwierigkeit auf Satzebene lange und
verschachtelte Sätze, bestimmte Nebensatztypen, viele und komplexe Attribute
und Funktionsverbgefüge zusammen. Jedoch können die häufig für fachliche und
mathematische Fächer genannten sprachlichen Schwierigkeiten durch Passivsätze
im Vergleich zu Aktiv-deklarativ-Sätzen sowie Nominalisierungen nicht per se als
schwieriger betrachtet werden.

Nach Prediger (2013b) sind spezifische Sprachmittel auf Satzebene bedeutsam,
die eng mit den lexikalisch-morphologischen Aspekten auf der Wortebene zusammenhängen und notwendig sind, um sinnvolle Satzstrukturen nachzuvollziehen.

Für die Textebene kann die Regelhaftigkeit von einzelnen Textsorten einen
Einfluss auf die Textverständlichkeit haben. Textsorten zeichnen sich durch einen
wiederkehrenden Aufbau und Strukturen aus (Artelt et al., 2007). Nach Artel et al.
(2007) und Prediger (2013b) können bekannte strukturelle Spezifika von bestimmten Textsorten die Textverständlichkeit vereinfachen und durch die Verwendung
von bekannten Textsorten können unklare referentielle Bezüge, die auf der Wort-
und Satzebene erscheinen, reduziert werden.

Des Weiteren ist auf Textebene die Bildung eines Situationsmodells eine weitere Komponente, die einen Einfluss haben kann. Wie in Abschnitt 5.2.3 erläutert,
ist für Modellierungsaufgaben die Entwicklung eines Situationsmodells entscheidend, da sich durch eine geringe Textverständlichkeit Schwierigkeiten im Aufbau
eines Situationsmodells und in der konzeptuellen Vorstellungen ergeben können
und dies Einfluss auf folgende Teilprozesse der Modellierung haben kann (Leiss
et al., 2010, 2019; Prediger, 2013b; Schukajlow & Leiss, 2011). Die Problematik bei Modellierungsaufgaben soll nachfolgend an einem Beispiel verdeutlicht
werden.

Bombenfund: Evakuierung in Brilon

Brilon. Am Mittwoch wurde in der Stadt Brilon eine Bombe aus dem Zweiten Welt-
krieg gefunden. Der Blindgänger sollte, wie die Stadtverwaltung mitteilte, noch am
Nachmittag entschärft werden. Alle Anwohner in einem Radius von 2.000 Metern rund
um den Fundort wurden aufgefordert, das Gebiet zu verlassen. Von der Evakuierung
waren auch eine Grundschule und zwei Kindergärten betroffen. In einem nahe gele-
genen Schulzentrum wurde für die Anwohner ein Evakuierungszentrum eingerichtet.
Turnhallen werden oftmals als Notunterkünfte vorgesehen, in denen Menschen auch

mehrere Tage zubringen müssen. Wie viele Menschen können in der Turnhalle deiner Schule zum Übernachten als Notunterkunft untergebracht werden? Stelle deine Überlegungen übersichtlich dar (Kleine, 2012, S. 30).

Gemäß Kleine (2012) können Textschwierigkeiten, die den Verstehensprozess behindern, insbesondere aufgrund der semantischen Bedeutung von Blindgängern und Evakuierungen vorkommen. Die Schwierigkeiten können sich jedoch aufgrund von kontextspezifischen Merkmalen reduzieren. Ebenfalls wird auf die adäquate Ausbildung eines mentalen Modells (Situationsmodell) referiert: „Beispielsweise kann man eine verschlammte und verrostete Rohrbombe vor Augen haben […]" und „[…] ein Bild vom Zustand und dem Aussehen einer solchen Turnhalle vor dem inneren Auge vorhanden" (Kleine, 2012, S. 30).

Das Beispiel verdeutlicht, dass bei der Betrachtung von Mathematikaufgaben die Wort-, Satz- und Textebene betrachtet werden müssen, um gänzlich nachzuvollziehen, welche Textschwierigkeiten in der Formulierung einer Aufgabe vorhanden sein können.

Resümee (Abschnitt 5.2): Im Zusammenhang mit dem Begriff des Textverstehens werden vielfach weitere Begriffe verwendet, die den Begriff differenzierter für die Analyse betrachten oder Ergänzungen sind. Zur Deutung des Phänomens des Textverstehens lassen sich zwei Analyseformen unterscheiden. Das Textverstehen kann als Textrepräsentation betrachtet werden, für die die Bildung von mentalen Modellen entscheidend ist. Außerdem kann das Textverstehen unter einer Textprozessebene betrachtet werden mit Fokussierung auf die Analyse von sprachlichen Merkmalen. Erklärungsansätze verdeutlichen den Einfluss von sprachlichen Merkmalen auf die Textverständlichkeit und werden in die Betrachtung von Sprache und Text im Mathematikunterricht einbezogen.

Wenn Erkenntnisse zum Einfluss einzelner sprachlicher Merkmale existieren, stellt sich die Frage: Kann die Textschwierigkeit gemessen und vorhergesagt werden? Dieser Frage wird im nachfolgenden Kapitel nachgegangen.

5.3   Messung und Vorhersage von Textschwierigkeit

Im Bereich der Messung und der Vorhersage der Textschwierigkeit werden Ansätze unterschieden, die zum einen das Ziel haben, die Lesbarkeit eines Textes vorherzusagen (‚*prediction research*') und zum anderen, Texte zu produzieren, die lesbarer sind (‚*production research*') (Klare, 1984, S. 703).

Überblick (Abschnitt 5.3): Vor dem Hintergrund der Vorhersage von lesbaren Texten sind Ansätze der Lesbarkeitsforschung subsummiert, die über Kennwerte die Verständlichkeit eines Textes indizieren (Abschnitt 5.3.1). Forschungsrichtungen, die die Produktion von lesbaren Texten betrachten, sind dimensionale und interaktionale Ansätze (Abschnitt 5.3.2). Für fachliche Texte ergeben sich aufgrund von fachlichen Kriterien, die im Spannungsfeld der Erkenntnisse verständlicher Texte stehen, besondere Herausforderungen, Texte verständlich zu formulieren (Abschnitt 5.3.3). Aus den Erkenntnissen der Messung und Vorhersage der Textschwierigkeit ergeben sich grundlegende Textgestaltungs- und Optimierungsmöglichkeiten, die angesichts der Textverständlichkeit zu beachten sind (Abschnitt 5.4.3).

5.3.1 Lesbarkeitsforschung

Die Lesbarkeitsforschung kann als erster Ansatzpunkt zur Forschung und als empirisch-deduktiver Weg zur Bestimmung der Verständlichkeit von Texten durch Textmerkmale betrachtet werden (Groeben, 1982). Gemäß Heringer (1979) erzeugt die Lesbarkeitsforschung durch die repräsentierten Textmerkmale als Oberflächenstrukturen eine Vorhersage der Lesbarkeit eines Textes. Die Lesbarkeitsforschung vernachlässigt in allen Formen die inhaltlichen Aspekte des Textes, sei es die Art der Anschauung, die strukturelle Organisation oder weitere nichttextuelle Merkmale (Groeben, 1982). Als Textmerkmale der Lesbarkeitsforschung werden insbesondere die Wort- und Satzschwierigkeit sowie die Worthäufigkeit als Indikatoren für die Textschwierigkeit verwendet. Außerdem existiert eine Reihe weiterer Textmerkmale, die in neueren Varianten von Lesbarkeitsformeln Verwendung finden. Die Möglichkeiten des Einbezugs von Textmerkmalen umfassen die durchschnittliche Satzlänge in Wörtern, die durchschnittliche Wortlänge in Silben, die durchschnittliche Wortlänge in Buchstaben, den Prozentsatz an Präpositionen, die Anzahl der Adjektiven geteilt durch die Anzahl der Wörter, den Anteil langer Wörter oder den Anteil an Substantiven (Groeben & Christmann, 1989; Klare, 1984; Rost, 2018).

Die Betrachtung der Annahme dieser Textmerkmale lässt sich aus den Erörterungen von Abschnitt 5.3.2 erklären. Neben den deduktiv bezogenen Textmerkmalen, die in Formeln einbezogen sind, werden Außenkriterien herangezogen, um die Formeln zu validieren. Diese Außenkriterien sind beispielsweise Expertenschätzungen, die Lesegeschwindigkeit, Behaltensleistungen, die Lesehäufigkeit und Ergänzungen im Lückentext.

Im Verlauf des Lesbarkeitsansatzes haben sich unterschiedliche Varianten an Lesbarkeitsformeln entwickelt, beispielsweise die angepasste Flesch-Formel, der Kölner Verständlichkeitsindex für Sprache (KVIS), die erste bis dritte Wiener Sachtextformel oder der Lesbarkeitsindex (Lix) (Amstad, 1978; Bamberger & Vanecek, 1984; Björnsson, 1968; Jussen, 1983). Die bekanntesten Lesbarkeitsformeln, der Flesch-Reading-Ease und die Adaption, nutzen zur Bestimmung der Textschwierigkeit nur die beiden Variablen *durchschnittliche Satzlänge in Wörtern* und *durchschnittliche Wortlänge in Silben* (Amstad, 1978; Flesch, 1948).

Neben diesen Lesbarkeitsformeln existieren im Bereich der Lesbarkeitsforschung weitere Ansätze zur Bestimmung der Textverständlichkeit, die nicht die Häufigkeiten von sprachlichen Merkmalen betrachten, sondern lexikalisch-morphologische Varianten nutzen, um einen Indikator zu entwickeln. So können weitere Indikatoren für die Textschwierigkeit wie die lexikalische Dichte, die lexikalische Varianz, die Type-Token-Ratio oder weitere Varianten wie die *Measure of Textual Lexical Diversity* (MTLD) berechnet werden (Fergadiots et al., 2013; W. Johnson, 1944; Koizumi & In'nami, 2012; Malvern & Richards, 1997; McCarthy & Jarvis, 2010).

Laut Groeben (1982) kann die Lesbarkeitsforschung als erschöpfend und abgeschlossen angesehen werden. Es werden zwar kaum neue Erkenntnisse aus dieser Forschungsrichtung erwartet, jedoch können die Ergebnisse als gesichert betrachtet werden, mit der Einschränkung, dass keine inhaltlichen und personenbezogene Kriterien von Texten einbezogen werden. Entsprechend werden die Textmerkmale, die die Lesbarkeitsforschung als relevante Merkmale betrachtet, in die Konstruktion von verständlichen Texten mit einbezogen. Es sollten ein geläufiger Wortschatz und eher kurze Wörter (nach Buchstaben und/oder Satzlänge) und Wörter genutzt werden, die der Schriftsprache und nicht der mündlichen Sprache (insbesondere gekennzeichnet durch Füllwörter) angehören. Vermieden werden sollten Fremdwörter. Hinsichtlich der Satzschwierigkeit sollte auf kurze und grammatikalisch einfache Sätze geachtet werden. So sind Satzschachtelungen beispielsweise bei untergeordneten Nebensätzen zu vermeiden (Groeben, 1982; Heringer, 1979).

5.3.2 Dimensionale und prozedurale Ansätze von Verständlichkeitskonzepten

Im Gegensatz zur Lesbarkeitsforschung, die in Abschnitt 5.3.1 dargestellt wurde, verstehen sich dimensionale Ansätze zur Ermittlung der Textverständlichkeit meist als empirisch induktiver oder theoretisch deduktiver Weg (Groeben &

Christmann, 1989). Es werden in der Regel drei unterschiedliche Konzeptualisierungen der dimensionalen Ansätze unterschieden: erstens der dimensionale Ansatz von Langer et al. (1974), zweitens der interaktionale Ansatz von Groeben (1982) und drittens der prozedurale Ansatz von Kintsch und Vipond (1979). Nachfolgend sollen die einzelnen Ansätze beschrieben werden.

Beim dimensionalen Ansatz von Langer et al. (1974) werden bedeutende Textmerkmale auf einer siebenstufigen Skala, die bipolar konzipiert ist, eingeschätzt. Durch faktor-analytische Verfahren wurden die Textmerkmale zu Dimensionen von Textverständlichkeit gruppiert. Die Dimensionsbeschreibung geht mit der Höhe der Ladungen, die einzelne Textmerkmale aufweisen, einher. Die Verständlichkeitsdimensionen werden dabei induktiv ermittelt. Langer et al. (1974) unterscheiden durch das Vorgehen vier Dimensionen:

1. Sprachliche Einfachheit. Mit den Merkmalen: einfache Darstellung, kurze Sätze, geläufige Wörter, Erklärung von Fachwörtern, konkret, anschaulich.
2. Gliederung und Ordnung. Mit den Merkmalen: gegliedert, folgerichtig, übersichtlich, Unterscheidung von Wesentlichem und Unwesentlichem, roter Faden erkennbar, alles kommt der Reihe nach.
3. Kürze und Prägnanz. Mit den Merkmalen: kurz, auf Wesentliche beschränkt, gedrängt, aufs Lernziel konzentriert, knapp, jedes Wort ist wichtig.
4. Zusätzliche Stimulanz. Mit den Merkmalen: anregend, interessant, abwechslungsreich, persönlich.

Die genannten Verständlichkeitsdimensionen werden über eine fünfstufige Skala durch Experten eingeschätzt, was zur Ermittlung eines quantitativen Maßstabs für die Textverständlichkeit führt. Langer et al. (1974) betrachten dabei die sprachliche Einfachheit als bedeutsamste Dimension für die Textverständlichkeit, vor der Gliederung und Ordnung. Weniger relevant für die Textverständlichkeit sind die Dimensionen Kürze und Prägnanz sowie Zusätzliche Stimulanz.

Langer et al. (1974) betrachteten für die Entwicklung der Verständlichkeitsdimensionen 66 Lehrtexte aus unterschiedlichen Bereichen. Dabei wurden auch mathematische Texte für die Untersuchung analysiert. Für die Mathematik wurden zwei Themen exemplarisch untersucht. Zum einen wurde die Einführung in die Benutzung des Rechenschiebers beim Multiplizieren am Beispiel der Aufgabe $1,5 \times 1,3$ und zum anderen eine Aufgabe zur Winkelhalbierung am Beispiel eines Winkels von 50° betrachtet.

Groeben (1982) konzeptualisierte, wie im empirisch-induktiven Vorgehen des Ansatzes von Langer et al. (1974), ebenfalls Verständlichkeitsdimension. Der Unterschied des Ansatzes besteht in der Festlegung der Dimensionen auf theoretischer Basis, aus denen sich entsprechend Textmerkmale ableiten lassen. Aus diesem Grund wird dieser Ansatz als empirisch-deduktiv bezeichnet. Unterschieden werden bei diesem Ansatz die folgenden Dimensionen:

1. Stilistische Einfachheit. Mit den Merkmalen: kurze Satzteile, aktive Verben, aktiv-positive Formulierungen, keine Nominalisierungen, persönliche Wort-Formulierungen, keine Satzschachtelungen.
2. Semantische Redundanz. Mit den Merkmalen: keine wörtlichen Wiederholungen wichtiger Inhaltselemente, keine Weitschweifigkeit.
3. Kognitive Strukturierung. Mit den Merkmalen: Gebrauch von Vorstrukturierungen (advance organizer), Hervorhebung wichtiger Konzepte, sequentielles Arrangieren der Textinhalte (nach absteigendem Inklusivitätsausmaß), Zusammenfassungen, Beispielgebend, Unterschiede und Ähnlichkeiten von Konzepten verdeutlichen.
4. Konzeptueller Konflikt. Mit den Merkmalen: Neuheit und Überraschung von Konzepteigenschaften, Einfügen von inkongruenten Konzepten, alternative Problemlösungen und Fragen.

Für die Dimensionen stellt Groeben (1982) die kognitive Strukturierung als die relevanteste Dimension heraus. Weniger bedeutend ist die Stilistische Einfachheit, die zwar einen nachweisbaren, jedoch geringeren Einfluss auf die Textverständlichkeit aufweist.

Neben den zwei dimensionalen Ansätzen konzipieren Kintsch und Vipond (1979) ein Textverständlichkeitsmodell auf repräsentationaler Basis. Dabei ist der prozedurale Ansatz ebenfalls als Ergänzung zur Lesbarkeitsforschung zu betrachten und verweist explizit auf die Lesbarkeitsformeln von Flesch. Der Ansatz ist eine Erweiterung auf der Grundlage des propositionalen Ansatzes von Kintsch (1974) und dem Modell der zyklischen Textverarbeitung von Kintsch und van Dijk (1978). Der Ansatz forciert einen prozessorientierten bzw. prozeduralen Ansatz zur Erfassung der Textverständlichkeit (Grabowski, 1991). Zusammenfassend sind für diesen Ansatz drei Variablen bedeutsam: erstens die Kapazität des Kurzzeitgedächtnisses (in Propositionen), zweitens die Propositionsdichte (Wörter pro Propositionen) und drittens die Lesbarkeitswert des Textes nach der Flesch-Formel. Grundlegend für die Betrachtung von Propositionen sind die empirischen Ergebnisse, dass die Propositions- und Argumentationsdichte zu einer Erhöhung der Lesezeit führt und sich damit ein Einfluss auf das mentale Lexikon und das Arbeitsgedächtnis zeigt (Kintsch & Keenan, 1973).

5.3.3   Textschwierigkeit von fachlichen Texten

Texte im Fachunterricht sind geprägt durch die jeweiligen wissenschaftlichen Bezugsdisziplinen und die Verortung in der Institution Schule. Durch die funktionale Prägung von fachlichen Texten können sich Unterschiede zur Schwierigkeitsdeterminierung von fachlichen Texten ergeben.

Die von Langer et al. (1974) ermittelte Dimension Kürze und Prägnanz und die von Groeben (1982) betrachtete Dimension der semantischen Redundanz fokussieren Elemente, die sich wie in Abschnitt 4.2.5 für fachorientierte Texte als Charakteristikum ergeben. Nach Biere (2008) kann eine zusätzliche Redundanz für Texte aus dem Fachunterricht, die sich stark an der sprachlichen Gestaltung der Ursprungsdisziplin orientieren, die Textverständlichkeit erhöhen. Für die Redundanzgestaltung ist insbesondere der Satzaufbau von Bedeutung. Gemäß Groeben (1982) sollte darauf geachtet werden, dass das konzeptuell Neue der Textmitteilung am Anfang eines Satzes steht; dahinter kann Redundanz erfolgen, die Kontext öffnende Bedeutung und Vorstellungsbildung stimuliert. Für die Erstellung von Fachtexten im Unterricht und damit auch für Aufgabentexten im Mathematikunterricht ergeben sich so Implikationen, dass die durch die Sprachforschung ermittelten schwierigkeitsgenerierenden Merkmale und Dimensionen spezifisch auf den Fachunterricht bzw. auf die Mathematik bezogen werden müssen, um den Einfluss für die Texte im Fach zu klären. In Anbetracht der in Abschnitt 5.2.3 und 5.2.4 erörterten Textmerkmale, die einen negativen Einfluss auf die Textverständlichkeit haben können, sind viele Textmerkmale typisch für den fachsprachliche Gebrauch (Biere, 2008; Fraas, 2008; Oksaar, 2008; von Hahn, 2008). Die Fachsprache zeichnet sich, wie in Abschnitt 4.2.5 beschrieben, durch exklusive und zum Teil ungebräuchliche Termini, Nominalisierungen, Anonymität etc. aus. Laut Biere (2008) liegt das Prinzip der Fachsprache nicht auf der Erzeugung von Textverständlichkeit, sondern auf der Realisierung der Kommunikation innerhalb von Fachleuten über einen fachwissenschaftlichen Gegenstand unter der Prämisse, dass die Komplexität des Wirklichkeitsausschnittes bewahrt und den Ansprüchen an Fachlichkeit genügend repräsentiert wird.

Für die fachlichen Texte sind neben der Verständlichkeit des Textes auf einer kommunikativen Funktion das Verstehen der gegenstandsspezifischen Inhalte, die zu verstehen sind, auf einer kognitiven Funktion, bedeutend (vgl. Abschnitt 2.3.1). Für fachliche Texte ist die Verbindung der kommunikativen und kognitiven Funktion ein zentrales Merkmal. Biere (2008) verweist neben der sprachlichen Dekodierung des Textes auf die Kenntnis des Bezeichnungs- und Fachsystems, das durch die fachspezifischen Termini vermittelt wird. Mithin bedeutet dies, dass für die Textverständlichkeit von fachwissenschaftlich orientierten Texten die

Bedeutung der Sache einen besonders relevanten Parameter darstellt und die Textmerkmale dahingehend nicht dieselbe Relevanz wie beispielsweise bei literarischen Texten oder Zeitungsartikeln haben. Fachtexte verständlich zu konstruieren,
bedeutet entsprechend, die kognitiven und kommunikativen Voraussetzungen in
individueller Weise zu betrachten. Dahingehend ergibt sich ein Spannungsfeld
zwischen einerseits der fachlich präzisen sprachlichen Darstellung eines Sach-
verhalts und andererseits der Verständlichkeit des Textes. Die Angemessenheit
der fachlichen Kommunikation ist dabei an zwei Kriterien zu bemessen, erstens
der Angemessenheit der Darstellung des fachlichen Gegenstands und zweitens
der Gestaltung der Textoberfläche, um diese für den Rezipienten verständlich zu
halten. Dies spricht für eine spezifische adaptive Gestaltung von Texten im Mathematikunterricht. So sind Formulierungsvarianten bzw. sprachliche Variationen
Möglichkeiten, die beiden Kriterien zu erfüllen.

Angesichts dessen ist für Texte im Mathematikunterricht zu klären, welchen spezifischen Einfluss sprachliche Merkmale aufweisen und in welcher Art
die Merkmale verändert werden können, um Texte für Lernende anzupassen.
Aus diesem Blickwinkel wird die Problematik von Abschnitt 2.4.3 von Sprache als Lernvoraussetzung und -hindernis deutlich. Textanpassung bedeutet, die
Voraussetzungen für die Partizipation am Mathematikunterricht zu schaffen.

5.3.4   Zusammenfassung abgeleiteter Textgestaltungs- und Optimierungsprinzipien

Durch die Diskussion von Textmerkmalen zur Messung und Vorhersage der
Textverständlichkeit ergeben sich grundlegende allgemeine Prinzipien der Text-
gestaltung und -optimierung. Die grundlegenden Aspekte sollen mit einer kurzen
Zusammenfassung abgebildet werden.

Beschaffenheit des Textes: Inhaltsorganisation/-strukturierung. Nach Artelt et al.
(2007) sollte für das Lesen eines Textes im Idealfall über die Sätze hinweg eine
kohärente mentale Repräsentation aufgebaut und mit dem Vorwissen des Rezipienten verbunden werden. Für das Verstehen von Modellierungsaufgaben kann dies
zur Erleichterung des Aufbaus eines adäquaten Situationsmodells führen (Leiss
et al., 2010). Textmerkmale können diesen Prozess positiv beeinflussen. Artelt
et al. (2007) gehen davon aus, dass der Aufbau von mentalen Modellen (Situa-
tionsmodellen) durch eine kohärente Organisation des Inhalts, das aufbauende
und sequenzielle Arrangieren von Textinhalten und der Aktivierung des Vorwis-
sens begünstig werden kann. In Bezug auf die adaptive Qualität der Verbesserung

der Textverständlichkeit durch Textmerkmale müssen sich derartige Änderungen stets auf Vorwissens- und Erwartungsstrukturen des Rezipienten beziehen. Auf die Aspekte der Kohärenz und das aufbauende und sequenzielle Arrangieren soll nachfolgend näher eingegangen werden.

Kohärente Inhaltsorganisation. Damit die Rezeption eines Textes zu keinen Schwierigkeiten führt, sollten Textstrukturen genutzt werden, die deutlich machen, welche Sätze und Textteile sich aufeinander beziehen und welche davon in einen bedeutungsvollen Zusammenhang gebracht werden sollten (Artelt et al., 2007). Zu unterscheiden sind die lokale und globale Ebene der Kohärenz, die bereits in Abschnitt 5.3.2 erläutert wurden (Kintsch & van Dijk, 1978). Die lokale Kohärenz bezieht sich dabei auf Satzabschnitte, die globale Kohärenz auf die Verknüpfung von generellen Textthematiken und Textteilen (Artelt et al., 2007). Laut Artelt et al. (2007) können Kohärenzlücken entstehen, die es schwierig machen, die Beziehungen in der Rezeption des Textes zu rekonstruieren, insbesondere bei ungeübten Lesenden, wenn es in einem Text nicht gelingt, kohärente Netze zwischen Sätzen und Textteilen zu bilden.

Lokale Kohärenz: Für die lokale Kohärenz sind die in Abschnitt 5.2.2 diskutierten Aspekte relevant. Nach Artelt et al. (2007) gehören die klare Verwendung von Koreferenzen beispielsweise durch Wortwiederholungen oder Verwendung von Pronomen dazu. Daneben sind weitere grammatische Strukturen wie Konjunktionen bedeutend, um Beziehungen systematisch darzustellen. Dabei zeigte sich für kausale Verknüpfungen wie *weil, deshalb* und *daher* ein positiver Effekt auf die kognitive Verarbeitungsqualität (Artelt et al., 2007). Daneben führt die Nutzung der kausalen Verknüpfungen auch zu einer Verbesserung der Inferenzbildung, also einer Ergänzung der im Text vorhandenen Informationen durch das Aktivieren der Vorwissensbasis.

Globale Kohärenz: Die globale Kohärenz wurde bereits in Abschnitt 5.2.2 in Aspekten erörtert. Dabei steht für die Entwicklung einer globalen Kohärenz der Aufbau des Textes in sinnvolle und bedeutungserleichternde Teilstrukturen im Vordergrund (Artelt et al., 2007). Erreicht werden kann dies beispielsweise durch Topic-Indikatoren, die die Abschnitte mit einführenden Sätzen, Vergleichen, Überschriften oder Beispielen miteinander in eine systematische Beziehung bringen (Schnotz, 2005). Bei inhärent genutzten globalen Kohärenzmitteln kann das In-Beziehung-Setzen der Inhalte produktiver gelingen und besonders Lesende profitieren, die eine geringere Vorwissensbasis bei der Rezeption des Textes mitbringen, sowohl auf Basis der Inferenzbildung als auch des wortwörtlichen

Verstehens (Artelt et al., 2007; McNamara et al., 1996). Entsprechend sollten andere Strukturen vermieden werden. Dazu gehören Gedankensprünge oder fehlende Beziehungen zwischen abstrakten und konkreten Aspekten des Textes (Artelt et al., 2007).

Sequenzielles Arrangieren und Vorwissensaktivierung. Zur Verbesserung der Kohärenz eines Textes ist das sinnvolle Sequenzieren und Arrangieren notwendig, um strukturelle Bezüge von Sätzen und Textteilen zu verdeutlichen. Dies kann mit sprachlichen Mitteln realisiert werden, beispielsweise Advance Organisizers, Überschriften und Textfragen (Groeben, 1982). In Hinblick auf eine kohärente Struktur ist weiterhin das in Abschnitt 5.3.3 beschriebene Spannungsverhältnis zwischen sachlicher Korrektheit und fachlicher Stilistik und der Textverständlichkeit für den Lesenden bedeutsam. Mathematische Texte haben, wie in Abschnitt 3.2 dargestellt, entsprechend ihrer fachlichen Zugehörigkeit ein gewisses Maß an Sequenzialität und Arrangement, das sich auch aufgrund des inhaltlichen Gegenstands ergibt. Eine beliebige Veränderung eines sequenziellen, arrangierten und Vorwissen aktivierenden Textes ist nicht immer möglich und sollte beachtet werden. Gemäß Groeben (1982) sollte darauf geachtet werden, dass bei der Wahl der Veränderungsstrategie die aktuelle Fähigkeit der Lesenden in einem Ausmaß überschritten wird, das die Lesenden aufholen können. Bei moderater Optimierung eines Fachtextes, der diesen Prinzipien genügt, ist garantiert, dass die fachliche Stilistik des Fachs ebenfalls erworben werden kann und nicht nur reduktive Strategien erfolgen, die die fachsprachliche Entwicklung unter Umständen behindern.

Bilder und Diagramme: Ein bedeutsamer Aspekt für den Mathematikunterricht ist die Nutzung von Bildern und Diagrammen (nachfolgend zusammengefasst als ikonische Darstellungen). Nach Artelt et al. (2007) werden mit der Verwendung von ikonischen Darstellungen der Aufbau und die Vernetzung einer kohärenten Textrepräsentation vereinfacht. Für Bilder zeigt sich – mit Ausnahme von Bildern, die eine dekorative Funktion haben, also keine inhaltliche Bedeutung aufweisen – ein positiver Einfluss auf Behaltenseffekte, der sich jedoch nur auf die im Bild dargestellten Inhalte bezieht und nicht auf die im Text vorhandenen Informationen (Levin, 1981; Levin et al., 1987; Levin & Lentz, 1982). Dass Darstellungen einen positiven Effekt für das Behalten aufweisen, wird meist mit der von Paivio (1986) entwickelten Kodierungstheorie gedeutet. Gemäß Peeck (1993) verläuft die Verarbeitung der durch die Darstellungen vermittelten Inhalte dabei in zwei unterschiedlichen, jedoch in Beziehung zueinander stehenden Systemen. Unterschieden wird zwischen einem propositionalen und einem imaginären System. Durch die auf beiden Seiten stattfindende Verarbeitung kommt es zu einer doppelten Bearbeitung der Informationen und damit zu einer erhöhten Behaltensleistung.

Besonders interessant ist der positive Effekt von Darstellungen für die kognitive Leistungsfähigkeit sowohl auf Ebene der Darstellungen als auch der im Text vorhandenen Informationen. Diese Perspektive nimmt die Analyse der Textrepräsentation, die in Abschnitt 5.2.2 diskutiert wurde, auf, um die Erleichterungen der Verarbeitung durch Darstellungen zu erklären (van Dijk & Kintsch, 1983). Aufgrund der multimodalen Verwendung von Text und Darstellungen ergibt sich eine stützende Repräsentation, die die Entwicklung eines adäquaten mentalen Modells bzw. Situationsmodells vereinfacht (Leiss et al., 2010; van Dijk & Kintsch, 1983). Nach Peek (1993) können Darstellungen eine Vereinfachung der Textverständlichkeit bedeuten, wenn die genutzte Text-Bild-Relation in einem der Sache dienlichen Zusammenhang gebraucht wird, also die Passung zwischen Text und Bild als produktiv betrachtet werden kann. Neben der produktiven Verwendung von Bild-Text-Relationen, die insbesondere für den Mathematikunterricht entscheidend ist, müssen die Lernenden Kompetenzen erwerben, Darstellungen interpretieren zu können. So wurde bereits in Abschnitt 5.1 auf Newman (1986) verwiesen, die die Interpretation von Darstellungen auf der zweiten Ebene des Leseverstehens betrachtet. Nach Prediger und Wessel (2012) ist es bedeutend, Voraussetzungen zu schaffen, die Bedeutung von Darstellungsformen – besonders, wenn diese nicht intuitiv zu verstehen sind – zu klären, und die Kompetenzen aufzubauen, diese Darstellungen zu interpretieren und zu vernetzen.

Lexikalische Gestaltung, syntaktische Gestaltung: Neben den genannten Aspekten zur Verbesserung der Textverständlichkeit können ebenfalls die Gestaltung der Lexik und der Syntax einbezogen werden (Groeben, 1982). Groeben (1982) subsummiert zentrale Aspekte für die Textgestaltung. Darunter fallen Motivationskraft, Textgattung, Kommunikationsform, Thema, Sprachstil, Wortschwierigkeit, Satzschwierigkeit, Kohärenz, Nutzung von Referenzen und Vorwissen.

Resümee (Abschnitt 5.3): Zur Messung der Vorhersage von Textschwierigkeiten lassen sich zwei grundlegende Forschungsperspektiven unterscheiden. Die erste Forschungsrichtung entwickelt Indikatoren, die die Textschwierigkeit durch sprachliche Merkmale vorhersagt (*prediction research*). Die zweite Forschungsrichtung klassifiziert sprachliche Kriterien, die zur Produktion von verständlichen Texten genutzt werden können (*production research*). Die Lesbarkeitsforschung, die der ersten Forschungsrichtung angehört, verwendet als Indikator zur Bestimmung der Schwierigkeit eines Textes besonders die Satz- und Wortlänge. Es gibt eine Reihe von unterschiedlichen Indikatoren, wobei neuere Lesbarkeitsformeln auch weitere Textmerkmale in die Berechnung der Formeln einbeziehen.

Dimensionale und interaktionale Ansätze versuchen, durch die Gruppierung von Merkmalen in Dimensionen Leitkriterien zu entwickeln, die zur Herstellung von Texten dienen, die leichter verständlich sind. Für den Mathematik- und Fachunterricht sollten die Kriterien der Messung und Vorhersage der Schwierigkeit von Texten stets in Beziehung mit dem fachlichen Inhalt gedacht werden, da es möglich ist, dass allgemeine Kriterien einer positiven Textverständlichkeit nicht auf fachliche Texte bezogen werden können. Insgesamt lassen sich aus der Messung und Vorhersage der Textschwierigkeit grundlegende Aspekte ableiten, die bei der Erstellung oder Anpassung von Text berücksichtigt werden sollten.

5.4   Sprachliche Variationen und Textschwierigkeit

Die Kenntnis von Textmerkmalen, die die Schwierigkeit eines Textes erhöhen können, wie in Abschnitt 5.3 erörtert, führt zur Möglichkeit der Veränderungen der Textmerkmale und zur Reduktion von antizipierten sprachlichen Hürden. Die Veränderungen der Textmerkmale können als sprachliche Variationen interpretiert werden. Die sprachlichen Variationen von Textmerkmalen sind damit ein Ansatz, die Verständlichkeit von Texten zu erhöhen.

Überblick (Abschnitt 5.4): Sprachliche Variationen werden häufig mit sprachlichen Simplifizierungsstrategien in Verbindung gebracht; daraus abgeleitet werden sprachliche Variationen meist als defensive Strategie eingeordnet (Abschnitt 5.4.1). Aus speziell didaktischen Beweggründen ein sprachliches Veränderungsinstrument zu entwickeln, bildete sich für die naturwissenschaftliche und mathematische Didaktik ein sprachliches Variationsmodell heraus, das zur Veränderung von Aufgaben dient (Abschnitt 5.4.2). Sprachliche Variationen von mathematischen Testaufgaben sollen den sprachlichen Einfluss der Testleistung in Mathematiktests reduzieren; empirische Befunde weisen auf unterschiedliche Effekte der sprachlichen Variationen hin (Abschnitt 5.4.3).

5.4.1   Variations- und Simplifizierungsstrategien für Testaufgaben

Strategien zur Anpassung der Textverständlichkeit an die Voraussetzungen der Lesenden werden häufig als defensive Strategien bezeichnet (Leiss & Plath, 2020; Meyer & Tiedemann, 2017; Prediger, 2016, 2017; Rösch & Paetsch, 2011). Unter einer defensiven Strategie ist die Reduktion von Textmerkmalen zu verstehen, die als ursächlich für die Textschwierigkeit gelten können. Meyer und Prediger (2012) attestieren für defensive Strategien, dass diese für Leistungssituationen teilweise und für Lernsituationen eher ungeeignet sind. Dabei handelt es sich insbesondere um die Reduktion von Textmerkmalen, die typisch für das bildungs- und fachsprachliche Register sind. Die Parallelität von Textmerkmalen des bildungs- und fachsprachlichen Registers (vgl. Abschnitt 4.2.4 und Abschnitt 4.2.5) und der Textmerkmale, die aus der Perspektive der Textverständlichkeit als schwierig erachtet werden (vgl. Abschnitt 5.3), stimmen zum Teil überein.

Bei der sprachlichen Veränderung wird angenommen, dass durch die Reduktion der Textmerkmale die Textverständlichkeit zunimmt, die Textschwierigkeit abnimmt und die Reduktion von schwierigen Textmerkmalen insgesamt zu einer höheren Wahrscheinlichkeit der Lösung führt. Dabei zeigen insbesondere Lernende, die als *language learner* bezeichnet werden und deren Muttersprache nicht der Schulsprache entspricht, einen deutlichen Effekt bezüglich der sprachlichen Schwierigkeit von mathematischen Testaufgaben und einer geringeren Lösungsrate der Testaufgaben (Abedi et al., 2006; Haag et al., 2013; Martiniello, 2008; Shaftel & Belton-Kocher, 2006; Wolf & Leon, 2009). Damit ist empirisch davon auszugehen, dass eine Beziehung zwischen schwierigkeitsgenerierenden Textmerkmalen und der Lösung der Testaufgaben existiert und diese bei Lernenden mit geringeren Sprachkompetenzen einen besonderen hohen Effekt auf die Lösungshäufigkeiten hat.

5.4.2 Mathematikdidaktisches Modell zur Variation der Textschwierigkeit von Textaufgaben

Die Erforschung von sprachlicher Variation wird u. a. für Mathematikaufgaben und in besonderem Maß von der interdisziplinär ausgerichteten Arbeitsgruppe Fach und Sprache verfolgt (Heine et al., 2018; Leiss et al., 2017, 2019). An der Arbeitsgruppe sind Forschende aus fünf Universitäten beteiligt. Die Arbeitsgruppe entwickelt durch ein theoretisch-deduktives Verfahren ein auf drei Dimensionen beruhendes Modell zur Veränderung der sprachlichen Komplexität von Textaufgaben (Heine et al., 2018). Gemäß Heine et al. (2018) wird aus der Forschungsliteratur das Desiderat erschlossen, dass Schwierigkeiten insbesondere in den Dimensionen der strukturellen Komplexität, der Eindeutigkeit von Form-Bedeutung-Beziehungen und der Frequenz verortet werden können. Dabei gilt für die strukturelle Komplexität: Je höher die strukturelle Komplexität, desto sprachlich schwieriger ist ein Text. Für die beiden anderen Dimensionen der Eindeutigkeit von Form-Bedeutung-Beziehungen und der Frequenz ergeben sich gegenteilige Richtungseffekte. Je höher die Eindeutigkeit von Form-Bedeutung-Beziehungen und der Frequenz, desto geringer ist die sprachliche Schwierigkeit. Eine Operationalisierung auf sprachlicher Ebene durch konkrete Kriterien erfolgt durch die Variation von Verben, Nomen, Adjektiven, Pronomen, Syntax und der Textebene. Daraus ergibt sich ein komplexes Modell, das zur Variation von Aufgaben in enger Übereinstimmung mit der beteiligten Fachdidaktik erfolgt. Mithilfe des Modells wurden für unterschiedliche Aufgaben drei unterschiedliche Aufgabenvariationen mit einer leichten, mittleren und hohen sprachlichen Komplexität entwickelt. Das Modell kann als erstes elaboriertes System betrachtet werden, das in enger Abstimmung mit den Fachdidaktiken entwickelt wurde und sich damit von anderen Variationsansätzen, z. B. aus der Psychologie, unterscheidet. Es kann genutzt werden, um Mathematikaufgaben sprachlich zu verändern.

5.4.3 Empirische Befunde zur Veränderung der Textschwierigkeit durch Aufgabenvariationen

Der Einfluss der sprachlichen Komplexität hat Effekte auf das Verstehen von Mathematikaufgaben. Der Einfluss wurde im Kontext der Validität von Testsituationen bzw. Leistungsüberprüfungen im Allgemeinen (Abedi & Lord, 2001; Wolf et al., 2008) sowie unter Berücksichtigung von potenziellen Hilfestellungen bei Lernenden mit Zweitsprache im Speziellen untersucht, um die mathematische Leistungsüberprüfung valide zu bestimmen (Abedi et al., 2004; E. Johnson & Monroe, 2004; Sato et al., 2010).

Die Vereinfachung bzw. Simplifizierung der Sprache in einer mathematischen (Test-)Textaufgabe bzw. in einem Testitem ist, eine Möglichkeit, die Testsituationen für Lernende mit geringen sprachlichen Fähigkeiten anzupassen. Dahingehend haben sich unterschiedliche Studien damit beschäftigt, inwieweit eine Strategie der Vereinfachung von Mathematikaufgaben erfolgversprechend ist. Einige Studien konzentrierten sich auf Analysen bezüglich der unterschiedlichen Wirkung von Items durch bestimmte Textmerkmale (Haag et al., 2013; Shaftel & Belton-Kocher, 2006; Wolf & Leon, 2009). Es zeigt sich für einige Textmerkmale ein Bezug zu spezifischen Registern. Shaftel et al. (2006) untersuchten schulstufenübergreifend den Einfluss von mathematischem Vokabular und konnten einen Effekt des mathematischen Vokabulars auf die Leistung für Lernende aller Schulstufen feststellen. In Kontrast dazu konnten Haag et al. (2013) keinen Effekt des mathematischen Vokabulars auf die Schwierigkeit von Testitems zeigen, für die lexikalische Textmerkmale der akademischen Sprache jedoch eine schwierigkeitsgenerierende Wirkung. Die Studien weisen daraufhin, dass nicht generell von einer Reduktion von theoretisch schwierig angenommenen Textmerkmalen mit einer Erhöhung der Lösungshäufigkeit von mathematischen Testitems ausgegangen werden kann. Jedoch müssen die Ergebnisse der Analyse der differenziellen Wirkung von Items durch spezifische Textmerkmale insgesamt als limitiert betrachtet werden, da durch sie keine verallgemeinernden Aussagen getroffen werden können, da die Textmerkmale in den Untersuchungen nicht systematisch variiert wurden und damit in unterschiedlicher Weise vorkommen können.

Möglichkeiten, die sprachlichen Merkmale systematisch zu variieren, sind beispielsweise das in Abschnitt 5.4.2 erwähnte Variationsmodell und andere nicht in besonderer Weise genannten Modelle zur Veränderung, die in den nachfolgenden Studien verwendet wurden.

Für die Wirksamkeit von Simplifizierungen von Textaufgaben zeigen sich unterschiedliche Effekte. So konnten Abedi et al. (2001) und Hofstetter (2003) zeigen, dass eine Vereinfachung von Textaufgaben durch Reduktion von bestimmten Textmerkmalen einen Effekt auf die Lösungshäufigkeit hat. E. Johnson und Monroe (2004) berichten hingegen, dass keine generellen positiven Effekte auf die Lösungshäufigkeit durch sprachliche Veränderung erreicht werden können. Im deutschsprachigen Raum wurde durch Haag et al. (2015) die größte angelegte Studie zur Vereinfachung von mathematischen Testaufgaben durchgeführt. In der Studie konnten keine generellen positiven Effekte bezüglich einer Vereinfachung der Testaufgaben für Lernende beobachtet werden. Es konnte jedoch gezeigt werden, dass Lernende mit Deutsch als Zweitsprache und mit einem geringen sozioökonomischen Hintergrund und geringen Leseleistungen von den Veränderungen profitieren können. Leiss et al. (2017) orientierten sich am später weiterentwickelten Modell zur sprachlichen Variation, das in Abschnitt 5.4.2 dargestellt wurde, und variierten mathematische Testaufgaben in eine sprachlich einfache, mittlere und komplexe Aufgabenvariante. In der Studie konnten keine erhöhten Lösungshäufigkeiten bei den vereinfachten Aufgaben festgestellt werden. Es zeigte sich, dass die mittelschwierigen Aufgaben die höchste Lösungshäufigkeit besitzen. Speziell für Modellierungsaufgaben konnten Plath und Leiss (2018) robuste Beziehungen zwischen sprachlichen Fähigkeiten und dem mathematischen Modellierungsprozess feststellen und außerdem konstatieren, dass bei zunehmender sprachlicher Komplexität von mathematischen Modellierungsaufgaben die Lösungshäufigkeit sinkt.

5.5   Desiderat

Unter Betrachtung der Textverständlichkeit, der Merkmale für Textverständlichkeit und der Modelle und empirischen Studien zur Veränderung von mathematischen Testaufgaben ergeben sich offene Fragestellungen, die den Fokus der Arbeit zur Entwicklung eines Instruments zur sprachlichen Variation motivieren.

Offen ist, inwieweit es produktiv ist, für die theoretische Beschreibung und die empirische Untersuchung einen Zusammenhang darzustellen zwischen sprachlichen Variationen unter der in Kapitel 3 und 4 geschilderten theoretischen Fundierung und der Textoptimierung durch Messung und Vorhersage der Textverständlichkeit, die in Kapitel 5 abgebildet wurde. Diese Zusammenführung ist mit den von Groeben (1982) eingeführten differenzierten Anpassungsmöglichkeiten von Text zu assoziieren, besonders in Hinblick auf die Anpassung von Text an den Lesenden. Die Anpassung des Textes stellt eine sprachliche Variation dar, die jedoch nicht natürlich durch den Sprachgebrauch entwickelt ist, sondern durch eine technische Bearbeitung des Textes, die zu einer künstlichen sprachlichen Variation führt.

Weder bei den Analysen der differenziellen Wirkung von Items noch bei den systematischen Veränderungen von mathematischen Testaufgaben konnte eine eindeutige Wirkung von Simplifizierungsstrategien zur Vereinfachung von mathematischen Testaufgaben gezeigt werden. Hintergrund könnte sein, dass Textmerkmale eine so geringe Bedeutung für den Lösungsprozess haben, dass eine sprachliche Vereinfachung und damit die Textverständlichkeit keine Relevanz für den weiteren Verstehensprozess haben. Dagegen spricht jedoch die Studie von Plath und Leiss (2018), die darauf hinweist, dass sprachliche Variationen dann von Bedeutung sind, wenn die Sprache selbst bei Mathematikaufgaben eine hohe Relevanz besitzt, z. B. bei Modellierungsaufgaben. Darauf deuten auch die Ergebnisse von Ufer et al. (2013) hin, die die Bedeutsamkeit der Sprache je nach Aufgabenfacette betrachten und für die die Bedeutung der Sprache beispielsweise für Sachaufgaben hoch ausgeprägt sein kann. Entsprechend ist davon auszugehen, dass für eine erfolgreiche sprachliche Variation, besonders in Hinblick auf die Simplifizierung der Textmerkmale, sowohl der Aufgabentyp als auch das Instrument zur sprachlichen Variation in enger Abstimmung miteinander konzeptualisiert werden müssen. Eine solche Entwicklung eines Instruments muss die natürlichen sprachlichen Variationen, die in Textaufgaben vorkommen, als Ausgangspunkt für die Herstellung von Variationsfaktoren machen.

Das in Abschnitt 5.4.2 dargestellte sprachliche Variationsmodell von Heine et al. (2018) bietet einen Hinweis, wie die Entwicklung eines Instruments verlaufen kann. Dabei orientiert sich das Vorgehen von Heine et al. (2018) an der

von Groeben (1982) entwickelten Verständlichkeitsdimension in Abschnitt 5.3.2.
Grundlage ist bei beiden Modellen ein deduktiv-empirisches Vorgehen, das bedeutet, die Herstellung von theoretischen Dimensionen, die die Schwierigkeit abbilden,/ mit einer anschließenden Evaluation der hergestellten Dimensionen. Noch
nicht verfolgt wurde ein an Langer et al. (1974), dargestellt in Abschnitt 5.3.2,
orientiertes Vorgehen, das mit den Ansätzen von Biber (2006), erörtert in
Abschnitt 4.3, und seiner theoretischen Beschreibung von Variationsdimensionen zusammenhängt. Unabhängig von der unterschiedlichen Fokussierung und
Ausformulierung beider Ansätze wird ein induktiv-empirisches Vorgehen verwendet, um Faktoren zu ermitteln, bei denen Textmerkmale eine systematische
Variation zeigen. Ein empirisch-induktives Vorgehen zur Konzeptualisierung des
Instruments zur sprachlichen Variation könnte das Potenzial haben, die natürlichen sprachlichen Variationen in mathematischen Textaufgaben zu replizieren und
als Grundlage für sprachliche Veränderungen zu machen.

Ein sprachliches Variationsinstrument, das den genannten Kriterien genügt,
dient dabei nicht nur einer defensiven Strategie oder für Leistungssituationen.
Durch die Betrachtung von Mathematikaufgaben, denen Lernende im Mathematikunterricht begegnen, werden sprachliche Variationsmuster transparent, die
Lernende bei der Bearbeitung unterschiedlicher Mathematikaufgaben beherrschen
müssen, und damit auch die sprachlichen Fähigkeiten, die für die Bearbeitung
erforderlich sind. Damit ergeben sich direkte Übertragungsmöglichkeiten für die
Praxis, die z. B. zur Unterstützung der Formulierung von sprachlichen Lernzielen
im Zusammenhang mit fachlichen Lernzielen dienen können.

Insgesamt ergibt sich aus den offenen Fragen die Motivation, ein sprachliches Variationsinstrument zu entwickeln, das die sprachlichen Variationen von
mathematischen Textaufgaben darstellt, die sprachliche Schwierigkeit abbildet,
die fachlichen Spezifika in der Veränderung betrachtet und dazu dient, besonders Lernenden mit geringen sprachlichen Kompetenzen beim Verstehen von
Textaufgaben eine Unterstützung zu bieten.

5.6   Zusammenfassung

Es existieren allgemeine sprachliche Anforderungen im Mathematikunterricht.
Diese zeigen, dass das Textverstehen ein bedeutendes Element der Sprache im
Mathematikunterricht darstellt. Das Textverstehen steht in vielfältiger Weise mit
unterschiedlichen Begriffen in Verbindung, die als Differenzierungen des Begriffs
Textverstehen dienen, beispielsweise die Textverständlichkeit.

Textverstehen lässt sich auf unterschiedlichen Ebenen beschreiben. Die Ebene der Textrepräsentation forciert die Betrachtung von mentalen Modellen zur Erklärung des Textverstehens. Die Ebene des Textprozesses betrachtet hingegen die Textmerkmale, die im Text vorhanden sind und einen Einfluss auf das Textverstehen haben können. Textmerkmale haben verschiedene Einflüsse auf die Schwierigkeit eines Textes und lassen sich auch für Texte aus dem Mathematikunterricht zurückführen. In Hinblick auf das Textverstehen existieren unterschiedliche Ansätze zur Messung und Vorhersage der Schwierigkeit eines Textes. Die Lesbarkeitsforschung fokussiert Ansätze, die durch sprachliche Merkmale eine Formel erstellen, mit der ein Index für die Verständlichkeit eines Textes berechnet werden kann. Dimensionale und interaktionale Ansätze betrachten die Produktion von verständlichen Texten. Maßgebend ist die Herstellung von Verständlichkeitsdimensionen, die Textmerkmale subsummieren, die für einen verständlichen bzw. unverständlichen Text charakteristisch sind. Unter Betrachtung der unterschiedlichen Erkenntnisse der Messung und Vorhersage von Textverständlichkeit können sich unterschiedliche Effekte für fachliche bzw. mathematische Texte äußern. So kann beispielsweise die Redundanz in fachlichen Texte für eine Zunahme der Textverständlich führen.

Der Einsatz von sprachlichen Variationen zur Veränderung von mathematischen Testitems wurde zur Reduktion von sprachlichen Fehlern bei der Erhebung von mathematischen Leistungssituationen verwendet. Daneben dient die sprachliche Variation als Hilfe für Lernende mit geringen sprachlichen Fähigkeiten in mathematischen Leistungssituationen. Für die Mathematikdidaktik existiert ein sprachliches Variationsmodell, das die systematischen sprachlichen Veränderungen von Mathematikaufgaben ermöglicht. Das Modell basiert auf drei Dimensionen, in denen unterschiedliche Textmerkmale verändert werden können. Empirisch zeigt sich kein genereller Erfolg von sprachlichen Variationen, weder für eine unsystematische Betrachtung der differenziellen Wirkung von Mathematikitems noch für eine systematische Veränderung von Items durch unterschiedliche Variationsmodelle.

Aus den theoretischen und empirischen Erkenntnissen der Forschung zum Textverstehen und zur Veränderung von Mathematikaufgaben ergeben sich besonders in Hinblick auf weitere in Kapitel 3 und 4 beschriebene theoretische Begriffe offene Fragestellungen, die die Zielsetzung dieser Arbeit – die Entwicklung eines Instruments zur sprachlichen Variation von Textaufgaben – motivieren.

Ausblick: Im anschließenden empirischen Teil werden in Kapitel 6 die Zielsetzung und die Fragestellungen, die sich aus dem Erkenntnisinteresse ableiten, beschrieben.

Teil II
Empirischer Teil

Gesamtüberblick: Das sich aus dem theoretischen Teil ergebene Forschungsinteresse leitet zur Entwicklung eines Instruments zur sprachlichen Variation von Textaufgaben hin, das auf empirisch festgestellten Variationen basiert und spezifische Zielsetzungen verfolgt (Abschnitt 6.1). Unter der Maßgabe der Entwicklung des Instruments ergeben sich ein auf die Zielsetzung ausgerichtetes Studiendesign und eine Auswahl an Methoden, um das Instrument zu konzeptualisieren (Abschnitt 6.2). Unter Rückbeziehung des gewählten Verfahrens auf die in der Theorie gegebenen Ansätze, die die Basis für die empirische Studien bilden, ergeben sich Aspekte, die für die empirische Analyse von sprachlichen Variationen zu beachten sind (Abschnitt 6.3). Ansatzpunkt des Instruments sind ausgewählte Textmerkmale, die betrachtet und vor der Analyse in einen funktionalen Zusammenhang gebracht werden (Abschnitt 6.4). Die Ermittlung der Textmerkmale erfolgt aus mathematischen Textaufgaben, deren Stichprobenziehung aus Schulbüchern und einem mathematischen Test erfolgt (Abschnitt 6.5).

6.1 Instrument zur sprachlichen Variation von Textaufgaben

Aus der in Abschnitt 5.5 erörterten Motivation zur Herstellung eines Instruments, das verwendet werden kann, um sprachliche Textmerkmale in mathematischen Textaufgaben zu verändern, lassen sich grundlegende Elemente ableiten, die das Instrument erfüllen sollte.

Da Mathematikaufgaben (Textaufgaben) ein zentrales Schlüsselelement des Lehrens und Lernens im Mathematikunterricht sind, ist eine evaluierte Möglichkeit der didaktischen Anpassung von Textaufgaben bedeutend. Im Generellen soll

© Der/die Autor(en) 2021 129
D. Bednorz, *Sprachliche Variationen von mathematischen Textaufgaben*,
Bielefelder Schriften zur Didaktik der Mathematik 5,
https://doi.org/10.1007/978-3-658-33003-3_6

das Instrument dafür verwendet werden, eine Anpassungsstrategie zu bieten, um sowohl in der Forschung als auch in der Praxis den Lernvoraussetzungen und -hindernissen, die im Mathematikunterricht vorkommen, zu begegnen. Ziel ist die vereinfachte Rezeption durch verbesserte Kenntnisse bezüglich der sprachlichen Voraussetzungen und Hindernisse einer Textaufgabe durch ausgewählte sprachliche Varianten von Textaufgaben.

Ein möglicher Ansatzpunkt zur Konzeptualisierung des Modells sind die dimensionalen und interaktionalen Modelle aus der Verständlichkeitsforschung und das in Abschnitt 5.4.2 dargestellte heuristische Modell zur Veränderung der sprachlichen Komplexität bei Mathematikaufgaben. Die Gemeinsamkeit der Verständlichkeitsmodelle und des heuristischen Veränderungsmodells ist, dass die Modelle die Textmerkmale in Gruppen bzw. Dimensionen zusammenfassen und gemeinsam betrachten (Heine et al., 2018; Langer et al., 1974; Groeben, 1982). Die gemeinsame Betrachtung von Textmerkmalen findet in der Betrachtung häufig statt und ist methodisch mit der von Biber (2006) betrachteten Variationsdimensionen in Verbindung zu bringen (vgl. Abschnitt 4.3). Der Unterschied zwischen den Ansätzen liegt insbesondere in der Wahl der Methode, um die Verständlichkeits- bzw. Variationsdimensionen zu bilden. Während Groeben (1982) und Heine et al. (2018) ein empirisch-deduktives Vorgehen wählen, nutzen Langer et al. (1974) und Biber (2006) ein empirisch-induktives Verfahren mit einer Faktorenanalyse, um Verständlichkeits- bzw. Variationsdimensionen zu bilden.[1] Das empirisch-deduktive Verfahren bietet durch die Festlegung und die Evaluation von relevanten Dimensionen ein elaboriertes Verfahren, um bei der Konstruktion von Mathematikaufgaben beispielsweise für Testsituationen eine Möglichkeit zu besitzen, Anpassungen von Text für den Rezipienten vorzunehmen. Das empirisch-induktive Verfahren bietet den Vorteil, dass die bereits durch Didaktiker oder Schulbuchautoren formulierten Mathematikaufgaben dahingehend analysiert werden können, welche Textmerkmale häufig gemeinsam vorkommen; damit kann die systematische Beziehung der Textmerkmale auf die Faktoren abgebildet werden. Durch die empirische Erhebung der Häufigkeiten und Beziehungen von Textmerkmalen in Textaufgaben, die in der Praxis verwendet werden, wird transparent, welche (natürlichen) sprachlichen Variationen auftreten. Aufgrund der zusätzlichen Möglichkeiten eines empirisch-induktiven Verfahrens erscheint es sinnvoll, ein solches Verfahren auch für Textaufgaben im Mathematikunterricht zu verwenden. Das heißt, dass im sprachlichen Variationsinstrument,

---

[1]Neben der Betrachtung der explorativen Faktorenanalyse von Biber (2006) als Mittel zur Registeranalyse betrachtet Pause (1984) die Faktorenanalyse und die Faktorenbewertung als mögliche Informationsquellen für die Analyse des Textverstehens.

die Variationen von Textmerkmalen, in bereits vorhandenen Textaufgaben in Schulbüchern und Testen als Grundlage betrachtet werden.

Zur Entwicklung des sprachlichen Variationsinstruments unter der erörterten Perspektive ist es notwendig, den Variationsbegriff und den Verständlichkeitsbegriff in die Konstruktion miteinzubeziehen. Dies bedeutet erstens, dass sprachliche Variationen, wie in Abschnitt 4.2 geschildert, als häufiges Auftreten von gewissen Textmerkmalen in einem systematischen Zusammenhang betrachtet werden, und zweitens, dass Textmerkmale ausgewählt werden, die für die in der Mathematik in Abschnitt 4.2 beschriebenen Register typisch oder unter der Perspektive der Textverständlichkeit als relevant zu erachten sind. Drittens bedeutet es, dass die spezifischen sprachlichen Funktionen der Textmerkmale, die diese erfüllen, wie in Abschnitt 4.3 genannt, als Grundlage zur Analyse genutzt werden. Viertens die empirische Erhebung von systematischen Variationen durch die Bildung von Faktoren in der Faktorenanalyse (vgl. Abschnitt 4.5.3 und Abschnitt 5.3.2). Fünftens ist es zentral, durch das Instrument Aussagen darüber treffen zu können, welche Effekte die sprachlichen Variationen von Textmerkmalen auf die Schwierigkeit einer Textaufgabe aufweisen. Damit wird ermöglicht, dass je nach Anpassungsstrategie die sprachlichen Variationen die Schwierigkeit einer Textaufgabe tatsächlich verändern. Sechstens ist es notwendig, den Registerbegriff nicht nur unter der Perspektive der Textmerkmale zu betrachten, sondern auch in Bezug auf kontextbezogene Veränderungen. Das Instrument muss neben der Ebene der sprachlichen Variation ebenfalls die kontextbezogene Variation mitbetrachten und in Beziehung mit Ersterer bringen. Die kontextbezogenen Variationen beziehen sich damit auf den Aufgabentyp der mathematischen Textaufgabe. Dadurch ergibt sich ein robustes Instrument, wodurch Aussagen über die Wahl des Aufgabentyps für die Praxis und für die Testung ermöglicht werden.

Aus den Ausführungen ergeben sich fünf Ziele zur Entwicklung eines empirisch-induktives Instruments zur sprachlichen Variation von Textmerkmalen von mathematischen Textaufgaben:

1. Auswahl geeigneter Textmerkmale
2. Bestimmung der sprachlichen Funktion der Textmerkmale
3. Empirische Feststellung von (sprachlichen) Faktoren (Dimensionen)[2]

---

[2]Zur Vereinfachung der Terminologie wird im empirischen Teil darauf verzichtet, die systematische Gruppierung der Textmerkmale als Dimensionen zu bezeichnen; da die Faktorenanalyse als Verfahren verwendet wird, wird im empirischen Teil ausschließlich die Bezeichnung *Faktor/Faktoren* verwendet. Im Allgemeinen können die Begriffe *Dimensionen* und *Faktoren* in den in der Arbeit gemachten Fokus jedoch als Synonym betrachtet werden.

4. Ermittlung des Effekts auf die Schwierigkeit von mathematischen Testaufgaben

5. Herleitung von kontextbezogenen Spezifika je sprachlichem Faktor

6.2   Studiendesign und Methode

Zur Erreichung der in Abschnitt 6.1 geschilderten Ziele ist ein auf sie ausgerichtetes Studiendesign und die passende Wahl der Methoden elementar. Zur quantitativen Beschreibung von Textmerkmalen und für die darauf aufbauende Untersuchung mittels quantitativer Methoden wird ein korpusbasierter Ansatz gewählt (vgl. Abschnitt 4.4). Durch den Korpusansatz werden die in Abschnitt 6.4 ausgewählten Textmerkmale durch eine computerbasierte Ermittlung operationalisierbar.

Um das sprachliche Instrument zur Veränderung zu konzeptualisieren, wird ein Studiendesign gewählt, das auf drei unterschiedlichen Phasen basiert. Der erste Teil der Studie ist sequenziell, während der zweite Teil der Studie als Parallelstudie geplant ist (Kuckartz, 2014). Das Studiendesign entspricht einem Mixed-Methods-Ansatz (Buchholtz, 2019; Kuckartz, 2014). In Abbildung 6.1 ist das gewählte Studiendesign schematisch dargestellt.

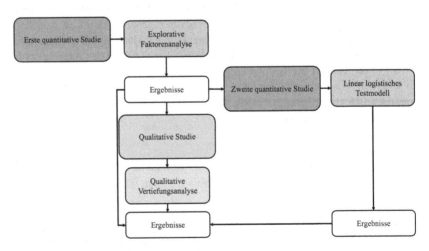

Abbildung 6.1   Drei-Phasen-Design. (Eigene Erstellung)

Die erste quantitative Studie forciert die Erhebung der ausgewählten Textmerkmale aus einer in Abschnitt 6.5 erläuterten Stichprobenziehung von mathematischen Textaufgaben und die Operationalisierung durch den angesprochenen korpusbasierten Ansatz. Hauptanalyseteil ist die anschließende explorative Faktorenanalyse, um die systematischen Textvariationen in den ausgewählten mathematischen Textaufgaben zu bestimmen. Die erste quantitative Studie verfolgt damit die in Abschnitt 6.1 definierten ersten drei Zielsetzungen. Der anschließende Teil der Parallelstudie besteht zum einen aus einer zweiten quantitativen Studie und zum anderen aus einer qualitativen Studie. Der zweite quantitative Teil verwendet die Ergebnisse der Faktorenanalyse, um die vierte Zielsetzung in Abschnitt 6.1 zu beantworten. Durch die Faktorenanalyse kann für jede Textaufgabe im Datensatz ein Faktorenwert ermittelt werden. Der Faktorenwert repräsentiert, wie gering oder hoch die Beziehung zwischen Textaufgabe und Faktor ist. Dieser Faktorwert kann als Aufgabenmerkmal genutzt werden, um den Effekt auf die Schwierigkeit einer mathematischen Textaufgabe zu berechnen. Der Effekt auf die Aufgabenschwierigkeit wird durch die Faktorenwerte (eines Teils) der Textaufgaben (vgl. Abschnitt 6.5) in einem linear-logistischen Testmodell berechnet. Sowohl Cluster- als auch Regressionsanalysen dienen zur Spezifizierung des Effekts. Der dritte Teil der Gesamtstudie bezieht sich auf die fünfte Zielsetzung in Abschnitt 6.1. Grundlage sind wiederum die Faktorenwerte der Textaufgaben. Aus dem Gesamtdatensatz werden diejenigen Textaufgaben betrachtet, die besonders hohe Faktorenwerte für einzelne Faktoren zeigen, also repräsentativ für diesen Faktor und weniger repräsentativ für die restlichen Faktoren sind. Durch die Auswahl repräsentativer Textaufgaben können kontextuelle Spezifika dieser Textaufgaben herauskristallisiert werden. Dies geschieht durch eine qualitative Vertiefungsanalyse, einem deduktiven und induktiven Vorgehen zur Bildung eines Kategoriensystem, das genutzt werden kann, um die repräsentativen Textaufgaben je Faktor zu analysieren und Aufgabentypen herauszubilden.

6.3 Hinweise zur empirischen Analyse

Aufgrund der Anlehnung der Interpretation der Faktoren an Biber (2006) und seiner Konzeption von sprachlichen Variationsdimensionen wird nachfolgend auf die genannten Maßgaben der Voraussetzungen für Studien, die sprachliche Dimensionen analysieren, eingegangen.

Um eine ausreichende Analyse der Variationen in einer Domäne zu untersuchen, benötigt es eine angemessene und repräsentative Stichprobe, sowohl der untersuchten Textmerkmale als Variablen als auch der verwendeten Textstichprobe, die als Korpus dient.

Nach Biber (2006) sind drei Kriterien zur Abbildung eines umfassenden analytischen Rahmens besonders relevant:

1. Die Analyse soll alle bedeutenden linguistischen Merkmale eines Registers beinhalten, einschließlich der möglichen Zusammenhangsbeziehungen zwischen den Merkmalen.
2. Es soll ein vollständiges Abbild der situationsbedingten Charakterisierung einzelner Register sowie die Spezifikation der Ähnlichkeiten und Unterschiede zwischen den sprachlichen Variationen möglich sein.
3. Die Analyse sollte einen formalen Rahmen darbieten, um die Beziehungen festzustellen, die durch die Verwendung von multivariaten (multidimensionalen) Ansätzen durch die Methode selbst geleistet werden.

Bezüglich der ersten und zweiten Voraussetzung ist darauf zu achten, dass für die Analyse eine systematische Stichprobenziehung (vgl. Abschnitt 6.5) von Texten erfolgt und dass die verwendeten Textmerkmale die Varianz an vorhandenen Textmerkmalen und möglichen Zusammenhangsbeziehungen ausreichend abdecken. Biber und Egbert (2018) unterscheiden für die Verwendung des multivariaten Verfahrens ebenfalls drei Stufen:

1. Die Bestimmung der Ausprägung der Textmerkmale je Aufgabe.
2. Die Verwendung der Faktorenanalyse, um die Faktoren festzustellen.
3. Die funktionale Interpretation der Faktoren.

Die Faktoren der Faktorenanalyse können sowohl auf Ebene der Vertextung als auch auf funktionaler Basis beschrieben werden. Die sprachliche Ebene ist durch die Gruppe von Textmerkmalen bestimmt, die auf einem Faktor besonders repräsentiert wird (vgl. Abschnitt 7.2.4). Nach Biber und Egbert (2018) kann auf funktionaler Basis der Faktor durch die funktionalen Merkmale interpretiert werden, die die Textmerkmale am häufigsten teilen. Für die funktionale Interpretation wird angenommen, dass die systematischen Variationen die zugrundeliegenden Kommunikationsfunktionen widerspiegeln. Auf Basis der Identifikation der Faktoren werden über die Interpretation der spezifischen Textmerkmalsvariation je Faktor Bezeichnungen gewählt, die der Kommunikationsfunktion entsprechen. Die Herstellung und Interpretation der Variationen der Faktoren bietet die Möglichkeit, zu bestimmen, welche besonderen sprachlichen Voraussetzungen für die kommunikativen Funktionen erfüllt werden müssen. Für die Interpretation der

Faktoren ist der Einbezug der Ähnlichkeiten und Unterschiede zwischen den Faktoren zentral. Für den Vergleich der Dimensionsinterpretation schlagen Biber und Egbert (2018) die Bildung von Faktorenbewertungen anhand der Faktorenwerte vor. In Anlehnung daran wird in Abschnitt 7.2.5 eine Bewertung gebildet und für die Analyse verwendet.

Eine besondere Schwierigkeit bei der Analyse von Textmerkmalen und der Nutzung des Registerbegriffs ist die explizite Zuordnung zwischen Merkmalsträgern und Ausprägungen als Register. Diese diskrete Zuordnung bzw. Trennung ist für die Analyse schwierig, da die unterschiedlichen Register gleiche Textmerkmale verwenden, jedoch gegebenenfalls unterschiedlich frequentiert oder in einer anderen Bedeutung. Aus diesem Grund verwendet diese Arbeit dieselbe Annahme wie Biber (2006), der die sprachlichen Variationen und die Registerunterschiede als einen kontinuierlichen Variationsraum definiert, für den kein Versuch unternommen wird, eine diskrete Ebene von Registern zu bestimmen. Register werden entsprechend als kontinuierliches und nichtdiskretes Konstrukt betrachtet.

6.4 Auswahl der Textmerkmale für die Analyse und funktionale Gruppierung

Die Analyse von Textmerkmalen durch ein korpusbasiertes Vorgehen ist aufwendig. Aufgrund von begrenzten Ressourcen muss eine Abwägung getroffen werden, welche Textmerkmale für die Analyse betrachtet werden. Insgesamt wurden 17 Textmerkmale ausgewählt, die unter der Maßgabe der Erläuterungen in Kapitel 4 und 5 als relevante Textmerkmale für mathematische Textaufgaben betrachtet werden können und unterschiedliche funktionale Aspekte im Text erfüllen. Die ausgewählten Textmerkmale werden nachfolgend beschrieben, während die Erklärung der Kodierung der Textmerkmale in den Abschnitten 7.1.2 und 7.1.3 erfolgt.

- Mathematische Begriffe: Mathematische Begriffe sind die Grundlage der Kommunikation von mathematischen Objekten und Operationen und haben eine hohe Bedeutung für den Aspekt Sprache als Lerngegenstand im Mathematikunterricht.

- Diskontinuierlicher Text: Mathematische Textaufgaben können durch Abbildungen, Tabellen oder Illustrationen unterbrochen werden. Sie können als Hilfe dienen, aber auch als Lerngegenstand und aufgrund der typischen Text-Bild-Referenzen in der mathematischen Kommunikation sind sie ein bedeutender Bestandteil von Textaufgaben.

- Symbole: Mathematische Kommunikation verfolgt eine präzise Darstellung von mathematischen Objekten und Operationen. Symbole ermöglichen eine Verdichtung der Kommunikation durch Formalisierung und die Reduktion von Redundanz. Symbole sind typische Merkmale von mathematikhaltigen Texten.

- Zahlen: Zahlen als mathematische Objekte sind grundlegend für viele mathematische Textaufgaben zur Berechnung von ausgewählten Sachverhalten. Durch Zahlen werden explizit Anzahl und Größen repräsentiert.

- Nominalisierung: Die Objektivierung von Verben in Substantiven ist typisch für bildungssprachliche und fachsprachliche Kommunikation. Durch die Verwendung von Nominalisierungen wird die Kommunikation verdichtet, da nicht Handlungen, sondern Objekte beschrieben werden.

- Durchschnittliche Silbenanzahl im Text: Fachsprachliche Texte haben häufig einen hohen Anteil an komplexen Wörtern. Komplexe Wörter zeichnen sich unter anderem durch eine hohe Anzahl an Silben aus, die Informationen und Aussagen verdichten. Die durchschnittliche Silbenanzahl im Text kann als Indikator für die Komplexität (durch die Anzahl der Silben) der Wörter in einem Text betrachtet werden.

- Gebräuchlichkeit des Wortschatzes im Text: Fachsprachliche Texte zeichnen sich, wie beim Textmerkmal *durchschnittliche Silbenanzahl* beschrieben, durch einen hohen Anteil an komplexen Wörtern aus. Ein zweiter Indikator, der Aufschluss über die Komplexität der Wörter geben kann, ist die Frequenz der Wörter im Wortschatz. Häufige Wörter sind leichter, seltene Wörter kompliziert. Durch den Indikator *Gebräuchlichkeit des Wortschatzes* wird die Häufigkeit der Einzelwörter in einem Referenzkorpus ermittelt und für den Text berechnet. Ist die Gebräuchlichkeit hoch, ist davon auszugehen, dass Inhalte, Gegenstände und Informationen explizit (deutlich bzw. klar) dargestellt werden sollen.

- Passiv: Die Formulierung im Passiv ist ein typisches stilistisches Textmittel der bildungs- und fachsprachlichen Verwendung. Die Verwendung des Passivs dient insbesondere der Verallgemeinerung von Sätzen.

- Unpersönliche Sprache: Die Vermeidung von Eigennamen und Personalpronomen kann zur Verwendung von unpersönlichen sprachlichen Mitteln führen, beispielsweise von Man- und Es-Konstruktionen. Solche Konstruktionen dienen ebenfalls der Verallgemeinerung von Sätzen.

- Füllwörter: Füllwörter sind typisch für die mündliche Kommunikation, wird jedoch auch für schriftliche Kommunikation verwendet, um zusätzliche Redundanz zu schaffen. Daneben erscheinen Texte mit Füllworten weniger verallgemeinernd, z. B.: „muss es <u>auch</u> …"

- Modalverben: Modalverben dienen dazu, Handlungen als Möglichkeiten oder Notwendigkeiten zu formulieren. Durch die Verwendung ergeben sich Charakteristika von Diskussionsstrukturen in einem Text: „Muss es so sein?", „Wollen etwas kaufen!"

- Verben im Perfekt: Die Verwendung von Verben im Perfekt ist für mathematische Textaufgaben häufig, da Situationen dargestellt werden, die zwar abgeschlossen sind, deren Wirkung sich jedoch noch auf die Gegenwart ausprägt und die Behandlung der Aufgabe durch den Lernenden motiviert.

- Lexikalische Vielfalt: Die Verwendung von unterschiedlichen Wörtern in einem Text ist typisch für bildungssprachliche und fachsprachliche Texte. Das liegt an der Verwendung von vielen Termini in bildungssprachlichen und fachsprachlichen Texten und an der Stilistik, direkte Wortwiederholung zu vermeiden.

- Propositionaler Gehalt: Bildungs- und fachsprachliche Texte zeichnen sich durch eine hohe Informationsdichte aus. Propositionen bilden die Informationsdichte ab. Der Indikator propositionaler Gehalt betrachtet die Anzahl der Propositionen im Verhältnis zu den vorhandenen Sätzen im Text und gibt im Mittel an, wie viele Propositionen in einem Satz verwendet werden.

- Direkte Anaphorik: Direkte Bezüge zu bereits verwendeten Begriffen erzeugen eine hohe Kohärenz in einem Text, indem die Referenzen im Text klar sind. In mathematischen Textaufgaben kann die Anzahl der Verwendungen von direkter Anaphorik als Maß dafür angesehen werden, wie deutlich Referenzen im Text gekennzeichnet werden.

- Konjunktionen: Die Verknüpfung von Textteilen kann durch Konjunktionen geschehen. Konjunktionen sind ein bedeutender Bestandteil, um logische Verknüpfungen herzustellen.

- Präpositionen: Präpositionen sind ein bedeutendes sprachliches Mittel für mathematische Texte. Sie ermöglichen die Kommunikation von Raum (Lokalität) und Zeit (Temporalität), die für die Vermittlung von Real- und Formalbezügen in Textaufgaben zentral sind.

Als Hilfestellung zur Interpretation dient die aus der Literatur und in Kapitel 4 dargestellte Verbindung zwischen Textmerkmalen (Brinker, 2010; Feilke, 2012b; Gogolin, Neumann und Roth, 2007; Halliday, 2014a). Die Einteilungen der Tabellen 6.1 bis 6.3 sind an die Zuordnung von Feilke (2012b) angelehnt. Die nach Feilke (2012b) gemachte Zuordnung wurde durch den in Tabelle 6.3 abgebildeten Textaspekt ergänzt. Die Ergänzung orientiert sich dabei insbesondere an der in Abschnitt 2.3.3 diskutierten funktionalen Unterscheidung von Sprache durch Halliday (2014a). In Anbetracht der von Feilke (2012b) verwendeten Begriffe *Inhaltsaspekt* und *Beziehungsaspekt* kann eine inhaltliche Nähe mit der von Halliday (2014a) betrachteten ideellen und interpersonalen Metafunktion hergestellt werden, die grundlegend dieselben zwei funktionalen Beschreibungen von Sprache definiert. In Hinblick auf Hallidays (2014a) textuelle Metafunktion wird diese Kategorie für die Zuordnungen ergänzt und in Anlehnung an die Begrifflichkeiten nach Feilke (2012b) als Textaspekt bezeichnet.

In Tabelle 6.1 sind die gemachten Zuordnungen zum Inhaltsaspekt zu erkennen. Der Inhaltsaspekt, der die Aussageinformation forciert, ist durch zwei verschiedene Sprecherstrategien gekennzeichnet. Die erste Sprecherstrategie ist das Explizieren und damit das Verdeutlichen eines Gegenstands oder Begriffs. Da es sich bei den Gegenständen und Objekten im Mathematikunterricht um mathematische Objekte handelt, wurden die Textmerkmale *mathematische Begriffe* und *Zahlen* dieser Kategorie zugeordnet.

Tabelle 6.1 Funktionale Zuordnung der sprachlichen Merkmale zur Interpretation inhaltlich-funktionaler Aspekte

Sprachliche Funktion	Sprecher-Strategie	Textmerkmale
Inhaltsaspekt	Explizieren	Mathematische Begriffe
		Zahlen
		Gebräuchlichkeit des Wortschatzes
	Verdichten	Propositionaler Gehalt

(Fortsetzung)

Tabelle 6.1 (Fortsetzung)

Sprachliche Funktion	Sprecher-Strategie	Textmerkmale
		Ø Silbenanzahl
		Symbole
		Nominalisierung

Des Weiteren wurde das Textmerkmal *Gebräuchlichkeit des Wortschatzes* der Strategie des Explizierens zugeordnet. Eine hohe Gebräuchlichkeit des Wortschatzes weist auf eine nichtfachspezifische Explikation von Informationen, Handlungen und Gegenständen hin. Die zweite Sprecherstrategie ist das Verdichten, das komprimierende Strategien zusammenfasst. Entsprechend wurden die Variablen *propositionaler Gehalt, durchschnittliche Silbenanzahl, Symbole* und *Nominalisierung* diesen Aspekt zugeordnet. Die unterschiedlichen Variablen haben eine verdichtende Wirkung, entweder durch Steigerung der Aussagedichte des Textes (propositionaler Gehalt) oder durch Verdichtung auf der Ebene von Wörtern (durchschnittliche Silbenanzahl, Symbole und Nominalisierung).

Tabelle 6.2 Funktionale Zuordnung der sprachlichen Merkmale zur Interpretation interpersonaler Aspekte

Sprachliche Funktion	Sprecher-Strategie	Textmerkmale
Beziehungsaspekt	Verallgemeinern	Passiv
		Unpersönliche Sprache
	Diskutieren	Füllwörter
		Modalverben
		Perfekt

In Tabelle 6.2 sind die Einteilungen bezüglich des Beziehungsaspekts dargestellt, die die Sprecherabsicht fokussieren. Für diese sprachliche Funktion wurden die Strategien *Verallgemeinern* und *Diskutieren* zugeordnet. Das Verallgemeinern, also Gegenstände und Sachverhalte durch sprachliche Mittel zu abstrahieren, wird durch die sprachliche Variable *Passiv* abgebildet, da Texte tendenziell durch das Passiv abstrahiert werden, beispielsweise indem das Subjekt in Passivsatzstrukturen weggelassen wird. Außerdem wird das Textmerkmal *unpersönliche Sprache* dem Verallgemeinern zugeordnet. Das Diskutieren, also die sprachliche Äußerung als offene Aussage zu betrachten, wird mit den Textmerkmalen *Füllwörter* aufgrund von Relativierungen (auch, manchmal) und *Modalverben* (können, wollen) in Beziehung gesetzt. Außerdem ist das Textmerkmal *Perfekt* tendenziell dem Diskutieren zugeordnet, da im Perfekt ein Verb verwendet wird, um Handlungen auszudrücken, die vollendet sind, die sich jedoch noch auf die Gegenwart beziehen. Damit können Handlungen vermittelt werden, die begangen worden sind und über deren Urteil noch zu entscheiden bzw. zu diskutieren sind.

Tabelle 6.3 Funktionale Zuordnung der sprachlichen Merkmale zur Interpretation textueller Aspekte

Sprachliche Funktion	Sprecher-Strategie	Textmerkmale
Textaspekt	Relator	Konjunktionen
		Präpositionen
	Referenz	Diskontinuierlicher Text
		Direkte Anaphorik
		Lexikalische Vielfalt

In Tabelle 6.3 sind die letzten Einteilungen zu erkennen. Die sprachliche Funktion des Textaspekts beschreibt insbesondere die Bildung von Kohäsion in einem Text. Zum einen wird der Textaspekt bezogen auf die Sprecherstrategie durch Relatoren ermöglicht. Die zentralen Textmerkmale für Relatoren sind Konjunktionen, die als Bindewörter und Präpositionen als Verhältniswörter die Kohäsion in einem Text ermöglichen. Zum anderen sind Referenzen innerhalb des Textes für den Textaspekt bedeutend. Zu Referenzen werden drei Textmerkmale gezählt: zum einen diskontinuierlicher Text, der die Referenz zwischen Bild und Text umfasst, und zum anderen direkte Anaphorik, die die Referenz zwischen Sätzen ermöglicht. Drittens wird das Textmerkmal *lexikalische Vielfalt* den Referenzen zugeordnet, da die Höhe der lexikalischen Vielfalt Aussagen über die mögliche Anzahl an direkten Kohäsionsstrukturen ermöglicht. So ist beispielsweise die lexikalische Vielfalt geringer, wenn in einem Text der Name *Kevin* in jedem Satz wiederaufgenommen und nicht gegen ein Personalpronomen ausgetauscht wird, beispielsweise *er*.

6.5   Stichprobe

Für die Auswahl der Textstichprobe, die als Korpus für die Analyse dient, wurde eine systematische Stichprobenziehung durchgeführt. Dafür wurden aus einer Auswahl von 30 Schulbüchern aus Nordrhein-Westfalen (NRW) zufällig neun

Schulbücher gezogen. Aus den Schulbüchern wurden wiederum zwischen 30–40 Textaufgaben, je nach Passung der vorhandenen Textaufgaben, gezogen. Für die Anzahl der gewählten Textaufgaben wurde insbesondere die Stichprobengröße, die für die Verwendung in einer Faktorenanalyse zu beachten ist, berücksichtigt (Bortz und Schuster, 2010). Es ergaben sich insgesamt $N = 295$ Textaufgaben aus den Schulbüchern. Für die Erfüllung der in Abschnitt 6.1 formulierten vierten Zielsetzung wurden zusätzlich 47 Textaufgaben im offenen Aufgabenformat aus der PALMA-Studie ausgewählt (vgl. Kapitel 8; Pekrun et al., 2006; vom Hofe et al., 2002). Damit ergab sich für den Korpus, der für die Analyse genutzt wurde, eine Aufgabenanzahl von $N = 342$ Textaufgaben. Dabei konnten 58.57 % dem Inhaltsbereich Algebra, 25.58 % den Inhaltsbereich Geometrie und 15.85 % dem Inhaltsbereich Stochastik zugeordnet werden.

6.6 Zusammenfassung

Aus dem Forschungsinteresse ergibt sich die Formulierung spezifischer Kriterien für die Entwicklung des Instruments zur sprachlichen Variation von Textaufgaben. Das führt zur Zielsetzung von fünf Aspekten, die das Instrument erfüllen soll. Aus den Zielsetzungen für die Konzeptualisierung des Instruments ergibt sich ein Studiendesign, das auf drei Phasen basiert, zwei quantitativen und einer qualitativen Studie, die unterschiedliche Methoden verwenden, um die Zielsetzungen zu erfüllen. Für das empirische Vorgehen werden aufgrund der Anlehnung an bereits etablierte Analysen Voraussetzungen und Annahmen getroffen, die die Vorgehensweise prägen. Für die Analyse wurden 17 Textmerkmale ausgewählt, die als besonders relevant für die Untersuchung von mathematischen Textaufgaben betrachtet und in einen funktionalen Zusammenhang gebracht werden können. Die für den Korpus verwendeten Textaufgaben wurden systematisch aus neun Schulbüchern und ergänzend aus bereits durchgeführten mathematischen Tests gezogen.

Ausblick: Nach der Beschreibung der Anlage der Arbeit wird anschließend die erste quantitative Studie beschrieben. Hierbei wird aufgrund der unterschiedlichen Auswertungsmethoden der Einzelstudien auf die Auswertungsgrundlage der Faktorenanalyse eingegangen und anschließend das Ergebnis der Faktorenanalyse präsentiert.

Erste quantitative Studie 7

Gesamtüberblick: Die erste quantitative Studie verfolgt die in Abschnitt 6.1 genannte dritte Zielsetzung, die Bildung von Faktoren, die die systematischen Variationen der Textmerkmale abbilden. Für das Vorgehen wird zur Analyse der Textmerkmale ein auf die erste quantitative Studie ausgerichtetes Auswertungsverfahren verwendet (Abschnitt 7.1). Für die Auswertung wird, wie in Abschnitt 4.4 geschildert, ein korpusbasierter Ansatz genutzt und für die empirische Analyse spezifiziert (Abschnitt 7.1.1). Die Operationalisierung der in Abschnitt 6.4 genannten Textmerkmale erfolgt entweder durch ein manuelles Verfahren (Abschnitt 7.1.2) oder durch ein automatisches Verfahren (Abschnitt 7.1.3). Die Analyse der erhobenen Daten findet durch eine explorative Faktorenanalyse statt, durch die die korrelativen Beziehungen der Textmerkmale als Grundlage verwendet werden, latente (sprachliche) Faktoren zu bilden (Abschnitt 7.2). Die Faktorenanalyse als empirischer Zugang zur Analyse der systematischen Beziehungen von Textmerkmalen besitzt aufgrund der methodischen Grundlage Verknüpfungsmöglichkeiten zwischen Empirie und Theorie der Variations- und Verständlichkeitskonzepte (Abschnitt 7.2.1). Vor der Extraktion von Faktoren müssen Testkriterien erfüllt werden, die die Güte der vorhandenen Daten und Korrelationstabellen schätzen (Abschnitt 7.2.2). In der Faktorenanalyse können unterschiedlich viele Faktoren extrahiert werden. Für die Anzahl der extrahierten Faktoren ist zu berücksichtigen, dass entweder zu viele Faktoren (hohe Redundanz) oder zu wenige Faktoren (Informationsverlust) extrahiert werden; dahingehend bestehen Möglichkeiten, einzuschätzen, wie viele Faktoren gewählt werden sollten (Abschnitt 7.2.3). Die Ergebnisse der Faktorenanalyse zeigen die Korrelation der Textmerkmale auf den Faktoren an; durch Rotationsverfahren können die Textmerkmalsmuster eindeutiger für die einzelnen Faktoren bestimmt

D. Bednorz, *Sprachliche Variationen von mathematischen Textaufgaben*, Bielefelder Schriften zur Didaktik der Mathematik 5, https://doi.org/10.1007/978-3-658-33003-3_7

werden (Abschnitt 7.2.4). Die Variationen der Textmerkmale auf den extrahierten Faktoren lassen sich aufgrund der in Abschnitt 6.4 gemachten funktionalen
Zuordnung interpretieren; so lässt sich ableiten, welche sprachlichen Funktionen am deutlichsten ausgeprägt sind und inwieweit das empirisch festgestellte
gemeinsame Vorkommen in Hinblick auf bereits bekannte Vertextungsmuster
übereinstimmt. Aus der Interpretation des gemeinsamen Vorkommens der Textmerkmale werden Bezeichnungen für die Faktoren abgeleitet, die die Faktoren am
treffendsten definieren (Abschnitt 7.2.4).

7.1   Auswertungsverfahren

Die Basis der ersten quantitative Studie ist die Auswertung durch eine Korpusanalyse. Die Korpusanalyse dient als Verfahren, um Sprache durch computerbasierte
Verfahren zu untersuchen.
Überblick (Abschnitt 7.1): Für die Korpusanalyse ergeben sich bei der in dieser
Arbeit verwendeten Analyse Spezifika, die über die in Abschnitt 4.4 genannten allgemeinen Beschreibungen einer Korpusanalyse hinausgehen; dies betrifft
die Durchführung der Korpusanalyse und die verwendete Software zur Datenverarbeitung (Abschnitt 7.1.1). Die Operationalisierung der Daten verläuft sowohl
manuell für Textmerkmale, bei denen eine automatische Annotation nicht durch
die Analysesoftware möglich ist (Abschnitt 7.1.2), als auch automatisch für die
Textmerkmale, die sich durch die Analysesoftware automatisch erheben lassen
(Abschnitt 7.1.3).

7.1.1   Korpusbasierte Datenverarbeitung

Zur Quantifizierung der in Abschnitt 6.4 genannten Textmerkmale wird eine
korpusbasierte Datenverarbeitung genutzt. Aufgrund der hohen Anzahl an zu
analysierenden Fällen, die in einem Korpus enthalten sind, erleichtert eine
(teil-)automatisierte Analyse mithilfe von computerbasierten Verfahren die Analyse deutlich (Biber, 2006).
     Ein besonderer Vorteil der korpusbasierten Analysen ist der einfache Trans-
fer für weitere methodische Analysen. Es können dabei sowohl qualitative als
auch quantitative Methoden verwendet werden. Für qualitative Methoden werden Daten als Basis zur Identifizierung und Beschreibung von Sprache genutzt
(Balossi, 2014; Biber et al., 1998, 2002, 2016). Für die quantitativen Methoden
ergibt sich die Möglichkeit der Klassifikation über das automatische Tagging, die

Häufigkeitsbeschreibung von Wörtern, aber ebenfalls die Möglichkeit, statistische Modelle zu nutzen. Bezüglich quantitativer Methoden plädiert Biber (2006) für die Verwendung von multivariaten Verfahren für die Analyse von Korpora (vgl. Abschnitt 4.5.3).

Zur automatischen Textverarbeitung für die ausgewählten Daten wird das R-Paket koRpus verwendet (Michalke, 2018). Das Paket ermöglicht die Verwendung von unterschiedlichen Analyseverfahren. Es ist möglich, die Häufigkeit zu bestimmen, beispielsweise die Anzahl der Wörter, Sätze und Silben. Des Weiteren kann POS-Tagging genutzt werden, dessen Genauigkeit in der Bestimmung zwischen 96 und 97.5 % liegt (Schmid, 1995). Außerdem ist die Bestimmung unterschiedlicher Lesbarkeitsindices und der lexikalischen Vielfalt sowie die Ermittlung der Wortfrequenz der Wörter im Korpus im Vergleich zu einem Referenzkorpus, beispielsweise die Leipzig Corpora Collection, durch das Paket möglich.

7.1.2 Operationalisierung durch manuelle Annotation

Von den in Abschnitt 6.4 genannten Textmerkmalen wurden acht durch eine manuelle Annotation bestimmt.

Für das Textmerkmal *mathematische Begriffe* wurden für alle Begriffe die Häufigkeit bestimmt, die generell dem Gegenstandsbereich Mathematik zugeordnet werden. Dies umfasst ebenfalls Begriffe, die auch in der Alltagssprache verwendet werden, wie *Kante*, *Ecke* oder Metaphern wie *Wurzel*. Es wurden die Häufigkeiten von sowohl Adjektiven (parallel, symmetrisch, rechtwinklig usw.), Verben (addieren, subtrahieren, konstruieren usw.) als auch Substantiven (Funktion, Winkel, Wahrscheinlichkeit usw.) in den Aufgaben bestimmt. Für die Variable *(mathematische) Symbole* wurden ebenfalls die Häufigkeiten des Auftretens in den Aufgaben für die Kodierung bestimmt. Es wurde die Anzahl der Variablen (x, n usw.), der Maßeinheiten (mm, m usw.) und der Sonderzeichen (π, α, γ usw.) bestimmt. Zur Bestimmung der Variable *diskontinuierlicher Text* wurde die Anzahl der Unterbrechung im Fließtext durch Tabellen, Abbildungen oder Darstellungen gezählt. Die Variable *unpersönliche Sprache* wurde bestimmt, indem die Häufigkeit von *Man*- und *Es*-Konstruktionen gezählt wurde. Zur Feststellung der Variable *Füllwörter* wurde eine Liste typischer Füllwörter hinzugezogen und ebenfalls die Anzahl bestimmt (z. B. fast, echt, halt usw.); anschließend wurde geprüft, inwieweit sich das Füllwort ohne Veränderung der Bedeutung des Textes weglassen lässt. Die Anzahl der Nominalisierung und direkten Anaphorik wurde für jeden Text manuell geprüft und die Häufigkeit bestimmt. Als Hilfestellung zur Feststellung der

Anzahl der Nominalisierungen wurden mithilfe der automatischen Annotation die Nomen identifiziert und geprüft, ob es sich um nominalisierte Verben handelt.

7.1.3 Operationalisierung durch automatische Annotation

Zur Verdeutlichung der Möglichkeit der automatischen Annotation ist in Tabelle 7.1 ein Beispiel für die Ausgabe des R-Pakets koRpus eines Satzes einer Mathematikaufgabe dargestellt. Die Ausgabe trennt zwischen Token, Tag, Lemma, Wortklasse und Beschreibung, die durch das POS-Tagging automatisch identifiziert werden. Im Feld *Token* sind die einzelnen Wörter des Satzes abgebildet. Im Feld *Tag* werden die Wörter durch eine spezifische Bezeichnung (STTS-Tags) aus dem TIGER-Annotationsschema gekennzeichnet. Im Feld Lemma wird die Grundform des Wortes abgebildet. In den anderen beiden Feldern werden die Bezeichnungen der Wortklasse (auf Englisch) und der Beschreibung (auf Deutsch) dargestellt. Durch die Ausgabe ergeben sich reichhaltige Informationen, die genutzt werden können, um die Textmerkmale automatisch zu bestimmen.

Tabelle 7.1 Beispiele für die Ausgabe eines Satzes einer Mathematikaufgabecharakterisiert durch POS-Tagging

Token	Tag	Lemma	Wortklasse	Beschreibung
Monika	NE	Monika	Name	Eigenname
benötigt	VVFIN	benötigen	Verb	Finites Verb, voll
zur	APPRART	zu	Preposition	Präposition mit Artikel
Finanzierung	NN	Finanzierung	Noun	Nomen
Ihres	PPOSAT	Ihr	Pronoun	Attribuierendes Possessivpronomen
Motorrades	NN	Motorrad	Noun	Nomen
2700	CARD	2700	Number	Kardinalzahl
Euro	NN	<unknown>	Noun	Nomen
.	$.	.	Fullstop	Satzbeendende Interpunktion

Das POS-Tagging wird verwendet, um die Variablen *Konjunktionen, Präpositionen, Zahlen, Modalverben, Perfekt, Gebräuchlichkeit des Wortschatzes* und *propositionaler Gehalt* zu ermitteln. Die Häufigkeiten der Variablen *Konjunktionen, Präpositionen* und *Zahlen* wurden automatisch durch das Programm bestimmt. Für die Variablen *Präpositionen* und *Zahlen* kann im Beispiel in Tabelle 7.1 exemplarisch dargestellt werden, wie die automatische Bestimmung festgestellt wurde (*zur* als Präposition und 2700 als Kardinalzahl). Die Variablen *Modalverben* und *Perfekt* konnten durch die Beschreibung der Wortklassen ermittelt werden, die ebenfalls in Tabelle 7.1 dargestellt sind. Die Gebräuchlichkeit des Wortschatzes wurde in Anlehnung an Zimmermann (2016) berechnet. Zur Berechnung wurde das Auftreten der Wörter im Referenzkorpus Leipzig Corpora Collection ermittelt. Zur Glättung der Rohwerte wurde der Logarithmus zur Basis 10 genutzt und Wortklassen mit hochfrequentierten Wörtern wurden ausgeschlossen (Artikel, Zahlwörter, Pronomen, Partikel). Anschließend wurde der Median der Rohwerte für die Wörter pro Textaufgabe ermittelt. Auch der propositionale Gehalt der Aufgabe wurde automatisch berechnet. Die Berechnung des propositionalen Gehalts ist an Brown et al. (2008) angelehnt. Die lexikalische Vielfalt wurde durch den *Measure of textual lexical diversity* (MTLD) berechnet, der als Maß für die lexikalische Vielfalt im Text am wenigsten von der Länge des Textes beeinflusst wird (Koizumi & In'nami, 2012; McCarthy & Jarvis, 2010). In Hinblick auf die Kürze einzelner Textaufgaben wurde aus diesem Grund der MTLD als Maß für die lexikalische Vielfalt in den Mathematikaufgaben verwendet.

7.2 Explorative Faktorenanalyse

Die explorative Faktorenanalyse wird im Kontext der Analyse von Sprache genutzt, um die Beziehungen zwischen Textmerkmalen darzustellen. Die Beziehungen der Textmerkmale ergeben sich aus dem gemeinsamen häufigen Auftreten der Textmerkmale in Texten. Dieses wird in der Analyse durch die latenten Faktoren systematisiert.

Überblick (Abschnitt 7.2): Die methodischen Grundlagen der explorativen Faktorenanalyse lassen sich in Hinblick auf die Analyse der Textmerkmale verknüpfen und bieten damit die Möglichkeit einer allgemeinen Einordnung der Faktorenanalyse für die Analyse von Sprache (Abschnitt 7.2.1). Vor der Auswertung müssen die Voraussetzungen für die explorative Faktorenanalyse geprüft werden (Abschnitt 7.2.2). Um zu bestimmen, welche Anzahl von möglichen Faktoren extrahiert werden sollte, existieren Analyseverfahren zur Abwägung der Anzahl (Abschnitt 7.2.3). Nach Prüfung der Testkriterien und der Anzahl der Faktoren ergeben sich Faktoren, die die korrelativen Beziehungen der Textmerkmale systematisieren (Abschnitt 7.2.4). Zur Interpretation und Bezeichnung der Faktoren wird die funktionale Gruppierung der Textmerkmale in Abschnitt 6.4 genutzt und so für die Faktoren dargestellt, welche sprachlichen Funktionen besonders repräsentativ für die Faktoren sind und welche Verbindung sich zu bekannten Vertextungsmuster ergeben (Abschnitt 7.2.5).

7.2.1 Grundlagen und Verknüpfung zur Analyse von Textmerkmalen

Die Basis für die Faktorenanalyse ist die Bildung von (latenten) sprachlichen Faktoren auf Grundlage von beobachteten (manifesten) Textmerkmalen als Variablen (Backhaus et al., 2016; Bortz & Schuster, 2010; Wolff & Bacher, 2010). Durch die Faktorenanalyse ergibt sich eine dimensionale Struktur der Textmerkmale aufgrund der korrelativen Beziehungen (Ladungen). Durch die korrelativen Beziehungen werden die Textmerkmale auf den Faktoren systematisiert. Nach Wolff und Bacher (2010) werden durch die Zuordnung der Variablen (Textmerkmale), die Variablen auf den Faktoren zusammengefasst und lassen sich dadurch voneinander unterscheiden. Die Gruppierung der Textmerkmale zu einem Faktor erfolgt nicht disjunkt, daher können bestimmte Textmerkmale in verschiedenen Faktoren auftreten.

Bezogen auf die explorative Faktorenanalyse werden keine Annahmen bezüglich der Systematisierung der Textmerkmale auf den Faktoren und der Anzahl der Faktoren benötigt. Dahingehend ergibt sich die Bezeichnung *explorativ* für diese Art der Faktorenanalyse, bei der es sich um ein hypothesengenierendes Verfahren handelt (Wolff & Bacher, 2010). Gemäß Bortz und Schuster (2010) berücksichtigt das Verfahren der Faktorenanalyse die gemeinsame Varianz zwischen Variablen (Textmerkmalen), indem mehrere Faktoren extrahiert werden. Die meiste Varianz wird standardmäßig auf den ersten Faktor vereinigt. Der zweite Faktor extrahiert den maximalen Betrag der gemeinsamen Varianz aus der nach der Extraktion des ersten Faktors verbleibenden Varianz usw.

Ziel der explorativen Faktorenanalyse zur Analyse von Verständlichkeits- bzw. Variationsfaktoren ist die Feststellung der dimensionalen Struktur der Textmerkmalsmenge. Hierbei ist die Konzentration auf zentrale Faktoren und die Identifikation von Textmerkmalen entscheidend, die möglichst nur auf einen Faktor abgebildet werden (Wolff & Bacher, 2010). Das Verfahren der explorativen Faktorenanalyse bzw. von multivariaten Verfahren wird zur Bildung von Verständlichkeits- bzw. Variationsfaktoren in unterschiedlichen Zusammenhängen verwendet (Biber et al., 2002, 2016; Biber & Gray, 2013a, 2013b, 2016; Conrad, 2015; Finegan & Biber, 2001; Langer et al., 1974; Pause, 1984). Die

Systematisierung der Textmerkmale auf unterschiedlichen Faktoren ermöglicht die Beschreibung von latenten Textstrukturen in mathematischen Textaufgaben. Die nicht erkennbaren Textstrukturen variieren in mathematischen Textaufgaben und sind impliziter Bestandteil der Textverständlichkeit einer Textaufgabe. Daher bietet es sich zur Konzeptualisierung eines Instruments zur sprachlichen Variation an, die latenten sprachlichen Faktoren als Grundlage für Variationen zu nutzen.

7.2.2 Prüfung der Voraussetzungen

Zur Verwendung eines Datensatzes für die Faktorenanalyse müssen gewisse Voraussetzungen geprüft werden, um die prinzipielle Eignung festzustellen. Allgemein werden bei einer Faktorenanalyse zum einen der Bartlett-Test (*test of sphericity*) und zum anderen der KMO-Wert bestimmt.

Gemäß Backhaus et al. (2016) prüft der Bartlett-Test, ob die Korrelationsmatrix des Rohdatensatzes von einer Identitätsmatrix verschieden ist. Wenn der Bartlett-Test Signifikanz anzeigt, sind Korrelationsmatrix und Identitätsmatrix verschieden.

Für die Korrelationsmatrix der quantifizierten Textmerkmale wird der Bartlett-Test signifikant mit $\chi^2 = 1672.36$ ($p < 0.001$). Damit ist die vorhandene Korrelationsmatrix signifikant unterschiedlich von einer Identitätsmatrix.

Nach Backhaus et al. (2016) dient das Kaiser-Meyer-Olkin-Kritierium (KMO) als weiteres Kriterium zur Prüfung der Eignung des Datensatzes. Das KMO setzt sich aus den Einzelwerten für Variablen, der Prüfgröße *measure of sampling adequacy* (MSA), zusammen. Mittels KMO und MSA kann geprüft werden, inwieweit eine Faktorenanalyse für alle Variablen (KMO) bzw. eine Ausgangsvariable (MSA) sinnvoll ist. Die Betrachtung der KMO- bzw. MSA-Werte wird als geeignetstes Verfahren zur Prüfung der Korrelationsmatrix betrachtet und sollte zwingend vor der Durchführung einer Faktorenanalyse geprüft werden. Der gesamte KMO-Wert für die vorliegenden Daten zur Faktorisierung beträgt 0.67 und liegt damit im oberen Bereich von mittlerer Eignung (≥ 0.6 mittel, ≥ 0.70 ziemlich gut). Die MSA-Werte aller Variablen liegen bei ≥ 0.50 und damit im ausreichenden Bereich. Durch das Entfernen von Variablen mit geringen MSA-Werten könnte der globale KMO-Wert erhöht und die Eignung der Korrelationsmatrix verbessert werden. Da inhaltlich besonders relevante Variablen, beispielsweise die Gebräuchlichkeit des Wortschatzes, einen geringen MSA-Wert aufweisen, wird die Faktorenanalyse aus inhaltlichen Abwägungen mit den vorhandenen Variablen weiter durchgeführt.

7.2.3   Anzahl der Faktoren

Es existieren unterschiedliche Verfahren, die Anzahl der Faktoren zu bestimmen. Die zwei gängigen Verfahren sind das VSS-Kriterium und die Parallelanalyse. Die beiden Verfahren werden nachfolgend durchgeführt und anschließend wird aufgrund von inhaltlichen Abwägungen diskutiert, welche Faktorenanzahl extrahiert wird.

Revelle & Rocklin (1979) konzipierten das *Very-Simple-Struture*(VSS)-Kriterium als Verfahren zur Bestimmung der optimalen Anzahl an Faktoren. Durch die Verwendung des VSS-Kriteriums wird die Passung einer bestimmten Anzahl an Faktorenladungen mit der Ladungsmatrix bestimmt, indem alle bis auf die c größten Ladungen pro Item gelöscht werden, wobei c ein Maß für die Faktorenkomplexität ist. Dadurch wird ermöglicht, ein vereinfachtes Modell mit den originalen Korrelationen zu vergleichen, wobei das VSS-Kriterium bei einer optimalen Anzahl von Faktoren den höchsten Wert zwischen 0 und 1 erreicht. In Abb. 7.1 sind die Ergebnisse des VSS-Kriteriums dargestellt. In Abb. 7.1 ist zu erkennen, dass bei einer VSS-Komplexität von c = 1 der höchste VSS-Fit-Wert

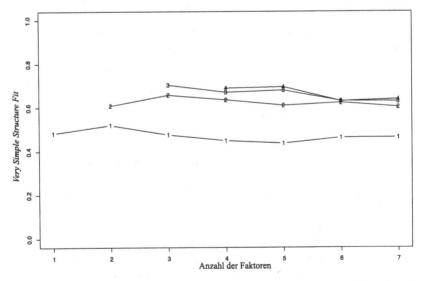

Abbildung 7.1   Very-Simple-Structure-Diagramm zur Bestimmung der möglichen Anzahl der Faktoren. (Eigene Erstellung)

bei zwei Faktoren erreicht wird. In der Abbildung ist zu erkennen, dass die höchsten VSS-Fit-Werte bei einer Drei-Faktorenlösung mit einer Komplexität von c = 3 und bei einer Fünf-Faktorenlösung bei einer Komplexität von c = 4 erreicht werden. Der höchste VSS-Fit bei drei Faktoren VSS (3) = 0.70 ist genauso hoch wie der für fünf Faktoren mit VSS (4) = 0.70. Die Ergebnisse des VSS-Kriteriums deuten tendenziell auf eine Drei- oder Fünf-Faktorenlösungen hin.

Um die Ergebnisse des VSS-Fit zu vergleichen, wird eine Parallelanalyse als weiteres Kriterium herangezogen. Dadurch bietet sich ein weiterer Indikator an, zu prüfen, welche Anzahl an Faktoren für die weiteren Analyse extrahiert werden sollten, und damit eine eindeutigere Anzahlbestimmung zu ermöglichen.

Bei der Parallelanalyse wird der vorhandene Datensatz mit Lösungen von Zufallsdaten, die die gleichen Eigenschaften wie der existierende Datensatz besitzen, verglichen. Das Bootstrap-Verfahren zieht 1000 Bootstrapstichproben aus dem vorhandenen Datensatz, um die Faktorenstruktur durch eine Sekundärstichprobe zu reproduzieren, um so eine empirische Stichprobenkennwerteverteilung zu erhalten.

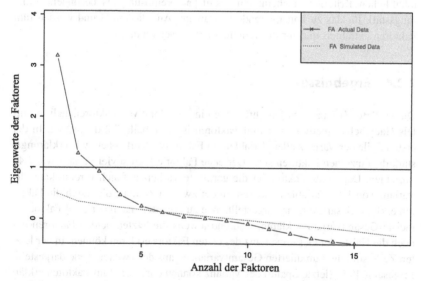

Abbildung 7.2 Screeplot mit Parallelanalyse zur Bestimmung der möglichen Anzahl der Faktoren. (Eigene Erstellung)

In Abb. 7.2 wird durch die untere, nicht geradlinige horizontale Linie das Ergebnis der Parallelanalyse gekennzeichnet. Nach dem Kriterium der Parallelanalyse ist eine Lösung mit fünf Faktoren optimal. Dieses Ergebnis deckt sich mit dem VSS-Fit mit fünf Faktoren bei einer Faktorkomplexität von c = 4.

In Anbetracht und im Vergleich der beiden Verfahren scheint die Extraktion von fünf Faktoren die optimale Wahl. Bei der Wahl der Anzahl der Faktoren ist zu beachten, dass bei einer zu hohen Anzahl an Faktoren die Gefahr besteht, dass nicht alle Faktoren sinnvoll interpretiert werden können. Bei einer zu geringen Anzahl an Faktoren besteht hingegen die Gefahr, dass Informationen bezüglich relevanter Strukturen verlorengehen. Aus diesem Grund wurden sowohl drei als auch fünf Faktoren extrahiert, um zu prüfen, welche der Faktorenlösungen sich sinnvoll interpretieren lassen und relevante Strukturen zeigen. Die Fünf-Faktorenlösung zeichnet sich durch spezifische Strukturbildung der letzten beiden Faktoren aus. Diese Strukturbildung ermöglicht eine verbesserte Interpretation aller Faktoren. Daneben werden inhaltlich relevante Variablen auf den letzten beiden Faktoren abgebildet, die bedeutsam für eine inhaltliche Interpretation sind (vgl. Abschnitt 7.2.4 und Abschnitt 7.2.5). Aus den objektiven und inhaltlichen Kriterien erscheint eine Fünf-Faktorenlösung als besonders erklärungsstark für das zu konzipierende Instrument. Aus diesem Grund werden fünf Faktoren extrahiert und für die weitere Analyse verwendet.

7.2.4 Ergebnisse

Die erklärte Varianz nach Durchführung einer explorativen Faktorenanalyse mittels Hauptachsenmethode mit fünf Faktoren ist in Tabelle 7.2 dargestellt. In der ersten Zeile der Varianz aller Variablen im Faktor ist zu erkennen, wie erklärungsstark die einzelnen Faktoren sind. Der erste Faktor erklärt soviel Varianz wie 2.42 Variablen. Der fünfte Faktor, der die geringste Varianz auf sich vereint, kann die Varianz von 1.14 Variablen erklären. In der zweiten Zeile ist die durch die Faktoren erklärte Gesamtvarianz dargestellt. Wie zu erwarten, kann der erste Faktor die meiste Gesamtvarianz erklären, während jeweils die letzten beiden Faktoren nur noch die Hälfte der Gesamtvarianz des ersten Faktors erklären können. In der letzten Zeile sind die kumulierten Gesamtvarianzen aus der zweiten Zeile dargestellt. Insgesamt 45 % (letzte Spalte) der Varianz können durch die fünf Faktoren erklärt werden, bei einer Variablenreduktion von 70 %. Der Vergleich der kumulierten Gesamtvarianz im Vergleich zur prozentualen Reduktion der Variablen indiziert, dass trotz hoher Reduktion der Variablen ein höherer Anteil der Gesamtvarianz durch die Faktoren abgebildet wird.

Tabelle 7.2 Erklärte Varianz der Variablen je Faktor

	Faktor 1	Faktor 2	Faktor 3	Faktor 4	Faktor 5
Varianz aller Variablen im Faktor	2.42	1.58	1.36	1.17	1.14
Erklärte Gesamtvarianz je Faktor (in %)	0.14	0.09	0.08	0.07	0.07
Kumulierte Varianz (in %)	0.14	0.24	0.32	0.38	0.45

Das Ergebnis der unrotierten Fünf-Faktorenlösung ist in Abb. 7.3 über einen Korrelationsplot dargestellt. Auf der linken Seite der Abb. 7.3 ist der Korrelationsplot mit der Höhe der Ladungen als numerischer Wert dargestellt, die Stärke der Färbung markiert die Höhe und die Richtung der Ladungen: Rot bedeutet eine negative korrelative Beziehung und Blau bedeutet eine positive korrelative Beziehung zwischen Variable und Faktor. Auf der rechten Seite der Abb. 7.3 befindet sich eine Kreisdarstellung der Ladungen. Je höher eine Ladung ist, desto dunkler und größer ist der Kreis. Die Färbung markiert, wie bei den numerischen Darstellungen, die Richtung der korrelativen Beziehungen.

Unklare Zuordnungen durch Mehrfachladungen für die unrotierten Faktorenlösung, zeigen sich für einige Variablen. Besonders hohe Nebenladungen haben die Variablen *Präpositionen* mit der Hauptladung auf dem ersten Faktor und hohen Nebenladungen auf dem fünften Faktor, *Nominalisierung* mit der Hauptladung auf Faktor 1 und einer hohen Nebenladung auf dem zweiten Faktor, *lexikalische Vielfalt* mit der Hauptladung auf dem zweiten Faktor und hohen Nebenladungen auf dem dritten und fünften Faktor, *mathematische Begriffe* mit der Hauptladung auf dem ersten Faktor und einer hohen Nebenladung auf dem fünften Faktor, *Modalverben* mit der Hauptladung auf dem ersten Faktor, einer fast gleich hohen Nebenladung auf dem dritten Faktor und einer weiteren hohen Nebenladung auf dem zweiten Faktor, *propositionaler Gehalt* mit einer Hauptladung auf dem vierten Faktor und einer hohen Nebenladung auf Faktor 2 und *Zahlen* mit der Hauptladung auf Faktor 1 und hohen Nebenladungen auf den Faktoren 3 und 5. Trotz der bisweilen unklaren Zuordnung einzelner Variablen zu einem bestimmten Faktor zeigt bereits die unrotierte Faktorenlösung eine Systematisierung der Variablen. Die zum Teil sehr hohen Nebenladungen der Variablen auf den verschiedenen Faktoren erschweren die Interpretation der Faktoren jedoch deutlich. Um die Interpretation der Faktorenladungen zu verbessern, wird neben der vorhandenen sogenannten *Loading Matrix* (Abb. 7.3) durch Rotationsverfahren eine *Structure Matrix* (Abb. 7.4) erzeugt. Zur Rotation werden insbesondere die Varimax- und Promax-Rotationstechniken genutzt (Backhaus et al., 2015;

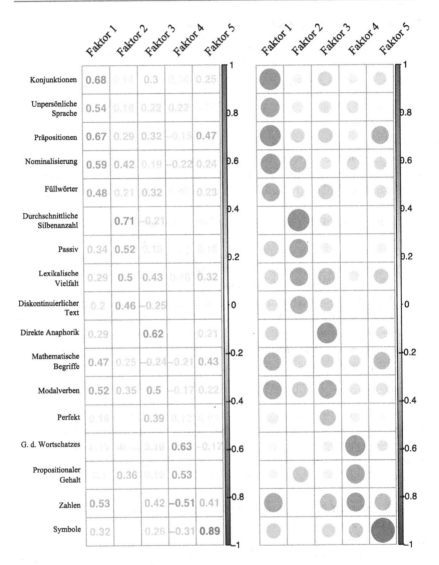

Abbildung 7.3 Visualisierung der Faktorenladungen ohne Rotation. Links: numerische Darstellung der Ladungen, rechts: Kreisdarstellung der Ladungen. (Eigene Erstellung)

Bortz & Schuster, 2010). Die Varimax-Rotation ist eine orthogonale Technik, die die lineare Unabhängigkeit der Faktoren beibehält. Die Annahme bei diesem Rotationsverfahren ist die Unabhängigkeit der Faktoren.

Bei der Promax-Rotationtechnik können die Faktoren korrelativ in Beziehung stehen. Die Promax-Rotation ist eine Oblique-Technik zur Rotation (Bortz & Schuster, 2010; Handl & Kuhlenkasper, 2018; Wolff & Bacher, 2010). Gemäß Biber (2006) ist für multivariate Analysen von Sprache die Promax-Rotation die geeignete Wahl für ein Rotationsverfahren, da die zugrundeliegenden sprachlichen Faktoren unter theoretischer Perspektive miteinander in Beziehung stehen können. Jedoch ergeben sich für die Interkorrelationen von Faktoren bei einer Promax-Rotation im Allgemeinen eher geringe Ausprägungen. Die geringe Interkorrelation zwischen den Faktoren zeigt sich, in Tabelle 7.3 zusammengefasst, ebenfalls bei den Faktorkorrelation der fünf extrahierten Faktoren nach der Promax-Rotation. Die höchste Interkorrelation liegt bei $r = 0.42$ zwischen den Faktoren 1 und 5.

Tabelle 7.3 Faktorenkorrelation der fünf Faktorenlösung nach Promax-Rotation

	Faktor 1	Faktor 2	Faktor 3	Faktor 4	Faktor 5
Faktor 1	1.00	–	–	–	–
Faktor 2	0.36	1.00	–	–	–
Faktor 3	0.35	0.06	1.00	–	–
Faktor 4	−0.11	0.03	0.06	1.00	–
Faktor 5	0.42	0.20	0.26	−0.26	1.00

Weitere substanzielle korrelative Beziehungen bestehen zwischen Faktor 1 und den Faktoren 2 und 3 mit jeweils $r = 0.36$ und $r = 0.35$. Die geringste interkorrelative Beziehung besteht zwischen Faktor 2 und den Faktoren 3 und 4 mit jeweils $r = 0.06$ und $r = 0.03$, sowie zwischen Faktor 3 und 4 mit $r = 0.06$.

Die Ergebnisse der Promax-Rotation sind in Abbildung 7.4 als *Structure Matrix* dargestellt. Die Abbildung ist analog zu Abbildung 7.3 aufgebaut. Auf der linken Seite der Abbildung ist die numerische Darstellung und rechts die Kreis-Darstellung abgezeichnet. Durch die *Structure Matrix* nach Rotation der Fünf-Faktorenlösung ist in Abbildung 7.4 deutlich zu erkennen, dass Nebenladungen bei den Variablen durch Rotation zu einem großen Teil reduziert wurden. Es existieren nur noch vier Nebenladungen, die ≥ 0.3 sind, bei den Variablen *lexikalische Vielfalt*, *mathematische Begriffe*, *Modalverben* und *propositionaler Gehalt*.

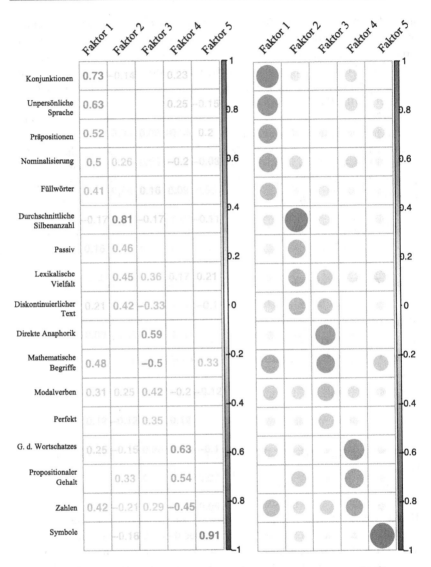

Abbildung 7.4 Visualisierung der Faktorenladungen nach Promax-Rotations. Links: numerische Darstellung der Ladungen, rechts: Kreisdarstellung der Ladungen. (Eigene Erstellung)

In Abbildung 7.4 ist zu erkennen, dass sich einzelne Variablen auf den Faktoren systematisieren und Variablengruppen bilden, die mit den jeweiligen Faktoren durch ihre Ladungen in Beziehung stehen. Die Variablen bilden Ladungsstrukturen auf den Faktoren. In Tabelle 7.4 sind die Ergebnisse der explorativen Faktorenanalyse nach der Promax-Rotation dargestellt.

Tabelle 7.4 Ergebnisse der explorativen Faktorenanalyse in einer standardisierte Ladungsmatrix (structure matrix)

	Faktor 1	Faktor 2	Faktor 3	Faktor 4	Faktor 5	h^2	u^2
Konjunktion	0.73	−0.14	0.03	0.23	0.02	0.52	0.48
Unpersönliche Sprache	0.63	−0.03	0.02	0.25	−0.15	0.38	0.62
Präpositionen	0.52	0.05	0.09	−0.05	0.20	0.50	0.50
Nominalisierung	0.50	0.26	0.04	−0.20	−0.08	0.43	0.57
Füllwörter	0.41	0.04	0.16	0.09	0.03	0.27	0.73
Ø Silbenanzahl	−0.17	0.81	−0.17	−0.03	−0.11	0.61	0.39
Passiv	0.21	0.42	−0.33	0.01	−0.10	0.32	0.68
Lexikalische Vielfalt	−0.07	0.45	0.36	0.17	0.21	0.45	0.55
Diskontinuierlicher Text	0.21	0.42	−0.33	0.01	−0.10	0.32	0.68
Direkte Anaphorik	0.09	−0.06	0.59	−0.03	0.02	0.39	0.61
Mathematische Begriffe	0.48	0.04	−0.50	−0.04	0.33	0.50	0.40
Modalverben	0.31	0.25	0.42	−0.20	−0.12	0.47	0.53
Perfekt	0.12	−0.12	0.35	0.12	0.00	0.18	0.82
Gebräuchlichkeit des Wortschatzes	0.25	−0.15	0.06	0.63	−0.10	0.46	0.54
Propositionaler Gehalt	0.25	−0.15	0.06	0.63	−0.10	0.46	0.54
Zahlen	0.42	−0.21	0.29	−0.45	0.09	0.61	0.39
Symbole	−0.03	−0.16	0.05	−0.08	0.91	0.84	0.16

Die Ergebnisse der Faktorenanalyse lassen sich für die einzelnen Faktoren wie folgt zusammenfassen:

1. Faktor: Auf den ersten Faktor laden acht Variablen mit $r \geq 0.4$ (Konjunktionen, unpersönliche Sprache, Präpositionen, Nominalisierung und Füllwörter, mathematische Begriffe, Modalverben, Zahlen). Eine Variable erreicht eine Ladung von $r \geq 0.3$–0.39 (Modalverben). Die restlichen Variablen erreichen für den ersten Faktor Ladungen mit $r < 0.3$.

2. Faktor: Vier Variablen haben eine Ladung mit $r \geq 0.4$ auf den zweiten Faktor (durchschnittliche Silbenanzahl, Passiv, lexikalische Vielfalt, diskontinuierlicher Text). Eine weitere Variable besitzt eine Ladung von $r \geq 0.3$–0.39. Für den zweiten Faktor bleiben die restlichen Variablen unter $r < 0.3$.

3. Faktor: Für den dritten Faktor ergibt sich ein Muster aus drei positiv stark korrelierten Variablen mit $r \geq 0.4$ (direkte Anaphorik, Modalverben und Perfekt) und eine negativ korrelierte Variable (mathematische Begriffe). Durch die negativen Ladungen differenziert sich der dritte Faktor vom ersten Faktor durch die Variable *mathematische Begriffe*. Zwei Variablen erreichen ein $r \geq 0.3$–0.39 (lexikalische Vielfalt, Perfekt) und eine negativ korrelierte Variable (diskontinuierlicher Text). Damit ergibt sich eine Unterscheidungstendenz zwischen dem dritten und zweiten Faktor. Die restlichen Variablen erreichen nur eine geringe korrelative Beziehung zum dritten Faktor mit $r < 0.3$.

Die korrelative Beziehung sinkt zwischen Variablen und Faktor für den vierten und fünften Faktor, was an dem in Abschnitt 7.2.1 erläuterten Algorithmus der explorativen Faktorenanalyse liegt.

4. Faktor: Auf den vierten Faktor laden zwei Variablen mit $r \geq 0.4$ (Gebräuchlichkeit des Wortschatzes und propositionaler Gehalt), darüber hinaus hat die Variable *Zahlen* eine negativ korrelative Beziehung mit $r \geq 0.4$. Die restlichen Variablen erreichen Ladungen von $r < 0.3$.

5. Faktor: Der letzte Faktor zeigt eine Einfachstruktur mit einer Ladung von $r \geq 0.4$ (Symbole) und einer weiteren geringeren Ladung mit $r \geq 0.3$ (mathematische Begriffe). Auf den letzten Faktor sind die restlichen Ladungen gering mit $r < 0.3$.

Ausblick: Neben der Ergebnispräsentation der explorativen Faktorenanalyse mit dem Ziel, die Strukturbildung der sprachlichen Variablen zu verdeutlichen, ist ein weiteres Ziel des Verfahrens, aufgrund der korrelativen Beziehungen der Variablen die Faktoren zu interpretieren und mit einem Label zu bezeichnen, das die Variablenbeziehungen auf den Faktor kennzeichnet.

7.2.5 Interpretation

Die Interpretation der Faktoren geschieht durch die Betrachtung der Strukturbildung der Variablen. Die Interpretation der Strukturbildung basiert auf Grundlage der sprachlichen Funktionen, die die Variablen miteinander teilen, und wird mithilfe der in Abschnitt 6.4 gemachten funktionalen Gruppierung der Textmerkmale (Variablen) durchgeführt. Die Bezeichnung für den Faktor leitet sich durch die Ausprägung der sprachlichen Funktionen und die Ausprägung der Variablen ab, die Abbild für spezifische und bekannte Textmuster bzw. Vertextungsmuster sind. Für die Ausprägung der Variablen wird die Höhe der Ladungen der einzelnen Variablen auf den Faktoren betrachtet. Variablen mit einer hohen Ladung auf einen Faktor haben eine höhere korrelative Beziehung zu dem Faktor. Je stärker also die Ladungen, desto höher ist die Bedeutung der Variable für den Faktor (Wolff & Bacher, 2010). Bortz und Schuster (2010) nennen als Grenze einer interpretierbaren Ladung $r \geq 0.40$, wenn die Stichprobe mindestens $N = 300$ beträgt. In Anbetracht der vergleichbaren Anwendung der Faktorenanalyse zur Analyse von sprachlichen Variablen fällt die Höhe der Ladungen im Schnitt geringer aus als bei anderen methodischen Verwendungen der Faktorenanalyse, beispielsweise bei der Analyse von psychologischen Konstrukten (Biber, 1985, 2006; Biber et al., 2002; Biber & Gray, 2013b). Besonders für den letzten Faktor – da die erklärte Gesamtvarianz ab dem ersten Faktor abnimmt – können Korrelationen unter diesem Schwellenwert jedoch eine Hilfestellung für die Interpretation darstellen. Aus diesem Grund werden aus theoretischen, aber auch empirischen Überlegungen insbesondere für den letzten Faktor, der geringere Ladungen von Variablen aufweist, zur Verbesserung der Interpretation insgesamt auch Ladungen mit $r \geq 0.3$ berücksichtigt.

In Tabelle 7.5 ist die Interpretation der Ladungen mit einer Bedeutungszuschreibung verdeutlicht. Die geringste noch zu bewertende Ausprägung liegt bei $r \geq 0.3$ mit einer sehr geringen Bedeutung. Ladungen von Variablen mit $r \geq 0.4$ haben eine geringe Bedeutung für den Faktor. Eine Ladung von $r \geq 0.5$ wird als mittlere Bedeutung eingeordnet. Eine hohe Bedeutung haben Ladungen mit $r \geq 0.7$.

Die in Tabelle 7.5 geleistete Bedeutungszuschreibung und die Zuordnung der funktionalen Gruppierung aus Abschnitt 6.4 in sprachliche Funktionen, Sprecherstrategie und Textmerkmale ermöglichen eine Interpretation der Strukturbildung der Variablen auf den Faktoren. Dadurch wird ermöglicht, eine passende Bezeichnung für die Faktoren zu finden, die die strukturelle Gestalt der Textmerkmale widerspiegelt.

Tabelle 7.5 Interpretation
der Bedeutung der
Ausprägungen der Variablen
zur Verdeutlichung der
Relevanz der Variablen für
den Faktor

Ladung	Bedeutung
≥ 0.7	Hoch
$\geq 0.5 - < 0.7$	Mittel
$\geq 0.4 - < 0.5$	Gering
$\geq 0.3 - < 0.4$	Sehr gering

Interpretation des ersten Faktors: In Tabelle 7.6 ist die Zusammenfassung der
Ergebnisse für die Interpretation des ersten Faktors dargestellt. Die Variable
Konjunktionen hat als einzige Variable eine hohe Bedeutung für den Faktor.
Drei weitere Variablen (unpersönliche Sprache, Präpositionen und Nominalisie-
rung) haben eine mittlere Bedeutung. Bei den Variablen mit hoher oder mittlerer
Bedeutung kommen zwei Variablen mit der Sprecherstrategie *Relatoren* und
der sprachlichen Funktion *Textaspekt* vor, die damit im oberen Bereich der
Bedeutungszuschreibung besonders repräsentativ für diesen Faktor sind. Für die-
sen Faktor sind demnach Textmerkmale charakteristisch, die Verknüpfungs- und
Verhältnismöglichkeiten herstellen.

Tabelle 7.6 Inhaltliche Interpretation der Faktoren durch Zuordnung funktionaler und
strategischer Aspekte der Textmerkmale des ersten Faktors

Faktor 1	Gemeinsames Vorkommen der Textmerkmale	Sprachliche Funktion	Sprecherstrategie	Bedeutung
	Konjunktionen	Textaspekt	Relatoren	Hoch
	Unpersönliche Sprache	Beziehungsaspekt	Verallgemeinern	Mittel
	Präpositionen	Textaspekt	Relatoren	Mittel
	Nominalisierung	Inhaltsaspekt	Verdichten	Mittel
	Mathematische Begriffe	Inhaltsaspekt	Explizieren	Gering
	Zahlen	Inhaltsaspekt	Explizieren	Gering
	Füllwörter	Beziehungsaspekt	Diskutieren	Gering

Die zwei weiteren Variablen mit einer mittleren Bedeutung (unpersönliche
Sprache und Nominalisierung) sind jeweils unterschiedlichen sprachlichen Funktionen und Sprecherstrategien zugeordnet. Die Variable *unpersönliche Sprache*
ist dem Beziehungsaspekt und der Sprecherstrategie *Verallgemeinern* zugeordnet,

während die Variable *Nominalisierung* zum Inhaltsaspekt und zur Sprecherstrategie *Explizieren* gruppiert wurde. Bezüglich der sprachlichen Funktion *Inhaltsaspekt* sind zwei weitere Variablen (mathematische Begriffe und Zahlen) mit geringer Bedeutung für diesen Faktor charakteristisch. Die drei Variablen, die der sprachlichen Funktion *Inhaltsaspekt* zugeordnet sind, weisen auf eine Akzentuierung des ersten Faktors auf begriffliche bzw. objektbezogene Aspekte hin. Die Bedeutung von Relatoren und objekt- bzw. begriffsbezogenen Aspekten lässt sich als im Text hierarchiehohe Substantive deuten (Nominalisierung und mathematische Begriffe), die durch Relatoren (Konjunktionen und Präpositionen) mit weiteren hierarchieniedrigen Bedeutungseinheiten verknüpft werden (Jahr, 2008). Nach Jahr (2008) sind der Aufbau von hierarchiehohen und -niedrigen Strukturen und die dazu verwendeten Textmerkmale typisch für erklärende Texte. Erklärungstexte haben die Funktion der Wissensvermittlung, wobei die inhaltlichen Elemente die Verwendung von anderen Indikatoren wie Konjunktionen und Präpositionen bestimmen. Ziel eines erklärenden Textes ist die Verknüpfung von Handlungen, Behauptungen, Zuständen und Ereignissen, um daraus Ableitungen zur Rechtfertigung, Widerlegung und Zurückführung herzustellen. Gemäß Neumann (2013) kann vermutet werden, dass in erklärenden Texten eine Häufung von relationalen Prozessen vorzufinden ist. Biber (2006) subsumiert unter erklärenden Texten ein hohes Vorkommen von Substantiven und Nominalisierungen.

Die Sprecherstrategie *Explizieren* deutet auf die Vermittlung der mathematischen (bedeutsamen) Inhalte hin, während die Nominalisierung die Vermittlung auf die wesentlichen Inhalte verdichten soll. Dahingehend ist ebenfalls die Bedeutung der Variable *unpersönliche Sprache* zu interpretieren; da für den ersten Faktor die Vermittlung von inhaltlichen und objektbezogenen Aspekten so zentral ist, werden keine subjektbezogenen Spezifika bei der Vermittlung des Textes verwendet. Nach Neumann (2013) kann von einer häufigen Verwendung der dritten Person durch das Pronomen *es* für erklärende Texte ausgegangen werden, um eine objektive Perspektive einzunehmen. Der erste Faktor lässt sich als geprägt von der Vermittlung von fachlichen und objektbezogenen Aspekten, die sich im Text durch Verknüpfungs- und Verhältnisstrukturen auszeichnen, interpretieren.

Bezeichnung der ersten Dimension: Die geschilderte Interpretation des Zusammenhangs der Verknüpfung und das In-Verhältnis-Setzen von inhaltlichen und objektbezogenen Gegenständen ist, wie erläutert, typisch für erklärende Texte. Es werden (mathematische) Begriffe, objektivierte Handlungen (Nominalisierung) oder Objekte durch Konjunktionen oder Präpositionen in Beziehung und Verhältnis gesetzt. Die ausgeführte Interpretation der ersten Dimension lässt sich damit deuten, dass der Begriff der Erklärung das gemeinsame Vorkommen der Textmerkmale am besten beschreibt. Aus diesem Grund wird der erste Faktor mit dem Label *erklärend* bezeichnet (vgl. Tab. 7.11).

Interpretation des zweiten Faktors: In Tabelle 7.7 ist die Zusammenfassung der Zuordnungen für den zweiten Faktor dargestellt. Für den zweiten Faktor hat die Variable Ø *Silbenanzahl* eine hohe Bedeutung. Die durchschnittliche Silbenanzahl ist der sprachlichen Funktion des Inhaltsaspekts und der Sprecherstrategie *Verdichten* zugeordnet. Dieser sprachlichen Funktion und der Sprecherstrategie ist eine weitere Variable zugeordnet (propositionaler Gehalt), jedoch mit einer sehr geringen Bedeutung. Trotz dessen ist von einer hohen Bedeutung der Sprecherstrategie *Verdichten* auszugehen, mit einer Akzentuierung auf die Realisierung durch die Variable *durchschnittliche Silbenanzahl*. Die hohe Bedeutung der Sprecherstrategie des Verdichtens lässt sich auch aufgrund der restlichen drei Variablen ableiten, die eine geringe Bedeutung für den zweiten Faktor aufweisen. Zwei Variablen (lexikalische Vielfalt und diskontinuierlicher Text) sind der sprachlichen Funktion *Textaspekt* und der Sprecherstrategie *Referenzen* zugeordnet. Damit haben in geringem Ausmaß die Verwendung von Text-Text-Referenzen (lexikalische Vielfalt) und Bild-Text-Referenzen (diskontinuierlicher Text) eine Bedeutung für den zweiten Faktor.

Tabelle 7.7 Inhaltliche Interpretation der Faktoren durch Zuordnung funktionaler und strategischer Aspekte der Textmerkmale des zweiten Faktors

Faktor 2	Gemeinsames Vorkommen der Textmerkmale	Sprachliche Funktion	Sprecherstrategie	Bedeutung
	Ø Silbenanzahl	Inhaltsaspekt	Verdichten	Hoch
	Passiv	Beziehungsaspekt	Verallgemeinern	Gering
	Lexikalische Vielfalt	Textaspekt	Referenzen	Gering
	Diskontinuierlicher Text	Textaspekt	Referenzen	Gering
	Propositionaler Gehalt	Inhaltsaspekt	Verdichten	Sehr gering

In Anbetracht der hohen Bedeutung der Sprecherstrategie des Verdichtens und der sprachlichen Funktion *Inhaltsaspekt* lässt sich die Referenzstrategie interpretieren. Die Verwendung der lexikalischen Vielfalt als Herstellung von Text-Text-Referenzen deutet unter der Perspektive einer hohen Bedeutung des

Verdichtens darauf hin, dass die Kohärenz im Text durch synonyme Textverweise hergestellt wird. Daher ist die Verwendung der lexikalischen Vielfalt, im Vergleich zum expliziten Verweis, als Tendenz des Verzichts von gleichartigen Informationen zu interpretieren. Die Vermeidung zusätzlicher Verweise lässt sich auch für Text-Bild-Referenzen interpretieren. Durch Abbildungen, Tabellen und andere Darstellungen werden Informationen zusammengefasst. Darüber hinaus hat eine weitere Variable (Passiv), die der sprachlichen Funktion *Beziehungsaspekt* und der Sprecherstrategie Verallgemeinern zugeordnet ist, eine geringe Bedeutung für den zweiten Faktor. Die Verwendung des Passivs in Hinsicht der bereits gemachten Interpretation lässt sich als Fokussierung auf die Handlungen und Zustände interpretieren.

Die Textmerkmale des zweiten Faktors weisen auf eine objektive Vermittlung von Gegenständen hin. Gemäß Heinemann (2008) ist die objektive Vermittlung von Gegenständen typisch für beschreibende Texte, die eine Sachbetonung mit einer Beschreibungsabfolge aufweisen. In Hinblick auf die Bedeutsamkeit der Verdichtung (durchschnittliche Silbenanzahl) und Reduktion (lexikalische Vielfalt und diskontinuierlicher Text) kommt das beschreibende Textmuster verstärkt komprimierend auf die Sachbetonung vor.

Bezeichnung des zweiten Faktors: Der zweite Faktor ist besonders durch die bedeutsame Variable *durchschnittliche Silbenanzahl* ausgezeichnet. In Hinblick auf die sprachlichen Funktionen und die Sprecherstrategie ergeben sich die Vermeidung von expliziten Verweisen, die Zusammenfassung von Informationen und eine deutliche Sachbetonung. Das gemeinsame Vorkommen der Variablen im zweiten Faktor verweist auf eine beschreibende Vertextung, jedoch mit Fokus auf die komprimierende Nutzung von Textmerkmalen zur Verstärkung der Sachbetonung. Aus diesem Grund wird der zweite Faktor mit dem Label *komprimierend* bezeichnet (vgl. Tab. 7.11).

Interpretation des dritten Faktors: Für den dritten Faktor ist die Zusammenstellung der Variablen in Tabelle 7.8 dargestellt. Die Variable *direkte Anaphorik* hat eine hohe Bedeutung für den dritten Faktor. Die Variable *direkte Anaphorik* ist der sprachlichen Funktion *Textaspekt* und der Sprecherstrategie *Referenzen* zugeordnet. Die restlichen Variablen, die eine positive Beziehung zum dritten Faktor haben, haben eine geringe (Modalverben) bzw. sehr geringe (lexikalische Vielfalt und Perfekt) Bedeutung. Genau wie die Variable *direkte Anaphorik* mit ihrer hohen Bedeutung ist die Variable *lexikalische Vielfalt* der sprachlichen Funktion *Textaspekt* und der Sprecherstrategie *Referenzen* zugeordnet. Ebenfalls auffällig ist, dass die beiden Variablen *Modalverben* und *Perfek*t vorkommen die jeweils der sprachlichen Funktion *Beziehungsaspekt* und der Sprecherstrategie *Diskutieren* zugeordnet sind.

Tabelle 7.8 Inhaltliche Interpretation der Faktoren durch Zuordnung funktionaler und strategischer Aspekte der Textmerkmale des dritten Faktors

Faktor 3	Gemeinsames Vorkommen der Textmerkmale	Sprachliche Funktion	Sprecherstrategie	Bedeutung
	Direkte Anaphorik	Textaspekt	Referenzen	Hoch
	Modalverben	Beziehungsaspekt	Diskutieren	Gering
	Lexikalische Vielfalt	Textaspekt	Referenzen	Sehr gering
	Perfekt	Beziehungsaspekt	Diskutieren	Sehr gering
Negative Korrelation	Mathematische Begriffe	Inhaltsaspekt	Explizieren	Mittel
	Diskontinuierlicher Text	Textaspekt	Referenzen	Sehr gering

Da die lexikalische Vielfalt nur eine sehr geringe Bedeutung hat, werden für die direkte Anaphorik weniger Pronomen und Adverbien verwendet, sondern eher Eigennamen zur Herstellung von direkten anaphorischen Bezügen. Darüber hinaus weisen die hohen Bedeutungen der Variablen, die der Sprecherstrategie zugeordnet sind, auf Wiederaufnahmestrukturen hin. Unter dieser Perspektive lassen sich die Variablen *Modalverben* und *Perfekt* mit der geringen bzw. sehr geringen Bedeutung interpretieren. Die Wiederaufnahme von Satzteilen durch Referenzen weist für die Modalität und die Verwendung des Perfekts auf Aspekte hin, die es zu beurteilen gilt.

Neben der positiven Beziehung besitzen zwei Variablen (mathematische Begriffe und diskontinuierlicher Text) eine negative Beziehung zum dritten Faktor. Die Variable *mathematische Begriffe* ist der sprachlichen Funktion *Inhaltsaspekt* und der Sprecherstrategie *Explizieren* zugeordnet und hat eine mittlere negative Bedeutung für den Faktor. Die negative Beziehung der Variable *mathematische Begriffe* macht deutlich, dass sich die Ausführungen durch die Referenzen nicht hauptsächlich auf Begriffe beziehen, sondern eine Ausprägung auf Handlungen und Beurteilungen besteht, repräsentiert durch die Variablen *Modalverben* und Verben im *Perfekt*. Die zweite negative Variable *diskontinuierlicher Text*, die der sprachlichen Funktion *Textaspekt* und der Sprecherstrategie *Referenzen* zugeordnet ist, hat eine sehr geringe negative Bedeutung. Die negative Beziehung der

Variable *diskontinuierlicher Text* mit dem dritten Faktor lässt sich als eine Fokussierung von direkten Text-Text-Bezügen und die beschreibende Vermittlung von Informationen durch Wiederaufnahmestrukturen interpretieren.

Die deutliche Ausprägung von Wiederaufnahmestrukturen weist auf eine partikuläre sequenzielle Ordnung hin. Nach Beaugrande und Dressler (1981) ist das partikuläre sequenzielle Ordnen in Texten typisch für narrative Texte. Gemäß Halliday (2014a) lassen sich für narrative Textformen eine Erhöhung von Verben und eine Reduktion von Substantiven und Nominalisierungen feststellen. Dies wird in Faktor 3 deutlich; so kommen Modalverben und Verben im Perfekt vor, während mathematische Begriffe negativ korrelieren. Laut Biber (2006) ist ebenfalls die Erhöhung von Personalpronomen zu erwarten. In Hinblick auf den dritten Faktor werden statt Personalpronomen frequentiert Eigennamen als Textmerkmale genutzt. Werlich (1976) nennt die abgeschlossene Vergangenheit als Kennzeichen für narrative Texte. Dies steht im Gegensatz zur Verwendung von Verben im Perfekt als bedeutendes Textmerkmal für den dritten Faktor. Hatim und Mason (1990) verweisen jedoch auf die Beziehung zwischen narrativen Texten und beschreibenden Texten, die als Subtyp von narrativen Texten kategorisiert werden kann. Dagegen spricht die häufige Darstellung von beschreibenden Texten als möglichst objektive Darstellung von Gegenständen, beispielsweise durch Textmerkmale wie das Passiv (Heinemann, 2008). Die objektive Darstellung lässt sich jedoch in Hinblick auf die diskutierenden Textmerkmale interpretieren, die die persönlichen Darstellungen relativieren und für ein beschreibenden Text sprechen.

Bezeichnung des dritten Faktors: Für den dritten Faktor sind besonders die sprachlichen Funktionen *Textaspekt* und *Beziehungsaspekt* und die Sprecherstrategien *Referenzen* und *Diskutieren* bedeutend. Aus der Interpretation des dritten Faktors und der geschilderten Bedeutung von sowohl Referenzen als auch diskutierenden Textmerkmalen können Teil-Ganzes-Beziehungen mit den geschilderten Wiederaufnahmestrukturen als typisch erachtet werden. Dahingehend sind die bedeutenden Textmerkmalsmuster typisch für das Beschreiben. Aus den Ausführungen erhält der dritte Faktor die Bezeichnung *beschreibend* (vgl. Tab. 7.11).

Interpretation des vierten Faktors: Die Zuordnung des gemeinsamen Vorkommens der Variablen des vierten Faktors ist in Tabelle 7.9 abgebildet. Alle Variablen, die eine relevante Bedeutung für den Faktoren haben, lassen sich der sprachlichen Funktion *Inhaltsaspekt* zuordnen. Zwei Variablen (Gebräuchlichkeit des Wortschatzes und propositionaler Gehalt) haben eine mittlere Bedeutung für den Faktor. Die Variable *Gebräuchlichkeit des Wortschatzes*, die der Sprecherstrategie *Explizieren* zugeordnet ist, verweist darauf, dass zur Vermittlung der Inhalte im Text tendenziell Standardvokabular mit einer hohen Wiedererkennung verwendet wird. Die Variable *propositionaler Gehalt*, die der Sprecherstrategie *Verdichten* zugeordnet ist, lässt Rückschlüsse auf die Art der Informationsvermittlung der in der Tendenz gebräuchlichen Verwendung von Wörtern zu. So lässt sich die Verbindung von der Gebräuchlichkeit des Wortschatzes und dem propositionalen Gehalt des Textes als die Vermittlung von vielen Inhalten mithilfe von leicht verständlichem Vokabular auslegen. Die Variable *Zahlen*, die zu der sprachlichen Funktion *Inhaltsaspekt* und der Sprecherstrategie *Explizieren* gruppiert wurde, hat eine geringe Bedeutung für den vierten Faktor. Die negative Bedeutung der Variable *Zahlen* lässt sich dahingehend deuten, dass die Vermittlung der Inhalte nur explizit durch Wörter stattfindet und keine numerische Explikation der Daten und Informationen erforderlich ist.

Tabelle 7.9 Inhaltliche Interpretation der Faktoren durch Zuordnung funktionaler und strategischer Aspekte der Textmerkmale des vierten Faktors

Faktor 4	Gemeinsames Vorkommen der Textmerkmale	Sprachliche Funktion	Sprecherstrategie	Bedeutung
	Gebräuchlichkeit des Wortschatzes	Inhaltsaspekt	Explizieren	Mittel
	Propositionaler Gehalt	Inhaltsaspekt	Verdichten	Mittel
Negative Korrelation	Zahlen	Inhaltsaspekt	Explizieren	Gering

Gemäß Jahr (2008) können alltagssprachliche von wissenschaftssprachlichen Erklärungstexten unterschieden werden. Alltagssprachliche Texte haben das Ziel, zu informieren, während bei wissenschaftlichen Texten die wissensvermittelnde Funktion im Vordergrund steht. In Hinblick auf die Variablen *Gebräuchlichkeit des Wortschatzes* und *propositionaler Gehalt* sind von Erklärungstexten auszugehen, die aufgrund der Orientierung an alltagssprachlicher Kommunikation eine informierende Funktion erfüllen.

Bezeichnung des vierten Faktors: Die Gebräuchlichkeit des Wortschatzes verweist auf das Explizieren von Handlungen und Gegenständen mit bekannten Wörtern bei einer hohen Vermittlungsdichte, repräsentiert durch die mittlere Bedeutung des propositionalen Gehalts. Dieses Textmuster des Erklärens mit bekannten Wörtern bei hoher Vermittlungsleistung zeichnet sich zur Vermittlung von Informationen aus. Außerdem lässt sich die negative Bedeutung der Variable *Zahlen* als die Fokussierung auf die Versprachlichung durch Wörter interpretieren, durch die keine numerische Quantifizierung erfolgt. Die Textmerkmalsmuster weisen aufgrund der Ausführungen und Interpretationen auf eine informationsbezogene Verwendung des Textes hin, infolge dessen der vierte Faktor als *informativ* bezeichnet wird (vgl. Tab. 7.11).

Interpretation der fünften Dimension: Die Zusammenfassung der Textmerkmalsmuster des fünften Faktors sind in Tabelle 7.10 abgebildet. Für den fünften Faktor hat die Variable *Symbole* eine hohe Bedeutung und ist der sprachlichen Funktion *Inhaltsaspekt* und der Sprecherstrategie *Verdichten* zuzuordnen. Die zweite Variable (mathematische Begriffe), die dem fünften Faktor zugeordnet wird, hat nur eine sehr geringe Bedeutung für den Faktor und ist in der sprachlichen Funktion *Inhaltsaspekt* und der Sprecherstrategie *Explizieren* gruppiert. Für die fünfte Dimension ist damit eine funktionale Ausrichtung in Bezug auf den Inhaltsaspekt festzustellen.

Tabelle 7.10 Inhaltliche Interpretation der Faktoren durch Zuordnung funktionaler und strategischer Aspekte der Textmerkmale des fünften Faktors

Faktor 5	Gemeinsames Vorkommen der Textmerkmale	Sprachliche Funktion	Sprecherstrategie	Bedeutung
	Symbole	Inhaltsaspekt	Verdichten	Hoch
	Mathematische Begriffe	Inhaltsaspekt	Explizieren	Sehr gering

Das Textmuster deutet damit auf die inhaltliche und zum hohen Anteil verdichtende Vermittlung hin. Die zwei bedeutsamen Variablen deuten auf eine instruktive Vertextung hin, da nach Möhn (1991) für instruktive Texte typisch ist, dass neben der Anleitung oder Aufforderung selbst nur notwendige Informationen, die für die Durchführung der Handlung benötigt werden, vermittelt werden.

Bezeichnung der fünften Dimension: Die Fokussierung auf den Inhaltsaspekt, besonders durch die hohe Bedeutung der Verdichtung durch Symbole und der Bedeutung der Explikation durch mathematische Begriffe, deutet damit auf eine instruktive Verwendung des Textes hin. Wird ergänzend zu der Faktorenlösung die nichtrotierte Lösung in Abbildung 7.3 zur Interpretation mitbetrachtet, verstärkt sich diese Deutung. Neben der Variable *Zahlen* erreichen die Variablen *Präpositionen* und *lexikalische Vielfalt* bedeutsame Ausprägungen. Das deutet darauf hin, dass die Inhalte des Textes auf die zentralen Elemente des Textes kondensiert werden. Dadurch wird auf die notwendigen Informationen im Text mit dem

nötigen Textmerkmal bei gleichzeitigem Weglassen aller unnötigen Informationen referiert. Aus diesem Grund wird der fünfte Faktor mit dem Label *instruktiv*
bezeichnet (vgl. Tab. 7.11).

Aus der Interpretation der Faktoren ergeben sich Vertextungszusammenhänge
zwischen den Faktoren. So wurden durch die Faktorenanalyse im ersten und
vierten Faktor Textmerkmale systematisiert, die zur Explikation verwendet werden und unter der Bezeichnung *erklärend* und *informativ* differenziert wurden.
Darüber hinaus wurden Textmerkmale in den zweiten und dritten Faktor empirisch zusammengefasst, die dem Vertextungsmuster *Deskription* dienen. Die
Deskription wird durch die interpretierten Bezeichnungen komprimierend und
beschreibend unterschieden. Separiert ist das Vertextungsmuster *Instruktion*, das
sich mit den zusammengefassten Textmerkmalen des fünften Faktors in Beziehung deuten lässt und mit der Bezeichnung *instruktiv* gekennzeichnet wurde
(Abbildung 7.5).

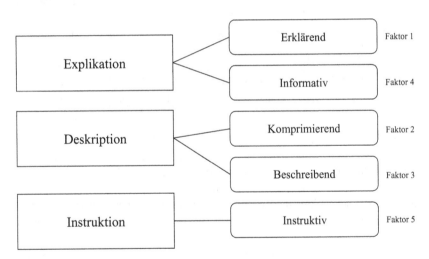

Abbildung 7.5 Systematisierung der interpretierten Bezeichnung der Faktoren für typische
Vertextungsmuster. (Eigene Erstellung)

7.3 Zusammenfassung

Das Potenzial von korpusbasierten Verarbeitungen von Sprache kann durch neue computerbasierte Methoden als besonders hoch eingeschätzt werden. Es können die im Mathematikunterricht vorkommenden Texte analysiert und zentrale Charakteristika beschrieben werden. Neben der manuellen Annotation von sprachlichen Merkmalen dient die automatische Annotation als mächtiges Werkzeug zur Quantifizierung von Textmerkmalen in einem großen Textkorpus.

Die explorative Faktorenanalyse bietet eine methodische Möglichkeit, die systematische Variation von Textmerkmalen zu untersuchen. Es kann das gemeinsame Vorkommen von Textmerkmalen auf den Faktoren bestimmt werden. Dies bietet die Möglichkeit, die Faktoren in einer sprachbezogenen Perspektive zu interpretieren. Aufgrund der Testkriterien und inhaltlichen Abwägungen ist eine Extraktion von fünf Faktoren besonders erklärungsstark. Die Faktoren zeichnen sich durch die charakteristischen Gruppierungen der Variablen aus. Die Gruppierung entwickelt sich aufgrund der unterschiedlich hohen korrelativen Beziehungen (Ladungen) zwischen Variablen und Faktoren. Damit lassen sich die Faktoren voneinander unterscheiden. Die Unterscheidbarkeit kann durch eine Promax-Rotation verbessert werden; so lassen sich die Faktoren besser interpretieren.

Durch die sprachlich-funktionale Gruppierung der Textmerkmale und der Bedeutungszuschreibung der Ladungen sind die Interpretation und die Bezeichnung der Faktoren möglich, indem das gemeinsame Vorkommen der Textmerkmale in Beziehung zu bekannten Vertextungsmustern gesetzt wird. Die Bezeichnungen nach der Interpretation für die fünf Faktoren sind in Tabelle 7.11 zusammengefasst.

Durch die empirische Bildung von sprachlichen Faktoren wurde die dritte Zielsetzung zur Entwicklung eines Instruments zur sprachlichen Variation von mathematischen Textaufgaben realisiert. Die Faktoren lassen sich als die sprachlichen Variationen von Textaufgaben deuten, die tatsächlich in den Textaufgaben im Mathematikunterricht vorkommen und unterschiedliche Funktionen erfüllen, die sich durch die Charakterisierung von typischen Funktionen und Vertextungsmustern abbilden.

Ausblick: Die Extraktion der sprachlichen Faktoren war der erste Teil des Studiendesigns. Die extrahierten Faktoren werden in den weiteren parallelen Studiendesigns dafür genutzt, in einem zweiten quantitativen Studienteil den Effekt auf die Aufgabenschwierigkeit festzustellen. Die Ermittlung des Effekts auf die Aufgabenschwierigkeit erlaubt Rückschlüsse auf die sprachlichen Anforderungen, die mit den sprachlichen Faktoren verbunden sind.

Tabelle 7.11 Zusammenfassung der Bezeichnung der Faktoren nach der Interpretation und Zusammenhang mit den interpretierten Vertextungsmustern

Faktor	Bezeichnung	Vertextungsmuster	Definition
1	Erklärend	Explikation	Unter den erklärenden sprachlichen Faktor in mathematischen Textaufgaben kann eine explikative sprachliche Verwendung zur Formulierung von Aufgaben verstanden werden. Die explikative sprachliche Verwendung bezieht sich auf die inhaltliche Vermittlung und die Beziehung der Inhalte und zeichnet sich durch die Nutzung von begrifflich geprägten und relationalen Textmerkmalen aus.
2	Komprimierend	Deskription	Unter den komprimierenden sprachlichen Faktor in mathematischen Textaufgaben kann eine deskriptive sprachliche Verwendung zur Formulierung von Aufgaben verstanden werden. Die deskriptive sprachliche Verwendung bezieht sich auf eine verdichtende Vermittlung der Wörter in einem allgemeinen Zusammenhang unter der Nutzung von Referenzstrukturen und zeichnet sich durch die Nutzung von durchschnittliche Silbenzahl, diskontinuierliche Texte, Passiv und lexikalische Vielfalt als Textmerkmale aus.
3	Beschreibend	Deskription	Unter den beschreibenden sprachlichen Faktor in mathematischen Textaufgaben kann eine deskriptive sprachliche Verwendung zur Formulierung von Aufgaben verstanden werden. Die deskriptive sprachliche Verwendung bezieht sich auf textuelle Referenzen in einem diskursiven Zusammenhang und zeichnet sich durch die Nutzung von direkten anaphorischen Bezügen, Modalverben und der lexikalischen Vielfalt als Textmerkmale aus.

(Fortsetzung)

Tabelle 7.11 (Fortsetzung)

Faktor	Bezeichnung	Vertextungsmuster	Definition
4	Informativ	Explikation	Unter den informativen sprachlichen Faktor in mathematischen Textaufgaben kann eine explikative sprachliche Verwendung zur Formulierung von Aufgaben verstanden werden. Die explikative sprachliche Verwendung bezieht sich auf eine hohe Informationsübertragung und zeichnet sich durch die Verwendung von vielen Propositionen pro Satz und einem gebräuchlichen Wortschatz aus.
5	Instruktiv	Instruktion	Unter den instruktiven sprachlichen Faktor in mathematischen Textaufgaben kann eine nutzbringende sprachliche Verwendung zur Formulierung von Aufgaben verstanden werden. Die nutzbringende sprachliche Verwendung bezieht sich auf das intendierte Ziel einer Aufgabenstellung und zeichnet sich durch die Nutzung von fachlichen Symbolen und mathematischen Begriffen als Textmerkmale aus.

Zweite quantitative Studie

Der zweite quantitative Teil der Arbeit basiert auf den in Kapitel 7 extrahierten Faktoren. In Abschnitt 6.1 wurden die Zielvoraussetzungen der Ermittlung des Effektes der Faktoren auf die Schwierigkeit von Testaufgaben für das Instrument zur sprachlichen Variation von Textaufgaben formuliert. Die Ermittlung des Effektes der Faktoren auf die Schwierigkeit von Testaufgaben ist bedeutsam, um Kenntnisse darüber zu erlangen, welche praktischen Implikationen sich für Anpassungsstrategien von mathematischen Textaufgaben ergeben. Das heißt, nur mit der Kenntnis darüber, welcher Faktor welchen Effekt auf die Schwierigkeit einer Testaufgabe hat, kann das Instrument zur sprachlichen Veränderung von mathematischen Textaufgaben effektiv für Anpassungsstrategien von Texten an den Lesenden verwendet werden. Um den Effekt auf die Schwierigkeit einer Testaufgabe zu ermitteln, werden die sprachlichen Faktoren als spezifische Aufgabenmerkmale betrachtet. Eine Methode, den Effekt der sprachlichen Faktoren auf die Aufgabenschwierigkeit festzustellen, ist das LLTM als Erweiterung des Rasch-Modells. Mit dem LLTM wird die Aufgabenschwierigkeit durch die Aufgabenmerkmale berechnet. So ist es möglich, die Berechnung der Aufgabenschwierigkeit zwischen LLTM und Rasch-Modell zu vergleichen und den Effekt der Aufgabenmerkmale auf die Schwierigkeit der Testaufgaben zu bestimmen. Das Ziel dieses Kapitels ist es, durch die beiden geschilderten quantitativen Verfahren die Aufgabenschwierigkeiten zu bestimmen sowie zu vergleichen und den Effekt der Faktoren auf die Aufgabenschwierigkeit zu berechnen.

Überblick: Im zweiten quantitativen Teil der Arbeit wird nur ein Teil der Textaufgaben verwendet, die für die Faktorenanalyse in Kapitel 7 analysiert wurden. Aus diesem Grund ergibt sich für die Zielsetzung und die Teilstichprobe eine daran angelehnte Auswertungsmethode (Abschnitt 8.1). Die Auswertungsgrundlage der Teilstichprobe sind Testaufgaben aus einem längsschnittlichen

© Der/die Autor(en) 2021
D. Bednorz, *Sprachliche Variationen von mathematischen Textaufgaben*,
Bielefelder Schriften zur Didaktik der Mathematik 5,
https://doi.org/10.1007/978-3-658-33003-3_8

Datensatz (Abschnitt 8.1.1). Für die Bestimmung des Effektes der Schwierigkeit
ist die Verwendung des Rasch-Modells und des LLTM nötig, wobei Letzteres die
Gültigkeit des Rasch-Modells voraussetzt. Dahingehend ergibt sich ein Ablauf-
modell für die Analyse (Abschnitt 8.1.2). Die erste Methode zur Berechnung
der Aufgabenschwierigkeit ist das Rasch-Modell (Abschnitt 8.2). Dieses ist das
bekannteste Verfahren der Item-Response-Theorie (IRT), die insbesondere zur
Skalierung und Analyse von Testitems verwendet wird und deren methodische
Grundlage vor Verwendung zu klären und auf das Rasch-Modell zu spezifizieren ist (Abschnitt 8.2.1). Zur Testung der Gültigkeit der Modellpassung des
Rasch-Modells können inferenzstatistische oder grafische Überprüfungen genutzt
werden (Abschnitt 8.2.2). Die Bestimmung der Aufgabenschwierigkeiten des
Teildatensatzes führt zu einer Skalierung der Textaufgaben durch das Rasch-
Modell (Abschnitt 8.2.3). Dieses Modell wird anschließend durch das LLTM
erweitert (Abschnitt 8.3). Zunächst wird dahingehend die methodische Grund-
lage des LLTM geschildert und der Zusammenhang zum Rasch-Modell geklärt
(Abschnitt 8.3.1). Als erstes Ergebnis der Ermittlung der Aufgabenschwierigkei-
ten durch das LLTM können die ermittelten Aufgabenschwierigkeiten des Rasch-
Modells und des LLTM miteinander verglichen werden und die Güte des LLTM
kann bestimmt werden (Abschnitt 8.3.2). Als zweites Ergebnis lassen sich die
Effekte der Faktoren auf die Aufgabenschwierigkeit bestimmen (Abschnitt 8.3.3).
Als drittes lässt sich im Hinblick auf die Passung der bestimmten Aufgabenschwierigkeit des LLTM im Vergleich zum Rasch-Modell prüfen, für welche
Testaufgaben eine genaue bzw. weniger genaue Passung der Aufgabenschwierigkeit erreicht wird (Abschnitt 8.3.4). Anhand der Analyse der Passung lassen
sich die Erklärungsleistungen der Aufgabenschwierigkeit durch die Verwendung
von weiteren quantitativen Methoden (Clusteranalyse, Regressionsanalyse) aus-
differenzieren (Abschnitt 8.3.4). Abschließend werden die Ergebnisse des zweiten
quantitativen Teils dieser Arbeit diskutiert (Abschnitt 8.4)

8.1   Auswertungsmethode

Der zweite quantitative Teil dieser Studie erfordert aufgrund der eigenen Zielsetzungen eine darauf ausgelegte Auswertungsmethode.

Überblick (Abschnitt 8.1): Für die Analyse wird nur ein Teil der Gesamtstichprobe
einbezogen und es werden zwei IRT-Modelle verwendet, die zunächst geschildert
werden. Außerdem erfolgt der Hinweis auf die verwendete Software für die Analyse (Abschnitt 8.1.1). Anschließend wird der Ablauf der Analyse erläutert. Dies

betrifft die Durchführung des Rasch-Modells und des darauf aufbauenden LLTM (Abschnitt 8.1.2).

8.1.1 Auswertungsgrundlage

Grundlage der Auswertung für die Rasch-Analyse sind die Daten aus der längs-schnittlichen Studie des Projektes zur Analyse der Leistungsentwicklung in Mathematik (PALMA) (Pekrun et al., 2006; vom Hofe et al., 2002). PALMA umfasst insgesamt sechs Messzeitpunkte, in deren Verlauf die Klassen 5–10 getestet worden sind (vom Hofe et al., 2002). Wie für lang angesetzte längsschnittliche Studien üblich, variiert N für die einzelnen Messzeitpunkte deutlich (N_{MZP1} = 2070, N_{MZP2} = 2070, N_{MZP3} = 2395, N_{MZP4} = 2409, N_{MZP5} = 2521, N_{MZP6} = 1943). Es stammen von der Gesamtstichprobe 68 Aufgaben aus dem Itemsatz von PALMA (MZP_1 = 10 Items, MZP_2 = 8 Items, MZP_3 = 17 Items, MZP_4 = 10 Items, MZP_5 = 15 Items, MZP_6 = 13 Items). Von den vorhandenen Items wurden 16 als Ankeritems für mehrere Messzeitpunkte verwendet. So ergeben sich insgesamt N_{Items} = 47 Items, wie in Abschnitt 6.4 genannt wird, die zur Skalierung in das Rasch-Modell eingebracht werden konnten.

8.1.2 Ablauf der Analyse

Für die zweite quantitative Analyse wurden geeignete Testaufgaben aus der PALMA-Studie selektiert. Grundlage zur Selektion waren Items zur inner- und außermathematischen Modellierung mit offenem Aufgabenformat. Für die weitere Analyse der Bestimmung der Aufgabenschwierigkeiten durch das LLTM war es notwendig, die Aufgaben durch das Rasch-Modell zu skalieren. Das Rasch-Modell muss gelten, damit eine Erweiterung durch das LLTM erfolgen kann. Aus diesem Grund erfolgte die Skalierung der 47 Testaufgaben zunächst durch das Rasch-Modell. Aufgrund des Ankerdesigns und der längsschnittlichen Untersuchungsanlage konnte zur Prüfung des Rasch-Modells nicht der Andersens LR-Test mit dem Split-Kriterium des Mittelwerts verwendet werden. Aufgrund von datenschutzrechtlichen Aspekten konnten ebenfalls keine personenbezogenen Informationen zur Aufteilung des Datensatzes genutzt werden. Entsprechend verblieb zur Prüfung der Passung des Rasch-Modells die Ermittlung von Infit- und Outfit-Statistiken sowie die grafische Überprüfung durch den ICC-Plot und eine Personen-Item-Darstellung bzw. Wright-Darstellung als grafische Option zur Prüfung des Rasch-Modells. Zur vollständigen Darstellung der unterschiedlichen Möglichkeiten der Überprüfung der Geltung des Rasch-Modells werden in Abschnitt 8.2.2 sowohl die inferenzstatistischen Möglichkeiten als auch die grafischen Optionen zur Prüfung des Modells erörtert.

Für das Rasch-Modell wurden die Personenparameter θ und die Itemparameter β und für das LLTM die Itemparameter β und der schwierigkeitsgenerierende Effekt η berechnet. Diese Berechnung erfolgte durch das R-Paket *eRm* (Mair & Hatzinger, 2007). Für das anschließende LLTM wurden die z-standardisierten Regressionswerte der Faktoren über den Median dichotomisiert. Damit entspricht eine 1 einer hohen Ausprägung auf einen Faktor. Für diese Aufgaben kann der jeweilige sprachliche Faktor als bedeutend interpretiert werden. Eine 0 entspricht einer negativen Ausprägung auf einen Faktor. Der sprachliche Faktor kann entsprechend dahingehend gedeutet werden, dass er keine (kaum) Bedeutung für die jeweilige Testaufgabe hat. Die Faktoren werden für das LLTM als Aufgabenmerkmale (kognitive Operatoren) interpretiert, die zur Lösung der Aufgaben benötigt werden.

Durch die in Kapitel 5 erläuterten theoretischen und empirischen Befunde lassen sich für Textmerkmale Ableitungen bezüglich der Erwartungen des Effektes auf die Aufgabenschwierigkeit treffen. Verdeutlicht werden kann dies, wenn die Ergebnisse der Faktorenanalyse, die in Abbildung 8.1 zusammengefasst sind, betrachtet werden. Die in Abbildung 8.1 dargestellte Systematisierung der Textmerkmale erfolgte nicht nach dem Effekt auf die Schwierigkeit des Textes, sondern nach dem gemeinsamen Vorkommen. Das bedeutet, dass je Faktor Textmerkmale vorkommen können, die als schwierigkeitsgenerierend betrachtet werden können oder einen gegenteiligen Effekt auf die Textschwierigkeit haben können.

Es wird nach Kapitel 5 angenommen, dass die Textschwierigkeit einen Einfluss auf die Aufgabenschwierigkeit besitzt. Exemplarisch ist die geringe Erwartbarkeit des Effektes auf die Schwierigkeit des Textes insbesondere für den komprimierenden, beschreibenden und informativen Faktor erkennbar. Die jeweiligen Faktoren sind durch Textmerkmale bestimmt, die auf der einen Seite einen positiven Effekt und auf der anderen Seite einen negativen Effekt auf die Textschwierigkeiten aufweisen können. Beispielsweise hat der komprimierende Faktor zum einen das Textmerkmal *Passiv*, das erwartungsgemäß für einen positiven Effekt auf die Textschwierigkeit gelten kann, und zum anderen Text-Bild-Referenzen, für die tendenziell angenommen werden kann, dass sie einen negativen Effekt auf die Textschwierigkeit aufweisen (vgl. Abschnitt 5.2.4). Entsprechend ergeben sich keine spezifischen Erwartungen für den schwierigkeitsgenerierenden Effekt für

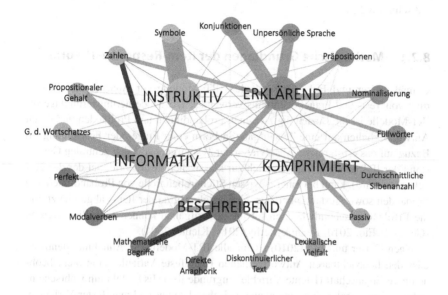

Abbildung 8.1 Zusammenfassung der Faktorenanalyse nach Interpretation der Faktoren. (Eigene Erstellung)

diese Faktoren, stattdessen muss der Effekt auf die Schwierigkeit im Hinblick auf die Ergebnisse der Datenanalyse interpretiert werden.

8.2 Rasch-Modell

Überblick (Abschnitt 8.2): Das Rasch-Modell ist ein Verfahren aus der IRT. Diese wird insbesondere zur Skalierung von Testitems verwendet. Das Rasch-Modell wird genutzt, um die Aufgabenschwierigkeiten für den Teildatensatz in dieser Arbeit zu berechnen. Zur Darstellung der Berechnungsgrundlage wird zunächst die methodische Grundlage der IRT dargestellt und für das Rasch-Modell konkretisiert (Abschnitt 8.2.1). Zur Prüfung der Modellvoraussetzungen existieren inferenzstatistische und grafische Verfahren, die im Überblick dargestellt werden sollen (Abschnitt 8.2.2). Zum Schluss erfolgt die Ergebnisdarstellung der

Skalierung der $N = 47$ ausgewählten Testaufgaben durch das Rasch-Modell (Abschnitt 8.2.3).

8.2.1 Methodische Grundlagen der Item-Response-Theorie

Gemäß Geiser und Eid (2010) werden IRT Modelle zur Analyse und Skalierung von Test- und Fragebogenitems verwendet. Die Modellierungsgrundlage für IRT-Modelle ist die Beziehung zwischen Probandinnen und Probanden und deren Antwortverhalten auf eine Testaufgabe in Form einer Frage oder Feststellung. In Bezug auf das erfolgreiche Absolvieren der Testaufgabe, die den zentralen Gegenstand der IRT darstellt (im Vergleich zur klassischen Testtheorie, bei der der Test betrachtet wird), kann bei einer gewissen Stichprobengröße von Probandinnen und Probanden sowie Testaufgaben der Schwierigkeitsgrad der Items abgeschätzt und die Erfolgswahrscheinlichkeiten für die Testaufgaben können modelliert werden (Geiser & Eid, 2010; Kean & Reilly, 2014; Kleine, 2004).

Nach Geiser und Eid (2010) ist für alle IRT-Modelle die Annahme identisch, dass den beobachtbaren Antwortverhalten (manifeste Variable) eine nicht beobachtbare Eigenschaft (latente Variable) zugrunde liegt. Es besteht ein wahrscheinlichkeitsfunktionaler Zusammenhang zwischen latenter und manifester Variablen. Damit wird die Wahrscheinlichkeit ausgedrückt, dass ein bestimmtes Antwortverhalten zustande kommt, in Beziehung zu der Eigenschaft, die bei der Probandin oder beim Probanden erhoben wird (Personenparameter), und Spezifika der Items (Itemparameter). Aus diesem Grund werden IRT-Modelle unter dem Begriff der *probabilistischen Testtheorie* zusammengefasst.

Grundlegend für die IRT sind die Itemkennlinien bzw. Itemcharakteristika, von denen alle anderen Konstrukte der Theorie abhängen (Baker, 2001; Kleine, 2004). In Abbildung 8.2 ist beispielhaft der ogivenförmige Funktionsverlauf der logistischen Funktion dargestellt, die mit $f(x) = \frac{e^x}{1+e^x}$ definiert ist und als *Item Charakteristic Curve* (ICC) bezeichnet wird (Kleine, 2004).

Die Itemkennlinien besitzen zwei zu interpretierende Eigenschaften. Zum einen kann über die latente Dimension (z. B. Fähigkeit), im Koordinatensystem auf der Abszisse abgetragen, die Schwierigkeit des Items in Bezug auf Personenfähigkeiten begutachtet werden. So kann für die Items jeweils die Wahrscheinlichkeit der Lösung bei einer bestimmten latenten Dimension betrachtet werden (Kleine, 2004). Bei geringen Fähigkeiten erhalten nur leichte Items eine gewisse Wahrscheinlichkeit der Lösung. Demgegenüber ist ein höherer Fähigkeitswert notwendig, um eine gewisse Lösungswahrscheinlichkeit bei schwierigen Items zu erhalten. Zum anderen haben die Itemkennlinien die Eigenschaft der

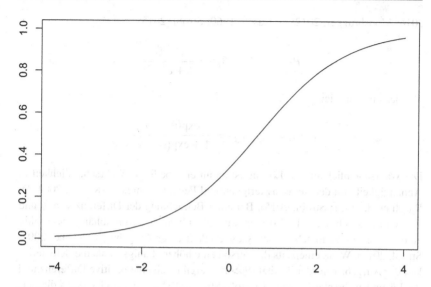

Abbildung 8.2 Beispiel des ogivenförmigen Funktionsverlaufs der logistischen Funktion. (Eigene Erstellung)

Diskrimination bzw. Trennschärfe, mit der geprüft werden kann, wie gut sich Items unterscheiden lassen (Baker, 2001; Geiser & Eid, 2010; D. Rasch et al., 2011). Deutlich wird die Diskrimination durch die Steilheit der Itemkennlinie in ihrem mittleren Abschnitt. Je steiler die Kurve, desto genauer, und je flacher die Kurve, desto ungenauer kann das Item diskriminieren. Das bedeutet, dass die Wahrscheinlichkeit einer korrekten Antwort bei niedriger Fähigkeit annähernd die gleiche ist wie bei einer hohen Fähigkeit.

Wenn bei einem IRT-Modell angenommen wird, dass alle Items dieselbe latente Dimension mit unterschiedlichen Itemschwierigkeiten bei gleicher Trennschärfe besitzen, wird von einem *1-parametrigen Rasch-Modell* gesprochen (da nur eine latente Dimension existiert) (Geiser & Eid, 2010). Das Rasch-Modell wird als das unkomplizierteste IRT-Modell bezeichnet, da es die Wahrscheinlichkeit einer Aufgabenlösung in Abhängigkeit von der Differenz zwischen Fähigkeit und Itemschwierigkeit modelliert (Geiser & Eid, 2010; Moosbrugger, 2012; G. Rasch, 1960).

Bei dem Rasch-Modell wird angenommen, dass die Lösungswahrscheinlichkeit von der Schwierigkeit des Items β_j und von der Personenfähigkeit θ_i abhängt. Die Modellgleichung für das Rasch-Modell lautet (Bühner, 2011; Eid & Schmidt,

2014; Moosbrugger, 2012; G. Rasch, 1960; Strobl, 2015):

$$P(U_{ij} = 1|\theta_i, \beta_j) = \frac{e^{\theta_i - \beta_j}}{1 + e^{\theta_i - \beta_j}}$$

oder umformuliert:

$$P(U_{ij} = 1|\theta_i, \beta_j) = \frac{\exp(\theta_i - \beta_j)}{1 + \exp(\theta_i - \beta_j)}$$

Die Wahrscheinlichkeit zur Lösung ist damit eine bedingte Wahrscheinlichkeit in Abhängigkeit von der Itemschwierigkeit und Personenfähigkeit (Kleine, 2004; D. Rasch et al., 2011; Strobl, 2015). Bei einer Betrachtung der Differenz von θ_i und β_j, wird deutlich, dass die Lösungswahrscheinlichkeit davon abhängt, wie fähig eine Person im Vergleich zu der Schwierigkeit einer Aufgabe ist (Kleine, 2004; Strobl, 2015). Wenn einerseits die Person eine höhere Fähigkeit als die Schwierigkeit der Aufgabe erfordert besitzt ($\theta_i > \beta_j$), ergibt sich eine positive Differenz und die Lösungswahrscheinlichkeit ist groß (Strobl, 2015). Wenn andererseits die Person eine niedrigere Fähigkeit als die Schwierigkeit der Aufgabe erfordert besitzt ($\theta_i < \beta_j$), ergibt sich eine negative Differenz und die Lösungswahrscheinlichkeit ist niedrig (Strobl, 2015).

Die in der Gleichung genannte bedingte Wahrscheinlichkeit wird durch den ICC-Plot in Abbildung 8.2 grafisch dargestellt. Nach der Modellgleichung ergibt sich zwischen Itemschwierigkeit und Personenfähigkeit ein logistischer Zusammenhang (Geiser & Eid, 2010; Kleine, 2004).

Das Rasch-Modell besitzt zwei bedeutsame statistische Grundannahmen. Die erste ist die der suffizienten Statistiken. Die suffizienten Statistiken ergeben sich beim Rasch-Modell aus den Zeilenrand-Summen $r_i = \sum_{j=1}^{m} u_{ij}$ und den Spalten-Randsummen $s_j = \sum_{i=1}^{n} u_{ij}$ (Geiser & Eid, 2010; Strobl, 2015). Suffiziente Statistik bedeutet dahingehend, dass es zur Schätzung der Fähigkeit einer Person irrelevant ist, welche Aufgaben sie gelöst hat, und dass nur von Bedeutung ist, wie viele Aufgaben von der Person in Summe gelöst wurden. Ebenfalls ist für die Abschätzung der Itemschwierigkeit unerheblich, welche Person welche Aufgabe gelöst hat. Hierbei ist die Summe der gesamten Probandinnen und Probanden für die Aufgabe entscheidend.

Die zweite statistische Grundannahme beim Rasch-Modell ist die der lokalen stochastischen Unabhängigkeit (Geiser & Eid, 2010; D. Rasch et al., 2011; Strobl, 2015). Für mehrere Aufgaben im Rasch-Modell muss entsprechend gelten, dass die Lösungswahrscheinlichkeit einer Aufgabe unabhängig davon ist, ob eine andere Aufgabe gelöst werden konnte (Geiser & Eid, 2010; Strobl, 2015). Daraus ergibt sich für die Itemkonstruktion, dass die Lösungswahrscheinlichkeit bei Teilaufgaben nicht von Teillösungsschritten abhängt.

Ein weiteres Kriterium des Rasch-Modells ist die spezifische Objektivität. Das bedeutet zum einen, dass es zur Prüfung der Fähigkeit von Personen unerheblich ist, mit welcher Lösungswahrscheinlichkeit einer konkreten Aufgabe die Personen verglichen werden. Zum anderen ist ein Vergleich der Schwierigkeit der Items unabhängig von den Fähigkeiten möglich (Geiser & Eid, 2010; D. Rasch et al., 2011; Strobl, 2015).

8.2.2 Prüfen der Modellpassung

Zur Prüfung der Modellpassung des Rasch-Modells ergeben sich unterschiedliche Prüfverfahren. Sie werden in inferenzstatistische Modelltests (z. B. Andersen-Test) und nicht inferenzstatistische Modelltests (grafische Modelltests) differenziert.

Eine Möglichkeit zur inferenzstatistischen Prüfung des Modells ist der *Likelihood-Ratio Test* (LR-Test) nach Andersen (1973). Für den LR-Test wird die Stichprobe geteilt. Das Teilungskriterium kann beispielsweise der Mittelwert oder Median der Lösungshäufigkeit oder aus Personenausprägungen wie dem Geschlecht bestehen (Bühner, 2011). Durch den LR-Test wird ein empirischer χ^2-Wert berechnet und mit dem kritischen χ^2-Wert mittels der Anzahl der vorhandenen Freiheitsgrade verglichen (Bühner, 2011; D. Rasch et al., 2011). Ein signifikantes Ergebnis des LR-Test bedeutet, dass die Annahme verworfen werden muss, dass das Rasch-Modell gilt. Ein nicht signifikantes Ergebnis des LR-Tests verweist darauf, dass das Rasch-Modell gilt und beibehalten werden kann (Andersen, 1973). Neben dem LR-Test basiert als weiterer inferenzstatistischer Modelltest der Wald-Test auf dem Vergleich von Gruppen. Für den Wald-Test wird jedoch jedes einzelne Item betrachtet. Dies kann dazu beitragen, unpassende Items aus dem Modell zu eliminieren (D. Rasch et al., 2011). Wie in Abschnitt 8.1.2 benannt, kann aufgrund des Ankerdesigns und fehlender personenbezogener Angaben, weder der LR-Test nach Andersen noch der Wald-Test zur Prüfung des Rasch-Modells verwendet werden.

Neben dem LR-Test bietet sich noch die Prüfung über Infit- und Outfit-Statistiken an. Hierbei werden nicht Gruppen verglichen, sondern die quadrierten Residuen (Ayala, 2009). Die Interpretation der Infit- und Outfit-Mean-Square (MSQ) erfolgt durch Ermittlung der Passung der Itemschwierigkeit und der Personenparameter. Nach Wright und Linacre (1994) sind Werte, die einen MSQ über

2 erreichen, als nicht akzeptabel anzusehen. Solche MSQ, die kleiner als 1.5–2.0 sind, können aufgrund der nicht zu verschlechternden Statistik beibehalten werden. Als optimal bewertet werden MSQ zwischen 0.5 und 1.5. Ein Infit von 1 weist auf perfekte Passung zum Modell hin. Items, die kleiner sind als 1, stellen einen Overfit dar und diskriminieren tendenziell stark.

Eine nicht inferenzstatistische Modelltestung kann über einen Goodness-Of-Fit(GOF)-Plot erfolgen. Die Voraussetzung für einen GOF-Plot ist die vorherige Berechnung durch den Andersen LR-Test. Damit stellt die Darstellung über einen GOF-Plot die Visualisierung des Ergebnisses der LR-Tests dar. Der GOF kann dahingehend interpretiert werden, dass die Passung eines Items umso geringer ist, je weiter es von der Diagonalen entfernt ist (Andersen, 1973). Außerdem können zur genauerer Interpretation Konfidenzintervall-Ellipsen dargestellt werden, um zu prüfen, ob ein Item eine hinreichende Passung erreicht.

Daneben bietet sich zur grafischen Modellpassung die Prüfung durch den ICC-Plot, einen Personen-Item-Plot oder die Wright-Map an. Mit dem ICC-Plot kann die Funktionsweise der Items charakterisiert und die theoretisch angenommene Verteilung empirisch überprüft werden. Im ICC-Plot können unübliche Verläufe von Items für die Passung zum Rasch-Modell registriert und Items daraufhin selektiert werden. Eine genauere Überprüfung ermöglichen der Personen-Item-Plot und die Wright-Map, die beide die Ausprägungen der Items und der Personenparameter auf der latenten Dimension darstellen. Dahingehend kann durch die grafische Überprüfung abgebildet werden, ob durch die vorhandenen Items die Fähigkeiten der Personen in ausreichendem Maße gemessen werden können.

8.2.3   Ergebnisse Rasch-Modell

Zur Darstellung der Ergebnisse der Skalierung der mathematischen Testaufgaben werden deskriptive Statistiken, Statistiken zur Reliabilität und der geschätzten β-Werte zur Schwierigkeit der einzelnen Testaufgaben berichtet.

Nach dem in Abschnitt 8.1.2 erläuterten Vorgehen wurden $N = 47$ mathematische Testaufgaben der unterschiedlichen Messzeitpunkte aus PALMA in einen zusammengeführten Datensatz übertragen, um darauf aufbauend die Re-Analyse der ausgewählten Textaufgaben mit offenem Aufgabenformat für das Rasch-Modell durchzuführen. Für das Rasch-Modell ergibt sich eine Conditional Log Likelihood von -26765.2 mit einer Parameteranzahl von $N = 46$. Die Varianz der Aufgabenschwierigkeit liegt bei 2.31 ($SD = 1.52$). Der kleinste Wert für die Aufgabenschwierigkeit beträgt $\beta_{min} = -3.56$. Der größte erreichte Wert für die Aufgabenschwierigkeit liegt bei $\beta_{max} = 3.44$. Die Messgenauigkeit für die vorliegenden Testaufgaben liegt bei $EAP_{Reliabilität} = 0.613$ ($WLE_{Reliabilität} = 0.468$). Aufgrund des geschilderten Ankerdesigns haben nicht alle Schülerinnen und Schüler alle Aufgaben bearbeitet; entsprechend ist nicht von einer hohen Reliabilität auszugehen. Aus diesem Grund ist die berichtete Reliabilität als zufriedenstellend anzusehen.

In Abbildung 8.3 sind für die einzelnen Testaufgaben die charakteristischen Itemkennlinien dargestellt. Wie in Abbildung 8.2 exemplarisch dargestellt, entspricht der empirisch ermittelte Verlauf der 47 Items aus den Aufgabensamples dem theoretisch angenommenen ogivenförmigen Funktionsverlauf der logistischen Funktion, der durch das Rasch-Modell postuliert wird und in Abschnitt 8.2.1 erläutert wurde. Das leichteste Item *Hundefutter* (Nummer 3, da unsortiert, vgl. Tabelle 8.2) erreicht bei einer Traitausprägung der latenten Dimension von 0 eine fast hundertprozentige Lösungswahrscheinlichkeit. Im Gegensatz dazu erreicht das schwerste Item *Zahlenrätsel* (Nummer 45, da unsortiert, vgl. Tabelle 8.1) nur eine Lösungswahrscheinlichkeit, die knapp über 0 ist. Der ICC-Plot in Abbildung 8.3 macht deutlich, dass sich die Traitausprägung der

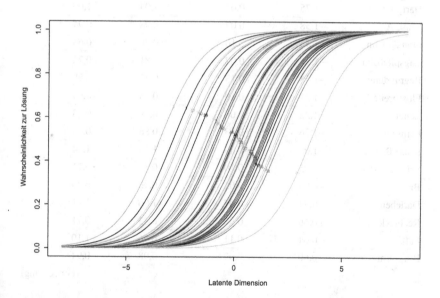

Abbildung 8.3 Charakteristische Itemkennlinien (ICC) der Testaufgaben nach Skalierung durch das Rasch-Modell. (Eigene Erstellung)

Testaufgaben breit auf der latenten Dimension erstreckt und so unterschiedliche Fähigkeiten gemessen werden können.

In Tabelle 8.1 (für negative β) und fortgesetzt in Tabelle 8.2 (für positive β) sind die Ergebnisse der Skalierung der Aufgabenschwierigkeit der Testaufgaben dargestellt. Für die Auflistung in den Tabellen 8.1 und 8.2 wurden die geschätzten Aufgabenschwierigkeiten von aufsteigender nach absteigender Schwierigkeit sortiert. Die Testaufgabe *Brinkmeier* wurde in allen Messzeitpunkten als Item verwendet. Die restlichen Testaufgaben wurden jeweils nur für einen, zwei, drei oder vier Messzeitpunkte genutzt.

Tabelle 8.1 Schätzung der Aufgabenschwierigkeiten des Rasch-Modells (negatives β)

Item	Geschätztes β	Standardfehler	Infit-MSQ	Outfit-MSQ
Zahlenrätsel	−3.56	0.14	0,76	0,60
Diagonale	−2.15	0.07	0,81	0,62
Grünberg	−2.02	0.07	0,77	0,57
Litfaßsäule	−1.94	0.10	0,89	0,86
Harry Potter	−1.75	0.07	1,04	1,00
Pause A	−1.58	0.07	0,98	0,94
Frau Amann	−1.45	0.10	0,76	0,65
Zugspitzbahn	−1.38	0.07	0,81	0,72
Begründung	−1.38	0.13	0,87	0,78
Flussbreite	−1.37	0.10	0,98	0,94
Leiter	−1.32	0.08	0,79	0,73
Fernseher	−1.26	0.13	0,86	0,58
Pause B	−1.09	0.09	1,15	1,24
Schnellfahrer	−1.05	0.10	0,84	0,71
Brot	−0.99	0.08	0,96	0,90
Darlehen	−0.94	0.07	1,06	1,01
Rechteck	−0.66	0.06	0,83	0,71
Füße	−0.64	0.11	0,96	1,10
Burgturm	−0.60	0.07	0,98	0,94

(Fortsetzung)

Tabelle 8.1 (Fortsetzung)

Item	Geschätztes β	Standardfehler	Infit-MSQ	Outfit-MSQ
Goethe B	−0.53	0.08	0,92	0,80
Freibad	−0.51	0.08	0,88	0,82
Farbe	−0.35	0.11	0,91	0,84
Rechenausdruck	−0.21	0.07	1,09	1,03
Lernpro 3	−0.21	0.12	0,80	0,77
Glühlampe	−0.21	0.12	0,81	0,69
Seehund	−0.02	0.09	0,94	0,90

Tabelle 8.2 Schätzung der Aufgabenschwierigkeiten des Rasch-Modells (positives β)

Item	Geschätztes β	Standardfehler	Infit-MSQ	Outfit-MSQ
IPod	0.02	0.08	0,96	0,95
Schulfahrt	0.09	0.08	0,77	0,64
Flakes	0.27	0.11	0,90	0,87
Lena	0.29	0.06	1,00	1,07
Quark	0.70	0.07	0,86	0,78
Bratkartoffeln	0.80	0.08	0,89	0,82
Arbeitsamt	0.83	0.07	0,95	1,01
Lotto	0.90	0.06	0,88	0,84
Aktion	1.05	0.06	0,89	0,86
Stausee	1.11	0.08	0,94	0,89
Schoko	1.19	0.06	0.83	0.77
Schulfest	1.33	0.07	1,01	1,03
Erbsen	1.36	0.08	1,00	0,96
Füssen	1.78	0.10	0,70	0,60
Dreieckswinkel	1.79	0.08	0,92	0,87
Kontostand A	2.06	0.06	0,93	0,90
Kontostand B	2.18	0.10	1,03	1,17
Andreas	2.46	0.08	1,05	1,12
Kinderzimmer	2.54	0.08	1,09	1,19

(Fortsetzung)

Tabelle 8.2 (Fortsetzung)

Item	Geschätztes β	Standardfehler	Infit-MSQ	Outfit-MSQ
Brinkmeier	2.83	0.05	0.98	1.22
Hundefutter	3.44	0.07	0.82	0.89

Die anspruchsvollste Testaufgabe nach den Schätzungen des Rasch-Modells ist die Testaufgabe *Zahlenrätsel* aus dem sechsten Messzeitpunkt (vgl. Tabelle 8.1 und Tabelle 8.3). Die leichteste Testaufgabe nach der Schätzung durch das Rasch-Modell ist die Aufgabe *Hundefutter* aus dem ersten und zweiten Messzeitpunkt (vgl. Tabelle 8.2 und Tabelle 8.3).

Inwieweit die Testaufgaben die Fähigkeiten der Personen in genauem Maße messen, wird durch die Personen-Item-Darstellung in Abbildung 8.4 deutlich. In der Abbildung wird im oberen Bereich die Verteilung der Fähigkeitsparameter der Testpersonen dargestellt. Im unteren Bereich werden die Testaufgaben sortiert nach der Aufgabenschwierigkeit an der latenten Dimension angeordnet.

Durch die in Abbildung 8.4 dargestellten Personen-Item-Darstellungen ist es möglich, grafisch zu prüfen, ob die verwendeten Testaufgaben die Traitausprägungen der Personenfähigkeiten auf der latenten Dimension messen können. In Abbildung 8.4 ist zu erkennen, dass der größte Anteil der Verteilung der Personenfähigkeiten von den eingesetzten Testaufgaben gemessen wird. Die grafische Überprüfung bietet jedoch nur einen ungenauen Hinweis darauf, inwieweit eine hohe Passung der Testaufgaben an das Rasch-Modell vorliegt. Aus diesem Grund werden die Infit- und Outfit-Statistiken betrachtet. Neben der grafischen Überprüfung weisen die Infit- und Outfit-Statistiken der skalierten Testaufgaben in den Tabellen 8.1 und 8.2 auf die hohe Passung der Testaufgaben zum Rasch-Modell hin. Die Infit-Werte liegen in einem Bereich von 0.70–1.15, die Outfit-Werte in einem Bereich von 0.57–1.24. Die Werte liegen in dem von Wright und Linacre (1994) definierten Bereich zwischen 0.5 und 1.5, der für Testaufgaben für die Messung als produktiv erachtet werden kann.

Tabelle 8.3 Darstellung der leichtesten und schwierigsten Testaufgaben in dem vorliegenden Datensatz

Aufgabe Hundefutter: Kathrin hat fünf Dosen Hundefutter gekauft. Zusammen kosten die Dosen 10,50 €. Wie viel kostet eine Dose?	Aufgabe Zahlenrätsel: Die Differenz zweier Zahlen beträgt 7. Multipliziert man die kleinere Zahl mit 2 und die größere mit 3, so beträgt die Differenz 25. Wie lauten die beiden Zahlen?

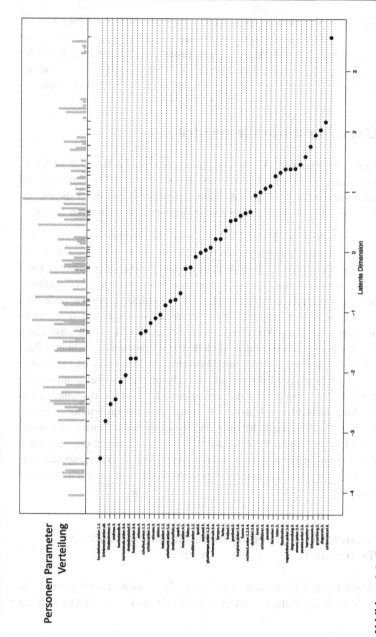

Abbildung 8.4 Personen-Item-Darstellung der Ausprägungen der Testaufgaben und der Personenfähigkeiten auf der latenten Dimension. (Eigene Erstellung)

Die Infit- und Outfit-Statistiken weisen, neben der grafischen Prüfung, auf eine hohe Passung der Testaufgaben zum Rasch-Modell hin. Aus diesem Grund wird das Rasch-Modell für die Skalierung der Testaufgaben angenommen und die Nullhypothese, dass das Rasch-Modell nicht gilt, wird verworfen. Aufgrund der Geltung des Rasch-Modells kann die Erweiterung durch das LLTM erfolgen.

8.3   Linear-logistisches Testmodell

Aufgrund der in Abschnitt 8.2.3 erläuterte Annahme, dass das Rasch-Modell gilt, kann die Erweiterung durch das LLTM erfolgen. Durch das LLTM werden die im Rasch-Modell verwendeten 47 Aufgabenschwierigkeiten durch die 5 dichotomisierten Faktorenwerte der sprachlichen Faktoren ersetzt (vgl. Abschnitt 8.1.2).

Überblick (Abschnitt 8.3): Das LLTM ist eine Möglichkeit, die durch das Rasch-Modell erstellten Aufgabenschwierigkeiten durch Aufgabenmerkmale der Testaufgaben zu schätzen. Das LLTM dient in dieser Arbeit zur Schätzung der durch das Rasch-Modell bestimmten Aufgabenschwierigkeiten, deren methodische Grundlage vorgestellt wird (Abschnitt 8.3.1). Aufgrund der methodischen Anlage des LLTM ist es möglich, die Aufgabenschwierigkeiten des Rasch-Modells mit den geschätzten Aufgabenschwierigkeiten des LLTM zu vergleichen und so die Passung zwischen beiden Modellen zu evaluieren (Abschnitt 8.3.2). Wenn die Passung der geschätzten Aufgabenschwierigkeiten des LLTM ausreichend ist, kann der Effekt der Faktoren (als Aufgabenmerkmale) bestimmt werden (Abschnitt 8.3.3). Der Vorteil der Verwendung des LLTM ist die Berechnung von geschätzten Aufgabenschwierigkeiten je Testaufgabe. So kann ermittelt werden, für welche Testaufgaben die Schätzung durch die Faktoren genau oder weniger genau erfolgte (Abschnitt 8.3.4). Durch die Ergebnisse dieser differenzierten Betrachtung können die Testaufgaben mithilfe einer Clusteranalyse gruppiert werden und die Erklärungsleistung der Aufgabenschwierigkeiten kann jeweils durch ein Regressionsmodell separiert bestimmt werden (Abschnitt 8.3.5).

8.3.1 Methodische Grundlagen des linear-logistischen Testmodells

Wie in Abschnitt 8.2.1 erläutert, beschreibt das Rasch-Modell sowohl die Personen- als auch die Aufgabenseite bei der Datenanalyse. Es dient damit zur

Vorhersage einer Wahrscheinlichkeitsaussage über die Aufgabenlösung bei einer bestimmten Fähigkeit.

Nach Zimmermann (2016) kann die Aufgabenschwierigkeit des Rasch-Modells als abhängige Variable für weiterführende Analysen verwendet werden – beispielsweise, um den Einfluss bestimmter Aufgabenmerkmale als unabhängige Variablen zu bestimmen. Zur Erklärung der Aufgabenschwierigkeit durch Aufgabenmerkmale ergeben sich zwei häufig genutzte Verfahren. Erstens können über ein Regressionsmodell die Aufgabenschwierigkeit als abhängige Variable, die erklärt werden soll, verwendet werden und über sprachliche Merkmale als unabhängige Variablen erklärt werden. Zweitens existieren neben dem Rasch-Modell weitere IRT-Modelle, die die Aufgabenschwierigkeit nur auf der Seite der Aufgabenmerkmale erklären. Ein solches Modell ist das LLTM, für das die Geltung des Rasch-Modells vorausgesetzt wird (Wilson & Boeck, 2004; Wilson & Moore, 2011). Analysen zeigen die Tendenz, dass eine Erklärung der Aufgabenschwierigkeit durch Regressionsmodelle zu ähnlichen Ergebnissen wie das LLTM führt (Hartig, 2007; Isaac & Hochweber, 2011; Zimmermann, 2016).

Das LLTM wird in der vorliegenden Arbeit verwendet, da es bezüglich der Konzeptualisierung eines Instruments zur sprachlichen Variation von Textaufgaben und der mathematikdidaktischen Betrachtung der Textaufgaben einen besonderen Vorteil aufweist. Mit dem LLTM werden die Aufgabenschwierigkeiten jeder Testaufgabe geschätzt. So kann eindeutig bestimmt werden, für welche Testaufgaben die Schätzung der Aufgabenschwierigkeiten durch die Aufgabenmerkmale genau oder weniger genau erfolgte. Daraus können weiterführende Schlüsse gezogen werden, die in den Abschnitten 8.3.4 und 8.3.5 genutzt und dargestellt werden.

Das LLTM unterscheidet sich vom Rasch-Modell in der Hinsicht, dass die Aufgabenschwierigkeiten durch eine Linearkombination aus mehreren Aufgabenmerkmalen (in der statistischen Terminologie: Basisparametern) bestimmt werden. Aus der Formulierung der Aufgabenschwierigkeit β_j als Linearkombination aus mehreren Basisparametern ergibt sich folgende Erweiterung des Rasch-Modells nach Fischer (1973):

$$\eta_{pi} = \theta_p - \sum_{k=0}^{K} \beta_k X_{ik}$$

Dabei ist X_{ik} die ermittelte Schwierigkeit des Basisparameters für ein Item i des Basisparameters k und β_k indiziert die Gewichtung des Basisparameters k. In Anbetracht des in Abschnitt 8.2.1 formulierten Rasch-Modells wird deutlich, dass der Itemparameter j durch die lineare Funktion ersetzt wurde:

$$\beta'_j = \sum_{k=0}^{K} \beta_k X_{ik}$$

Dabei entspricht β'_j nicht β_j, da die Schätzung der Aufgabenschwierigkeit durch das LLTM nie der Schätzung des Rasch-Modells perfekt entsprechen wird (Wilson & Boeck, 2004).

Die eingebrachten Basisparameter durch die Erweiterung des Rasch-Modells durch das LLTM werden inhaltlich als die Schwierigkeit von Aufgabenmerkmalen bzw. Aufgabeneigenschaften – im Fall dieser Arbeit der in Kapitel 7 extrahierten Faktoren – der Testaufgaben gedeutet. Die Aufgabenmerkmale werden dahingehend häufig als *kognitive Operatoren* bezeichnet, die benötigt werden, um eine bestimmte Testaufgabe mit der Festlegung einer bestimmten, a priori gesetzten Gewichtung zu lösen (Baghaei & Kubinger, 2015). Damit wird die Aufgabenschwierigkeit über die Anzahl und Art der für die Lösung notwendigen Teiloperationen festgelegt (Zimmermann, 2016).

Der Unterschied zwischen Rasch-Model und LLTM ergibt sich aus dem Beitrag der jeweiligen Aufgabenmerkmale für jede Aufgabe (Wilson & Moore, 2011). Im LLTM wird daher postuliert, dass die Schwierigkeitsparameter vollständig durch die Aufgabenmerkmale erklärt werden können, was das LLTM zu einem restriktiven Modell macht (Wilson & Moore, 2011). Aufgrund der Restriktion wird das LLTM als konservativ erachtet, da häufig nur eine weniger genaue Passung zum Rasch-Modell erreicht wird (Baghaei & Kubinger, 2015; Hartig, 2007; Hartig et al., 2012; Hartig & Frey, 2012; Isaac & Hochweber, 2011; Wilson & Moore, 2011).

8.3.2   Ergebnisse: Modellvergleich

Für das LLTM ergibt sich eine Conditional Log Likelihood von –35230.45 mit einer Parameteranzahl (Anzahl der Faktoren) von $N = 5$ ($SD = 0.65$, β MinLLTM $= -1.7$, β MaxLLTM $= 0.3$). Das Modell ist aufgrund der hohen Parameterreduktion im Vergleich zum Rasch-Modell deutlich sparsamer, wodurch sich jedoch auch die Gesamtvarianz der Aufgabenschwierigkeit reduziert. Insgesamt ergibt sich eine Verringerung der Parameteranzahl um 89.36 %.

Zur Prüfung der Modellgüte des LLTM im Vergleich zum Rasch-Modell wurde die negative doppelte Log-Likelihood verwendet ($\chi^2 = 16930.5$, $df = 41$, p

<.001). Das Ergebnis zeigt eine weniger genaue Passung der durch das LLTM geschätzten Aufgabenschwierigkeit im Vergleich zu den Aufgabenschwierigkeiten, die durch das Rasch Modell geschätzt worden sind – da p signifikant ist, ist ein Unterschied vorhanden der nicht nur zufällig ist. Wie in Abschnitt 8.3.1 erläutert, handelt es sich beim LLTM um ein restriktives Modell; daher war die weniger genaue Passung zu erwarten, insbesondere im Hinblick auf die deutliche Parameterreduktion.

Um zu prüfen, inwieweit die Ergebnisse des LLTM bei der hohen Reduktion der Parameter, die die Aufgabenschwierigkeiten schätzen, als belastbar zu erachten sind, wurden die Beziehungen der geschätzten β-Werte des LLTM mit den Ergebnissen aus dem Rasch-Modell verglichen. In Abbildung 8.5 sind zwei Möglichkeiten des Modellvergleichs zwischen LLTM und Rasch-Modell abgebildet.

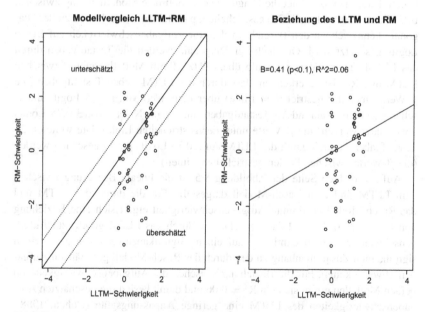

Abbildung 8.5 Modellvergleich des linear-logistischen Testmodells (LLTM) und des Rasch-Modells (RM) – links über eine Winkelhalbierende und rechts durch eine Regression. (Eigene Darstellung)

Die erste Möglichkeit, um die Beziehung zwischen den geschätzten β-Werten zu beurteilen, ist eine grafische Prüfung durch eine Winkelhalbierung des Koordinatensystems zwischen der Traitausprägung des Rasch-Modells und des LLTM. Die Winkelhalbierende indiziert, in welchem Bereich die Aufgabenschwierigkeiten durch das LLTM korrekt geschätzt oder unter- oder überschätzt werden. Diese Möglichkeit ist in Abbildung 8.5 auf der linken Seite dargestellt, mit der Überschrift *Modellvergleich LLTM-RM*. Die zweite Möglichkeit ist der Vergleich der linearen Beziehungen zwischen den geschätzten β-Werten aus beiden Modellen. Diese Möglichkeit ist in Abbildung 8.5 auf der rechten Seite abgebildet, mit der Überschrift *Beziehung des LLTM und RM*.

Auf der linken Seite der Abbildung 8.5 kennzeichnet die Diagonale eine optimale Modellpassung zwischen LLTM und Rasch-Modell. Der Abstand der β-Werte (abgebildet durch die Punkte) zu der Winkelhalbierenden markiert die nicht durch die Basisparameter (Faktoren) erklärte Varianz in den Aufgabenschwierigkeiten. Damit kennzeichnet die Diagonale eine optimale Modellpassung zwischen LLTM und Rasch-Modell. Die gestrichelten, parallel laufenden Linien zu der Diagonale kennzeichnen den Bereich, in dem die Aufgabenschwierigkeit auf ± 0.75 Logits geschätzt wird. Oberhalb der Diagonale werden die Testaufgaben durch das LLTM unterschätzt, unterhalb überschätzt. Beim Modellvergleich zwischen LLTM und RM ist zu erkennen, dass durch das LLTM sieben Testaufgaben (die β-Werte über der gestrichelten Linie) über dem Wert von ± 0.75 Logits unterschätzt werden, während 15 Testaufgaben unter dem Niveau von ± 0.75 Logits überschätzt werden (die β-Werte unter der gestrichelten Linie). Die weiteren 24 Testaufgaben können durch das LLTM auf ± 0.75 Logits genau geschätzt werden (die β-Werte zwischen beiden gestrichelten Linien).

Auf der rechten Seite der Abbildung 8.5 ist die lineare Beziehung zwischen dem LLTM und dem Rasch-Modell dargestellt. Für die durch das LLTM und das Rasch-Modell bestimmte Aufgabenschwierigkeit ergibt sich eine Beziehung von B $= 0.41$ ($t(46) = 1.745$; $p < .1$). Die durch das LLTM geschätzte Aufgabenschwierigkeit zeigt damit nur auf einem Signifikanzniveau von $p < .1$ einen signifikanten Zusammenhang zu den durch das Rasch-Modell geschätzten Aufgabenschwierigkeiten. Für die Beziehung zwischen der Aufgabenschwierigkeit von beiden Modellen ergibt sich ein $R^2 = 0.06$ und damit besitzt die geschätzten Aufgabenschwierigkeiten des LLTM eine geringe Anpassungsgüte (Cohen, 1988). Insgesamt können 6 % der Varianz in den durch das Rasch-Modell bestimmten Aufgabenschwierigkeiten durch die geschätzten Aufgabenschwierigkeiten des LLTM erklärt werden. Daraus ergibt sich ein signifikanter Anteil an Varianz, der durch die Aufgabenschwierigkeiten des LLTM erklärt werden kann (F $(1, 45) = 6.43$; $p < .05$).

Für die durch das LLTM geschätzten Parameter kann eine signifikante Beziehung und Erklärung der Varianz der Aufgabenschwierigkeiten gezeigt werden. Außerdem können die meisten Aufgabenschwierigkeiten durch das LLTM mit einer Genauigkeit von $\pm\,0.75$ Logits bestimmt werden. Anhand der dargestellten Ergebnisse kann die Erklärungsleistung des LLTM, im Kontext seiner deutlichen Parameterreduktion und des intendierten Ziels, als ausreichend aussagekräftig betrachtet werden. Aus diesen Gründen kann das LLTM zur weiteren Analyse der Aufgabenschwierigkeiten und des Effektes der Faktoren auf die Aufgabenschwierigkeit genutzt werden. Relevant scheint hierbei jedoch, die Ergebnisse des LLTM im Hinblick auf die Schätzungen der Aufgabenschwierigkeiten je Faktor näher zu betrachten (vgl. Abschnitt 8.3.4).

8.3.3 Ergebnisse: Effekt der Faktoren auf die Aufgabenschwierigkeit

Neben der Ermittlung der Aufgabenschwierigkeiten durch das LLTM kann der Effekt der einzelnen Faktoren auf die Aufgabenschwierigkeit geschätzt werden. Die Faktoren werden als Aufgabenmerkmale behandelt, die zur Lösung der Aufgabe notwendig sind.

Durch die Textmerkmale, die je Beziehung zum Faktor gruppiert wurden, lassen sich unterschiedliche Effekte auf die Textschwierigkeit abschätzen. Durch die in den Abschnitten 2.4.3 und 5.4.2 dargestellten theoretischen Erkenntnisse kann die Annahme getroffen werden, dass sich die Textschwierigkeit positiv auf die Aufgabenschwierigkeit auswirken kann. Die Ergebnisse der η-Schätzungen für den Effekt auf die Schwierigkeit der Aufgaben sind in Abbildung 8.6 dargestellt.

In der Abbildung 8.6 ist jeweils zu erkennen, dass der erklärende Faktor den stärksten positiven Effekt mit $\eta = 1.204$ auf die Aufgabenschwierigkeit aufweist. Weitere positive, jedoch deutlich geringere Effekte auf die Aufgabenschwierigkeiten werden für den informativen ($\eta = 0.222$) und den instruktiven ($\eta = 0.277$) Faktor durch das LLTM geschätzt. Einen negativen Effekt auf die Aufgabenschwierigkeit haben der komprimierende ($\eta = 0.252$) und beschreibende ($\eta = 0.045$) Faktor, was bedeutet, dass die Aufgaben durch die Faktoren leichter werden.

Um die Ergebnisse im Hinblick auf die gemeinsam vorkommenden Textmerkmale und deren Effekt auf die Textschwierigkeit zu deuten, erfolgt an dieser Stelle eine Einordnung, die als Diskussionsgrundlage für das Abschnitt 8.4 dient.

Erklärend: Der deutliche positive Effekt auf die Aufgabenschwierigkeit zeigt sich bei den erklärenden Faktor. Der erklärende Faktor vereinigt Textmerkmale,

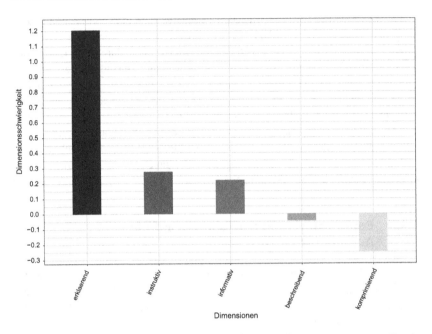

Abbildung 8.6 Effekte der Faktoren auf die Aufgabenschwierigkeiten (η). (Eigene Erstellung)

die sich positiv auf die Textschwierigkeit auswirken können. Das betrifft insbesondere die Verwendung von mathematischen Begriffen als Fachtermini für den Mathematikunterricht sowie die Nutzung von Nominalisierung und unpersönlicher Sprache (vgl. Abschnitt 5.2.3). Jedoch haben auch Textmerkmale eine hohe Bedeutung für den erklärenden Faktor, die auch einen negativen Effekt auf die Textschwierigkeit aufweisen können. Dazu zählen Füllwörter zur Schaffung zusätzlicher Redundanz, die – wie in Abschnitt 5.3.3 erläutert – insbesondere für fachliche Texte bedeutsam sein können, die Verwendung von Konjunktionen und Präpositionen zur Entwicklung von Textkohäsion und die Verwendung von Zahlen als schnell ablesbare Informationen (vgl. Abschnitt 5.2.3 und Abschnitt 5.2.4). Die Ergebnisse sprechen dafür, dass Kohäsionsmittel in Verbindung mit einer häufigen Verwendung von begrifflichen Mitteln einen Effekt auf die Aufgabenschwierigkeit haben.

Instruktiv: Den zweitstärksten positiven Effekt auf die Aufgabenschwierigkeit hat der instruktive Faktor. Dieser zeichnet sich durch Symbole und mathematische

Begriffe als charakteristische Textmerkmale aus. Sowohl die Verwendung von Symbolen als auch die Nutzung von mathematischen Begriffen können bereits separat betrachtet als sich positiv auf die Textschwierigkeit auswirkend beurteilt werden (vgl. Abschnitt 5.2.3 und Abschnitt 5.2.4). Die Ergebnisse des Effektes auf die Aufgabenschwierigkeit unterstreichen diesen separaten Effekt bei dem systematischen gemeinsamen Vorkommen dieser Textmerkmale.

Informativ: Ebenfalls zeigt der informative Faktor einen positiven Effekt auf die Aufgabenschwierigkeit. Dieser fällt etwas geringer aus als der bereits moderate Effekt für den instruktiven Faktor. In Anbetracht der Textmerkmale, die in diesem Faktor gemeinsam vorkommen, lassen sich unterschiedliche Effekte auf die Textschwierigkeit abschätzen. So soll sich die Gebräuchlichkeit des Wortschatzes negativ und ein hoher propositionaler Gehalt tendenziell positiv auf die Textschwierigkeit auswirken. Der informative Faktor zeigt insgesamt einen negativen Effekt auf die Aufgabenschwierigkeit. Die Ergebnisse geben einen Hinweis darauf, dass der hohe propositionale Gehalt einen positiven Effekt auf die Aufgabenschwierigkeit hat. Die Verwendung von gebräuchlichem Wortschatz nimmt in diesem Zusammenhang keinen großen Einfluss auf die Aufgabenschwierigkeit.

Beschreibend: Der beschreibende Faktor kann einen schwachen negativen Effekt auf die Aufgabenschwierigkeit aufweisen. Für den beschreibenden Faktor sind besonders Text-Text-Referenzen charakteristisch. Direkte Anaphorik sollte tendenziell zu einer leichten Kohärenzbildung führen und damit zu einer geringeren Textschwierigkeit (vgl. Abschnitt 5.2.3 und 5.2.4). Die lexikalische Vielfalt indiziert den Gebrauch von unterschiedlichem Vokabular; damit kann mindestens eine Erhöhung des Wortschatzes einhergehen.

Nicht charakteristisch sind für den beschreibenden Faktor mathematische Begriffe, die wie für den erklärenden Faktor erläutert, einen positiven Effekt auf die Textschwierigkeit aufweisen können. Diskontinuierlicher Text sollte sich generell erleichternd auf die Textschwierigkeit auswirken (vgl. Abschnitt 5.3.4). Das Textmerkmal diskontinuierlicher Text ist jedoch nicht charakteristisch für diesen Faktor.

Dahingehend deuten die Ergebnisse darauf hin, dass die Verwendung von Textkohärenzstrukturen und die Reduktion der Verwendung von mathematischen Begriffen insgesamt zu einem leicht negativen Effekt auf die Aufgabenschwierigkeit führen.

Komprimiert: Der komprimierende Faktor kann einen deutlichen negativen Effekt auf die Aufgabenschwierigkeit aufweisen – und dass, obwohl in diesem Faktor viele Textmerkmale (Passiv, durchschnittliche Silbenanzahl) vorhanden sind, die einen positiven Effekt auf die Textschwierigkeit haben sollten (Abschnitt 5.2.3 und Abschnitt 5.2.4). Ein Textmerkmal, das sich tendenziell negativ auf die Textschwierigkeit auswirken soll, ist der diskontinuierliche Text (vgl. Abschnitt 5.3.4). Die Ergebnisse weisen darauf hin, dass unterschiedliche Formen von Darstellungen zu einem negativen Effekt auf die Aufgabenschwierigkeit führen können – trotz der auch gemeinsam verwendeten Textmerkmale wie einer durchschnittlichen Silbenanzahl, Passiv und lexikalischer Vielfalt.

Mit der Ermittlung des Effektes der Faktoren auf die Aufgabenschwierigkeit wurde die vierte Zielvoraussetzung für die Erstellung des Instruments zur sprachlichen Variation von Textaufgaben geleistet. Durch die empirisch ermittelten Effekte können bedeutende Implikationen für Anpassungsmöglichkeiten von Textaufgaben an Lernende getroffen werden, die in Abschnitt 8.4 diskutiert werden.

8.3.4 Ergebnisse: Vergleich der geschätzten Aufgabenschwierigkeit des linear-logistischen Testmodells und des Rasch-Modells

In Abschnitt 8.3.2 wurde verdeutlicht, dass das LLTM bestimmte Aufgaben in Vergleich zum Rasch-Modell genau einschätzt, andere Aufgabenschwierigkeiten weniger genau. Im Hinblick auf den in Abschnitt 8.3.3 dargestellten Effekt der Faktoren auf die Aufgabenschwierigkeiten stellt sich die Frage, inwieweit gewisse Faktoren besonders häufig bei einer genauen bzw. weniger genauen Passung ausgeprägt sind und welche Interaktionen gegebenenfalls häufiger sind.

In Abbildung 8.7 ist die absolute Differenz, also der Betrag der Differenz, zwischen den geschätzten Aufgabenschwierigkeiten des LLTM und des Rasch-Modells als Balkendiagramm abgebildet. Die Aufgaben wurden von hoher (lila) nach geringer (gelb) Passung sortiert. Ungefähr die Hälfte der Aufgaben wird mit ± 1 Logits genau geschätzt, die andere Hälfte wird über ± 1 Logits falsch eingeschätzt.

Um zu prüfen, inwieweit bestimmte Faktoren besonders dafür geeignet sind, die Aufgabenschwierigkeiten durch das LLTM einzuschätzen, wurden die geschätzten Aufgabenschwierigkeiten der Testaufgaben zwischen ± 1 Logits getrennt und die Ausprägungen der Faktoren wurde betrachtet. Dabei wurde verglichen, welche Faktoren eine (1) und keine (0) Ausprägung bei den jeweiligen Testaufgaben hatten. Dadurch konnte ermittelt werden, ob das Auftreten bestimmter Faktoren zu einer ungenaueren oder genaueren Einschätzung der Aufgabenschwierigkeiten führt.

Genaue Schätzung der Aufgabenschwierigkeit: Der prozentuale Anteil der Faktoren mit einer Ausprägung (kodiert durch eine 1, nach Dichotomisierung) liegt

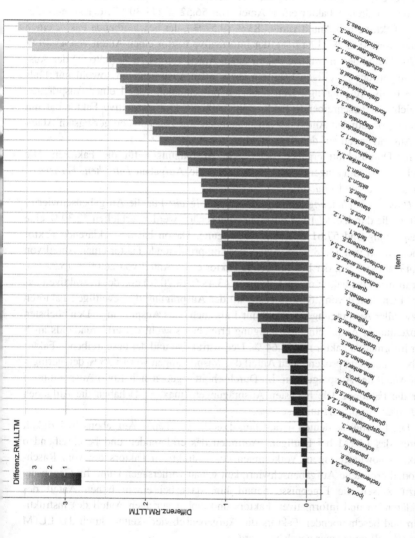

Abbildung 8.7 Differenzbildung zur Verdeutlichung der Passung. (Eigene Erstellung)

bei 48.70 %, für keine Ausprägung (kodiert durch eine 0, nach Dichotomisierung) bei 51.30 %. Für die geschätzten Aufgabenschwierigkeiten nach dem LLTM, die eine hohe Passung zu den Aufgabenschwierigkeiten des Rasch-Modells erreichen, hat der erklärende Faktor einen Anteil von 56.52 % (11.30 %), der komprimie-rende Faktor einen Anteil von 47.83 % (9.57 %), der beschreibende Faktor einen Anteil von 60.87 % (12.17 %), der informative Faktor einen Anteil von 43.48 % (8.70 %) und der instruktive Faktor einen Anteil von 34.78 % (6.96 %) der Aus-prägungen der jeweiligen Faktoren (bzw. aller Ausprägungen sowohl mit 1 als auch 0 als Ausprägung). Den höchsten prozentualen Anteil einer Ausprägung erreicht der beschreibende Faktor mit 25.00 %. Der instruktive Faktor hat mit einem prozentualen Anteil der Ausprägungen von 14.29 % den geringsten Anteil an Ausprägungen auf den Testaufgaben.

Im Durchschnitt ergeben sich 2.435 Ausprägungen für die Faktoren. Die höchsten Ausprägungen (max. = 4) haben die Aufgaben *Darlehen, Fernseher, Schnellfahrer* und *Freibad*.

Ungenaue Schätzung der Aufgabenschwierigkeit: Für die Aufgabenschwierig-keiten, die durch das LLTM ungenau eingeschätzt werden, erhielten 42.39 % eine Ausprägung und 57.61 % keine Ausprägung. Davon hat der erklärende Faktor einen Anteil von 43.48 % (8.70 %), der komprimierende Faktor einen Anteil von 30.43 % (6.09 %), der beschreibende Faktor einen Anteil von 26.09 % (5.22 %), der informative Faktor einen Anteil von 43.48 % (8.70 %) und der instruktive Fak-tor einen Anteil von 26.09 % (5.22 %) der Ausprägung der jeweiligen Faktoren (bzw. aller Ausprägungen sowohl mit 1 als auch 0 als Ausprägung). Den höchsten prozentualen Anteil einer Ausprägung erreichen sowohl der erklärende als auch der informative Faktor mit 25.64 %. Der instruktive und der beschreibende Faktor haben mit einem prozentualen Anteil der Ausprägungen von 15.38 % den gerings-ten Anteil der Ausprägungen. Im Durchschnitt ergeben sich 1.696 Ausprägungen für die Faktoren. Die höchsten Ausprägungen (max. = 4) haben die Aufgaben *Schulfest, Schulfahrt* und *Seehund*.

Die Ergebnisse deuten darauf hin, dass die geschätzte Aufgabenschwierigkeit durch das LLTM bei häufigem Auftreten des erklärenden und beschreibenden Faktors sowie geringem Vorkommen des instruktiven Faktors die vom Rasch-Modell ermittelte Aufgabenschwierigkeit genau vorhersagen kann. Im Gegensatz dazu weisen die Ergebnisse darauf hin, dass bei einem hohen Anteil des erklärenden und informativen Faktors und einem geringen Anteil des instrukti-ven und beschreibenden Faktors die Aufgabenschwierigkeiten durch das LLTM tendenziell ungenauer geschätzt werden.

8.3.5 Ergebnisse: Erklärungsleistung der Faktoren für unterschiedlich schwierige Aufgaben

Neben der in Abschnitt 8.3.4 durchgeführten Betrachtung einer genauen oder weniger genauen Schätzung anhand einer Abweichung von ± 1 Logits ist ebenfalls von Interesse, welche Testaufgaben, die in Abbildung 8.7 dargestellt sind, genau oder weniger genau durch das LLTM geschätzt worden sind. Dahingehend können exemplarisch die in Abbildung 8.7 dargestellten drei am genauesten bzw. am ungenauesten geschätzten Testaufgaben analysiert werden. Unter den Testaufgaben, deren Aufgabenschwierigkeit durch das LLTM genau geschätzt wurde, sind die Testaufgaben *IPod*, *Flakes* und *Rechenausdruck*. Die Testaufgaben, deren Aufgabenschwierigkeit (deutlich) ungenauer geschätzt wurde, sind die Aufgaben *Hundefutter*, *Kinderzimmer* und *Andreas*. Die Testaufgaben sind in Tabelle 8.4 dargestellt.

Bei einer Betrachtung der durch das Rasch-Modell berechneten Aufgabenschwierigkeiten der in Tabelle 8.4 abgebildeten Testaufgaben in den Tabellen 8.1 und 8.2 ist erkennbar, dass die Testaufgaben, die eine ungenaue Schätzung der Aufgabenschwierigkeiten aufweisen, solche Aufgaben sind, für die eine geringe Aufgabenschwierigkeit berechnet wurde. Die Testaufgaben, bei denen eine genaue Schätzung der Aufgabenschwierigkeit durch das LLTM gelungen ist, sind solche, deren Aufgabenschwierigkeit durch das Rasch-Modell höher eingeschätzt wurde. Dies gibt einen Hinweis darauf, dass sich die Passung der Schätzungen der Aufgabenschwierigkeiten des LLTM unterscheidet, je nachdem, welche Aufgabenschwierigkeit durch das Rasch-Modell ermittelt wurde.

In Abbildung 8.8 ist der Vergleich der geschätzten Aufgabenschwierigkeit zwischen dem Rasch-Modell und dem LLTM als Balkendiagramm dargestellt. Die berechneten β-Werte wurden nach dem Rasch-Modell aufsteigend sortiert. Die Abbildung verdeutlicht, dass das LLTM eine hohe Passung der Aufgabenschwierigkeiten erreicht, wenn für die Aufgabenschwierigkeit ein positives β berechnet wird. Bei negativen β der Aufgabenschwierigkeit weichen die Schätzungen der Aufgabenschwierigkeiten durch das LLTM deutlich von den berechneten Aufgabenschwierigkeiten des Rasch-Modells ab.

Um die Erklärungsleistung des LLTM für die unterschiedlichen geschätzten Aufgabenschwierigkeiten zu bestimmen, wurden die Testaufgaben nach den bestimmten Aufgabenschwierigkeiten des LLTM und des Rasch-Modells geclustert. Dieses Vorgehen wurde gewählt, um die nahe Beziehung der Aufgabenschwierigkeiten auf der Skala des LLTM und des Rasch-Modells einzubeziehen, was bei einer diskreten Einteilung durch die z. B. vom Rasch-Modell bestimmten Aufgabenschwierigkeiten nicht möglich wäre.

Tabelle 8.4 Sechs exemplarische Testaufgaben – jeweils drei mit genauer und ungenauer Schätzung der Aufgabenschwierigkeit durch das linear-logistische Testmodell (LLTM)

Genaue Schätzung der Aufgabenschwierigkeit durch das LLTM	Ungenaue Schätzung der Aufgabenschwierigkeit durch das LLTM
Aufgabe IPod: Ein IPod kostet 200 €; dazu kommen 19 % Mehrwertsteuer. Bei Barzahlung reduziert sich dieser Betrag (einschließlich Mehrwertsteuer) um 3 %. Wie viel € muss der Kunde zahlen? Schreibe auf, wie du gerechnet hast.	Aufgabe Andreas: Andreas lädt seine Freunde ein. Er muss 4 Cola zu je 1,20 €, 3 Eisbecher zu je 3,60 € und einen Milchshake bezahlen. Andreas gibt dem Kellner einen 20-€-Schein und erhält 2,30 € zurück. Wie teuer ist der Milchshake? Schreibe auf, wie du gerechnet hast.
Aufgabe Flakes: Auf abgepackten Lebensmitteln muss der Händler neben dem Verkaufspreis auch den Preis für 1 kg angeben. Der folgende Ausschnitt zeigt ein Angebot eines Supermarkts. Überprüfe, ob der 1 kg-Preis stimmt. Je 425-g-Pckg. 1.99 (kg-Preis 4,68)	Aufgabe Kinderzimmer: Anna und Stefan wollen ihre Kinderzimmer neu streichen. Stefan mischt 2 l weiße Farbe mit 5 l gelber Farbe, Anna mischt 1 l weiße Farbe mit 2 l gelber Farbe. Wer erhält die hellere Mischung? Begründe deine Antwort.
Aufgabe Rechenausdruck: Schreibe als Rechenausdruck und berechne ihn: Multipliziere die Summe aus −3 und + 10 mit der Differenz aus −4 und −7.	Aufgabe Hundefutter: Kathrin hat fünf Dosen Hundefutter gekauft. Zusammen kosten die Dosen 10,50 €. Wie viel kostet eine Dose?

Die Ergebnisse der Clustergruppierung der Testaufgaben ist in Abbildung 8.9 dargestellt. Für das Gruppieren der Variablen wurden drei Cluster vorgewählt und ein hierarchisches Clustern genutzt. In der Abbildung ist erkennbar, dass sich drei Gruppen besonders auf der Skala der Schwierigkeit des Rasch-Modells abbilden lassen.

Das erste Cluster, in Abbildung 8.9 lila dargestellt, sind Testaufgaben, die eine Aufgabenschwierigkeit nach dem Rasch-Modell im unteren Bereich der Skala aufweisen. Die Testaufgaben können als die leichtesten Aufgaben gedeutet werden. Im zweiten Cluster, in Abbildung 8.9 blaugrün abgebildet, werden die Testaufgaben zusammengefasst, die nach dem Rasch-Modell im mittleren Bereich der Skala der Ausprägungen der Aufgabenschwierigkeiten liegen. Diese Testaufgaben können als mittelschwierig interpretiert werden. Das dritte Cluster, in Abbildung 8.9 in Gelb dargestellt, sind Testaufgaben, die eine Aufgaben-schwierigkeit im oberen Bereich aufweisen. Die Testaufgaben in diesem Bereich

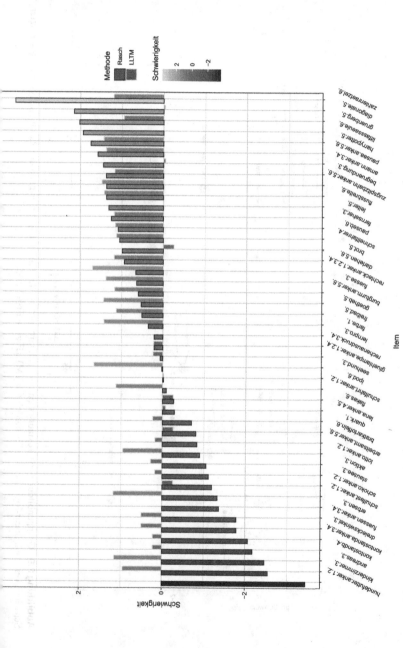

Abbildung 8.8 Vergleich der geschätzten Aufgabenschwierigkeit je Testaufgabe. (Eigene Erstellung)

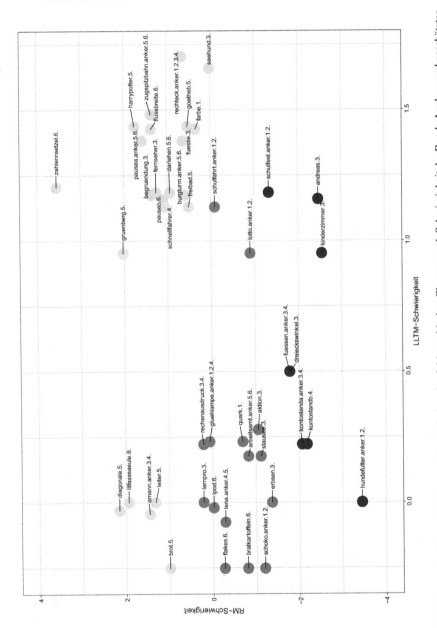

Abbildung 8.9 Gruppenbildung von Textaufgaben durch hierarchisches Clustern nach Schwierigkeit der Rasch-Analyse und geschätzter Schwierigkeit nach linear-logistischem Testmodell (LLTM). (Eigene Erstellung)

können als schwierig betrachtet werden. Darüber hinaus ist in Abbildung 8.9 zu erkennen, dass je Cluster auf der Skala der Aufgabenschwierigkeit nach dem LLTM kaum eine Differenzierung existiert. Die deutlich höhere Varianz der Aufgabenschwierigkeiten des Rasch-Modells bestimmt die Gruppenbildung.

Die drei Cluster an Testaufgaben werden als Testaufgaben mit unterschiedlichen Aufgabenanforderungen betrachtet. Um nun die Erklärungsleistung der Faktoren (Aufgabenmerkmale) im Hinblick auf die Aufgabenanforderung zu ermitteln, wurden wie in Abschnitt 8.3.2 ein Modellvergleich zwischen LLTM und Rasch-Modell durch eine Winkelhalbierung des Koordinatensystems zwischen den abgetragenen Aufgabenschwierigkeiten beider Modelle sowie eine Regressionsanalyse durchgeführt.

In Abbildung 8.10 sind die Ergebnisse des Modellvergleichs durch Winkelhalbierung dargestellt. Die zur Winkelhalbierenden parallel laufenden beiden Geraden markieren eine Abweichung von ± 0.75 Logits (vgl. Abschnitt 8.3.2). Auf der linken Seite der Abbildung 8.10 sind die Gruppen der leichten Aufgaben abgetragen. In der Abbildung ist zu erkennen, dass alle Aufgabenschwierigkeiten für leichte Aufgaben durch das LLTM überschätzt werden. Das bedeutet, dass die durch die Faktoren (als Aufgabenmerkmale) ermittelte Aufgabenschwierigkeit höher ist als die von dem Rasch-Modell ermittelte.

In der Mitte der Abbildung 8.10 sind die Schätzungen der Aufgabenschwierigkeit der mittelschwierigen Aufgaben gegeneinander aufgezeichnet. Für diese Aufgaben ist die Passung zwischen den geschätzten Aufgabenschwierigkeiten von beiden Modellen genauer als für leichte Aufgaben. In Abbildung 8.10 ist zu erkennen, dass die 13 mittelschwierigen Testaufgaben durch das LLTM im Bereich von ± 0.75 Logits geschätzt werden können. Lediglich fünf Testaufgaben werden durch das LLTM für mittelschwierige Testaufgaben überschätzt.

Auf der rechten Seite der Abbildung 8.10 sind die Schätzungen der Aufgabenschwierigkeiten der schweren Aufgaben gegeneinander aufgetragen. Auch für schwierige Aufgaben zeigt sich ein genaues Ergebnis zur Schätzung der Aufgabenschwierigkeiten durch das LLTM. Die Schätzungen von 14 Testaufgaben erfolgen im Rahmen von ± 0.75 Logits. Nur noch zwei Testaufgaben werden überschätzt und acht Aufgaben werden unterschätzt.

Die Ergebnisse der Unterscheidung des LLTM für unterschiedliche Aufgabenanforderungen deuten darauf hin, dass sprachliche Faktoren gut zur Schätzung der Aufgabenschwierigkeit dienen können, wenn die Testaufgaben eine mittlere oder hohe Aufgabenanforderung aufweisen. Für leichte Testaufgaben wird die Aufgabenschwierigkeit durch sprachliche Faktoren generell überschätzt.

Der Modellvergleich durch die Winkelhalbierung lässt keine Rückschlüsse bezüglich eines quantitativen Indikators eines Erklärungseffektes zu. Aus diesem

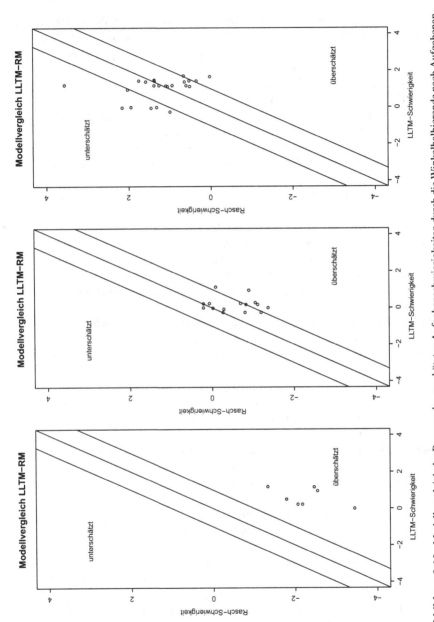

Abbildung 8.10 Modellvergleich der Passung der geschätzten Aufgabenschwierigkeiten durch die Winkelhalbierende nach Aufgabenanforderung (links: leichte Aufgaben, Mitte: mittelschwierige Aufgaben, rechts: schwierige Aufgaben). (Eigene Erstellung)

Grund wurde wie in Abschnitt 8.3.2 für den Modellvergleich eine Regressionsanalyse durchgeführt, um so die Erklärungsleistung des LLTM für die unterschiedlichen Aufgabenschwierigkeiten zu quantifizieren.

Für die Regressionsanalyse wurden die Aufgabenschwierigkeiten nach den Ergebnissen der Clusterung getrennt analysiert. In Abbildung 8.11 und in Tabelle 8.5 sind die Ergebnisse der Regressionsanalyse für die Aufgabenschwierigkeiten beider Modelle abgebildet.

In Tabelle 8.5 ist zu erkennen, dass die Schätzungen der Aufgabenschwierigkeiten durch das LLTM für leichte Aufgaben, die in Abbildung 8.11 auf der linken Seite abgebildet sind, mit einem negativen Effekt (B = 0.116; $t(7) = 2.751$; $p <.05$) signifikant werden. Die durch das LLTM geschätzte Aufgabenschwierigkeit für leichte Aufgaben kann einen hohen Anteil an Varianz der Aufgabenschwierigkeit der durch das Rasch-Modell ermittelten Aufgabenschwierigkeit erklären (52 %).

Für mittelschwierige Testaufgaben (in Abbildung 8.11 in der Mitte dargestellt), kann das LLTM die durch das Rasch-Modell bestimmte Aufgabenschwierigkeit nicht signifikant voraussagen (B = 0.41; $t(14) = 0.885$; (ns)). Der Anteil der erklärten Varianz der durch das LLTM geschätzten Aufgabenschwierigkeiten kann lediglich 5.29 % der Varianz der Aufgabenschwierigkeit des Rasch-Modells erklären. Im Vergleich zum Modellvergleich durch die Winkelhalbierung sind die Ergebnisse der Regressionsanalyse deutlich restriktiver und die Güte der Passung ist negativer zu beurteilen.

Die Schätzungen der Aufgabenschwierigkeiten des LLTM bei schwierigen Aufgaben ist in Abbildung 8.11 rechts dargestellt und in Tabelle 8.5 zusammengefasst. Hinsichtlich der schwierigen Testaufgaben kann das LLTM die Aufgabenschwierigkeit signifikant vorhersagen (R = 0.81; $t(22) = 4.14$; $p >.001$). Ein hoher Anteil der Varianz der Aufgabenschwierigkeit bei schwierigen Aufgaben kann durch die geschätzten Aufgabenschwierigkeiten des LLTM erklärt werden (43.79 %).

Durch die Regressionsanalyse können die Ergebnisse des ersten Modellvergleichs durch die Winkelhalbierung über quantitative Indikatoren verändert eingeschätzt werden. So können zwar für mittelschwierige Aufgaben die meisten Testaufgaben in einem Bereich von ± 0.75 Logits genau geschätzt werden, doch die Ergebnisse der Regressionsanalyse konnten keine robuste Erklärungsleistung der geschätzten Aufgabenschwierigkeiten des LLTM darstellen. Für leichte Aufgaben zeigen die Ergebnisse einen negativen Effekt auf die geschätzten Aufgabenschwierigkeiten. Dies deutet darauf hin, dass das Vorkommen von Faktoren einen Einfluss auf die Aufgabenschwierigkeit zeigt, die Aufgabenleichtigkeit kann

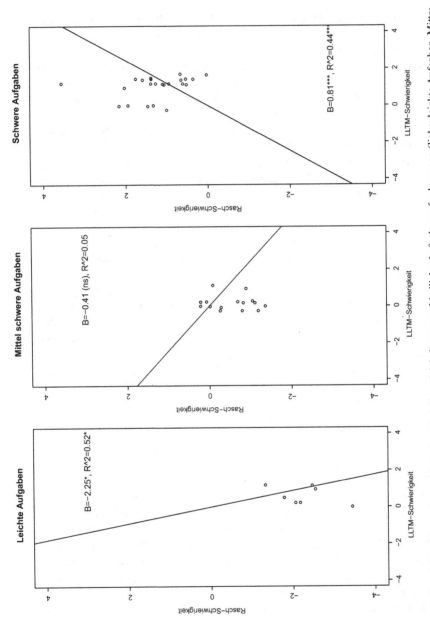

Abbildung 8.11 Regressionsanalytischer Modellvergleich für unterschiedliche Aufgabenanforderungen (links: leichte Aufgaben, Mitte: mittelschwere Aufgaben, rechts: schwierige Aufgaben). (Eigene Erstellung)

Tabelle 8.5 Ergebnisse der Regressionsanalyse der geschätzten Aufgabenschwierigkeiten des linear-logistischen Testmodells (LLTM) und des Rasch-Modells (RM) für unterschiedliche Aufgabenanforderungen

Leichte Aufgaben	Prädikator: LLTM-Aufgabenschwierigkeiten	
B	– 0.253*	KI 95 % [–4.190, –0.316]
R^2	0.519*	
AIC	34.02	
BIC	34.17	
Mittelschwierige Aufgaben		
B	– 0.411	KI 95 % [–1.407, 0.585]
R^2	0.027	
AIC	37.27	
BIC	38.69	
Schwierige Aufgaben		
B	0.813***	KI 95 % [0.406, 1.220]
R^2	0.440***	
AIC	72.88	
BIC	75.15	

*$p < 0.5$; **$p < 0.01$; ***$p < 0.00$

jedoch nicht ausreichend durch die Faktoren modelliert werden. Die hohe Erklärungsleistung der geschätzten Aufgabenschwierigkeiten für schwierige Aufgaben weist ebenfalls darauf hin, dass die Schätzung der Aufgabenschwierigkeiten durch die Faktoren als Aufgabenmerkmale gelingt. Mit den Faktoren des Instruments zur sprachlichen Variation von Textaufgaben im Mathematikunterricht kann damit die Aufgabenschwierigkeit für schwierige Textaufgaben genau geschätzt werden.

8.4 Diskussion

Die Ergebnisse des Rasch-Modells und des LLTM bieten eine Reihe von Ergebnissen, die auf unterschiedlichen Ebenen für das Ziel der Konzeptualisierung eines Instruments zur sprachlichen Veränderung diskutiert werden können. Die Diskussion wird aus diesem Grund in drei generelle Ebenen unterteilt:

1. Modellvergleich von LLTM und Rasch-Modell
2. Effekte der Faktoren auf die Aufgabenschwierigkeit
3. Modellvergleich von LLTM und Rasch-Modell im Hinblick auf unterschiedliche Aufgabenanforderungen

Modellvergleich: Zur Schätzung der durch das Rasch-Modell bestimmten Aufgabenschwierigkeit wurden im LLTM die sprachlichen Faktoren als Aufgabenmerkmale verwendet. Durch das LLTM wurden die geschätzten Aufgabenschwierigkeiten des Rasch-Modells zu einem bedeutenden Teil korrekt eingeschätzt. Des Weiteren hat das LLTM im Regressionsmodell einen noch signifikanten Effekt auf die Erklärungsleistung der Aufgabenschwierigkeiten des Rasch-Modells – jedoch nur bei einer geringen Varianzaufklärung.

Die Ergebnisse des Modellvergleichs bedeuten für das Instrument zur sprachlichen Variation, dass die sprachlichen Faktoren des Instruments insoweit dazu geeignet sind, die Aufgabenschwierigkeiten vorherzusagen, als dass die schwierigkeitsgenerierende Effekte der sprachlichen Faktoren betrachtet werden können. Die Befunde deuten darauf hin, dass durch die Veränderung der Faktoren die Anpassung zwischen Text und Lesenden gelingen kann, da es möglich ist, durch die Faktoren die Aufgabenschwierigkeit zu schätzen(vgl. Abschnitt 2.4.3 und 6.1). Die geringe Varianzaufklärung zeigt jedoch, dass weitere Faktoren (z. B. inhaltliche) für die Aufgabenlösung eine ebenfalls hohe Bedeutung aufweisen. Die eingeschränkte Erklärungsleistung des LLTM war zu erwarten, da bereits in Kapitel 5 die Eingrenzung der Untersuchung nur auf Textfaktoren erörtert wurde, bei der die Interaktion von Text und Rezipientinnen bzw. Rezipienten nicht mitbetrachtet wurde. So werden das Vorwissen der Rezipientinnen und Rezipienten sowie deren allgemeine sprachliche Fähigkeiten nicht durch die Textmerkmale berücksichtigt. Außerdem werden durch die sprachlichen Faktoren des Instruments nicht die inhaltlich-konzeptuellen Fähigkeiten erhoben, die notwendig sind, um die Aufgaben zu lösen. Aus diesem Grund wurde zur Spezifizierung der Erklärungsleistung der geschätzten Aufgabenschwierigkeit der sprachlichen Faktoren nach unterschiedlichen Anforderungsgruppen unterschieden (vgl. Punkt 3 der Diskussionsebenen).

Effekte der Faktoren auf die Aufgabenschwierigkeit: Die geschätzten Effekte der Faktoren zeigen sowohl einen positiven als auch negativen Einfluss auf die Aufgabenschwierigkeit. Der erklärende, der instruktive und der informative Faktor zeigen positive Effekte auf die Aufgabenschwierigkeit, während der beschreibende und der komprimierende Faktor einen negativen Effekt auf die Aufgabenschwierigkeit aufweisen. Im Folgenden sollen die Ergebnisse für die unterschiedlichen Faktoren gedeutet werden:

Erklärend: Der hohe negative Effekt auf die Aufgabenschwierigkeit des erklärenden Faktors ist durch die begrifflich dominanten Texte aufgrund der häufigen Verwendung von Fachtermini und Nominalisierung sowie unpersönlicher Sprache zu erklären. Ein Grund hierfür kann die mit der Verwendung von Begriffen einhergehende Bedeutung des konzeptuellen Verständnisses dieser Begriffe sein, so ist diesbezüglich die kognitive Funktion von Sprache und der Aspekt der Sprache als Lerngegenstand für den Mathematikunterricht zu nennen (vgl. Abschnitt 2.3 und Abschnitt 2.4.1). Ergänzend kann die logische Verknüpfung von Begriffen durch Konjunktionen und Präpositionen für mathematische Textaufgaben einen herausfordernden Charakter aufweisen (vgl. Abschnitt 5.2.4). Die Verknüpfung des Einflusses der typischen Textmerkmale des erklärenden Faktors kann damit aufgrund der Bedeutung von Begriffen und der Verwendung von Funktionswörtern für den mathematischen Gegenstand unter der Perspektive einer kognitiven Funktion von Sprache auf der Ebene der Textschwierigkeit sowohl indirekt einen Einfluss auf die Aufgabenschwierigkeit haben als auch direkt.

Instruktiv: Für den instruktiven Faktor ergibt sich ein positiver Effekt auf die Aufgabenschwierigkeiten. Aufgrund der Textmerkmale, die für diesen Faktor spezifisch sind, entspricht das Ergebnis den Erwartungen, die durch den Einfluss auf die Textschwierigkeit bestehen. Der positive Effekt auf die Aufgabenschwierigkeiten lässt sich neben dem indirekten Einfluss durch die Erhöhung der Textschwierigkeit, wie für den erklärenden Faktor, mit der Verbindung der kognitiven Funktion von Sprache und dem Aspekt der Sprache als Lerngegenstand interpretieren (vgl. Abschnitt 2.3 und Abschnitt 2.4.1). Mathematische Begriffe, aber auch (mathematische) Symbole, erfordern ein konzeptuelles Verständnis. Aufgrund dessen ist die kognitive Funktion dieser Textmerkmale besonders bedeutend und verweisen ebenfalls auf Sprache als Lerngegenstand im Mathematikunterricht.

Informativ: Der informative Faktor hat insbesondere zwei charakteristische Textmerkmale: zum einen die Gebräuchlichkeit des Wortschatzes, mit tendenziell einer positiven Auswirkung auf die Textschwierigkeit, zum anderen den propositionalen Gehalt des Textes – ein Textmerkmal, das sich generell negativ auf die Textschwierigkeit auswirken soll (vgl. Abschnitt 5.2). Die Reduktion der Textschwierigkeit durch die Gebräuchlichkeit des Wortschatzes hat für die Aufgabenschwierigkeit keinen bedeutenden Gesamteffekt. Der positive Effekt auf die Aufgabenschwierigkeit kann besonders durch die Erhöhung der Textschwierigkeit durch den hohen proportionalen Gehalt gedeutet werden. Die Ergebnisse lassen sich dahingehend interpretieren, dass für diesen Faktor der proportionale Gehalt den bedeutendsten Einfluss auf die Aufgabenschwierigkeit hat.

Beschreibend: Der beschreibende Faktor hat einen geringen negativen Effekt auf die Aufgabenschwierigkeit. Die Ergebnisse können auf zwei Weisen interpretiert werden. Die erste Möglichkeit ist die Erklärung des Effektes aufgrund der Vermeidung von mathematischen Begriffen. Wie bereits für den erklärenden und instruktiven Faktor erläutert, können (mathematische) Begriffe einen Einfluss auf die Textschwierigkeit und die Aufgabenschwierigkeit zeigen. Dahingehend würde es sich eher um einen passiven negativen Effekt auf die Aufgabenschwierigkeit handeln. Die zweite Möglichkeit ist die Nutzung von textuellen Referenzenbezügen, die durch die Verwendung von direkter Anaphorik und einer hohen lexikalischen Vielfalt dargestellt sind (vgl. Abschnitt 5.2). Die Verwendung der genannten Textmerkmale kann zu einem kohärenten Text führen, der sich negativ auf die Textschwierigkeit auswirkt und damit einen reduzierenden Effekt auf die Aufgabenschwierigkeit hat. Beide Möglichkeiten können insgesamt zu einem geringen negativen Effekt auf die Aufgabenschwierigkeit führen.

Komprimierend: Der negative Effekt des komprimierenden Faktors ist dahingehend von Interesse, da in diesem Faktor Textmerkmale gemeinsam vorkommen, die nach Abschnitt 5.2 einen positiven Effekt auf die Textschwierigkeit aufweisen können. Das betrifft die Textmerkmale der durchschnittlichen Silbenanzahl, der lexikalischen Vielfalt und der Verwendung des Passivs. Der deutliche negative Effekt auf die Aufgabenschwierigkeit weist auf die Bedeutung von diskontinuierlichen Texten hin – also solchen Texten, bei denen Abbildungen zum Text verwendet werden. Durch die Nutzung von unterschiedlichen Formen von Darstellungen kann für mathematische Textaufgaben ein negativer Effekt auf die Aufgabenschwierigkeit erzeugt werden – trotz anspruchsvoller und abstrakter sprachlicher Mittel.

Die Ergebnisse machen deutlich, dass sich ein positiver bzw. negativer Effekt auf die Aufgabenschwierigkeit von Textaufgaben nicht unbedingt aus dem Einfluss auf die Textschwierigkeit von einzelnen Textmerkmalen ableiten lässt. Vielmehr muss das gemeinsame Vorkommen der Textmerkmale durch Faktoren in Beziehung gesetzt werden, um Ableitungen zum Einfluss auf die Aufgabenschwierigkeit zu treffen.

Die Ergebnisse des Modellvergleichs des LLTM und des Rasch-Modells im Hinblick auf unterschiedliche Aufgabenanforderungen: Die Ergebnisse der Analyse der Aufgabenschwierigkeiten durch die sprachlichen Faktoren machen deutlich, dass die sprachlichen Faktoren dann erklärungsstark sind, wenn die Anforderungen der Aufgabe mitbetrachtet werden. Besonders genau können die Aufgabenschwierigkeiten von Testaufgaben mit einer hohen Anforderung durch das LLTM geschätzt werden. Für leichte Testaufgaben zeigt sich eine geringe Passung der geschätzten Aufgabenschwierigkeiten des LLTM zu den Aufgabenschwierigkeiten des Rasch-Modells. Da mit dem Instrument zur sprachlichen Variation für mathematische Textaufgaben insbesondere Textmerkmale betrachtet werden, die einen Einfluss auf die Textschwierigkeit aufweisen, lässt sich die hohe Erklärungsleistung für schwierige Testaufgaben und das häufige Überschätzen von leichten und mittelschwierigen Testaufgaben erklären. Auch aus inhaltlicher Sicht ist das Ergebnis interpretierbar. So ist für leichte und mittelschwierige Testaufgaben die Bedeutung der Textmerkmale vermutlich deshalb geringer, weil es ausreicht, das fachliche Wissen zu besitzen, um die Testaufgabe zu lösen, ohne zwangsläufig den vollständigen Aufgabentext gelesen zu haben. Um den systematischen Effekt in Bezug zur Aufgabenschwierigkeit und -leichtigkeit genauer zu erheben, ist jedoch ein Test nötig, der die Faktoren systematisch variiert, damit auch leichte Testaufgaben besser erklärt werden können. Dies war im Hinblick auf den vorhandenen Datensatz von PALMA im Rahmen dieser Arbeit aber nicht möglich. Dennoch kann das Instrument zur sprachlichen Variation leichte (durch eine negative Beziehung) und schwierige Testaufgaben genau modellieren und dafür genutzt werden, die Aufgabenschwierigkeit durch den Einbezug der sprachlichen Faktoren anzupassen.

Im Rahmen der bisherigen Erkenntnisse der Schätzung der Aufgabenschwierigkeiten durch das LLTM für das Instrument sind nun insbesondere Anpassungen für anspruchsvolle Textaufgaben denkbar. Als Ansatzpunkt können die Effekte der Faktoren auf die Aufgabenschwierigkeiten genutzt werden, um durch die aufbauende Verwendung der Faktoren die sprachlichen Anforderungen zu steigern. So hat der komprimierende Faktor den stärksten negativen Effekt auf die Aufgabenschwierigkeit, der beschreibende Faktor einen schwach negativen, der instruktive und informative haben einen moderaten positiven und der erklärende Faktor hat einen starken positiven Effekt. So kann beispielsweise der komprimierende Faktor als Ansatzpunkt dienen, fachbezogenes Vokabular rezeptiv zu erschließen, da viele typische fachliche Textmerkmale in diesem Faktor vorkommen, die jedoch aufgrund der Erleichterung durch Abbildungen vermittelt werden können. Das Ergebnis weist außerdem auf die Bedeutung von Darstellungsvernetzungen zur fachbezogenen Sprachbildung hin (Meyer & Prediger, 2012).

Die Möglichkeiten, durch die Veränderung der Faktoren die sprachlichen Anforderungen zu steigern, können sowohl im praktischen als auch im wissenschaftlichen Kontext weiter genutzt werden. In der praktischen Planung eines Mathematikunterrichts können Text-Rezipierenden-Anpassungen, durch die Faktoren des Instruments zur sprachlichen Variation von mathematischen Textaufgaben dazu beitragen, durch mathematische Textaufgaben geschaffene Lernsituationen auf die sprachlichen Voraussetzungen der Lernenden zu adaptieren. Aber auch für Leistungssituationen bieten die Faktoren des Instruments Möglichkeiten, zu antizipieren, welche sprachlichen Hürden durch Textmerkmale im Kontext der Konstruktion eines Tests mitbedacht werden sollten.

8.5   Zusammenfassung

Das Ziel in diesem Kapitel war die Ermittlung des Effektes der Faktoren, die in Kapitel 7 für das zu konzeptualisierende Instrument extrahiert wurden, auf die Aufgabenschwierigkeit. Die Bestimmung des Effektes wurde durch die Re-Analyse des vorhandenen Datensatzes des Projektes PALMA durchgeführt. Aus diesem Grund wurden aus den gesamt betrachteten Textaufgaben diejenigen analysiert, die aus PALMA stammen. Zur Bestimmung des Effekts wurde ein LLTM durchgeführt. Im LLTM wurden die Faktoren als Basisparameter zur Bestimmung der Aufgabenschwierigkeit verwendet. Das LLTM ist eine Erweiterung des Rasch-Modells, für dessen Anwendung jedoch auch das Rasch-Modell gelten muss.

Die Ergebnisse der Rasch-Skalierung der vorhandenen Daten zeigten eine hohe Passung der Aufgaben zum Rasch-Modell. Aus diesem Grund konnte das Rasch-Modell für die vorhandenen Aufgaben angenommen und das LLTM weiterverwendet werden.

Die durch das LLTM geschätzten Aufgabenschwierigkeiten konnten eine hinreichende Passung zu den Aufgabenschwierigkeiten des Rasch-Modells erreichen, wenn alle Aufgaben betrachtet werden. In Anbetracht der Zielsetzungen konnten so die Effekte der Faktoren auf die Aufgabenschwierigkeiten ermittelt werden. Der größte positive Effekt auf die Aufgabenschwierigkeit konnte für den erklärenden Faktor ermittelt werden. Moderate positive Effekte auf die Aufgabenschwierigkeit zeigten der instruktive und informative Faktor. Negative Effekte auf die Aufgabenschwierigkeiten wiesen der beschreibende (gering) und der komprimierende (moderat) Faktor auf. Unter der Betrachtung der hinreichenden Passung der geschätzten Aufgabenschwierigkeiten des LLTM wurde zwischen Aufgabenanforderungen differenziert. Die Ergebnisse haben gezeigt, dass die Aufgabenschwierigkeit von schwierigen Testaufgaben durch die sprachlichen Faktoren deutlich genauer geschätzt werden kann als bei leichten und mittelschwierigen Testaufgaben. Dies weist darauf hin, dass die Bedeutung der sprachlichen Faktoren gegebenenfalls für diese Gruppe der Testaufgaben gering ist. Durch das Instrument können jedoch die Aufgabenschwierigkeiten von schwierigen Aufgaben erfolgreich modelliert werden.

Ausblick: Neben der zweiten quantitativen Analyse, die die Herleitungen des Effektes auf die Aufgabenschwierigkeit zum Ziel hatte, ist es ein weiteres Ziel der Konzeptualisierung des Instruments, die Faktoren mit inhaltlichen und kontextbezogenen Spezifika der mathematischen Textaufgaben in Beziehung zu setzen. Dies geschieht im dritten Teil dieser Arbeit durch eine qualitative Vertiefungsanalyse, die im nachfolgenden Kapitel dargestellt wird.

Qualitative Vertiefungsanalyse

9

Die dritte Teilstudie der Arbeit ist eine qualitative Vertiefungsanalyse. In Kapitel 3 und Kapitel 4 wurde die Relevanz von sprachlichen und kontextuellen Veränderungen geschildert. Aus diesem Grund ist es das Ziel der qualitativen Vertiefungsanalyse, fachliche und kontextuelle Merkmale von Textaufgaben in Beziehung mit den in Kapitel 7 extrahierten sprachlichen Faktoren zu bringen. Dazu konnte die Faktorenwerte der Textaufgaben nach der Faktorenanalyse genutzt werden, um für die jeweiligen Faktoren charakteristische Aufgaben festzustellen. Diese ermittelten charakteristischen Aufgaben konnten durch ein deduktives – durch die in Abschnitt 3.4.3 beschriebenen Klassifizierungsmöglichkeiten von Aufgaben – und induktives – durch Sichtung der charakteristischen Textaufgaben (des Materials) – Vorgehen ausgewertet werden. Die Intention der Auswertung war die Bildung von Aufgabentypen, die mit den festgestellten sprachlichen Faktoren in einen Zusammenhang gebracht werden können.

Überblick: Für die qualitative Vertiefungsanalyse ergibt sich eine auf das Ziel ausgerichtete Methode zur Auswertung (Abschnitt 9.1). Die Auswertungsgrundlage für die qualitative Untersuchung ist nur ein Teil der Gesamtstichprobe an Textaufgaben, der durch ein in diesem Kapitel geschildertes Verfahren ausgewählt wurde (Abschnitt 9.1.1). Die Analyse der betrachteten Textaufgaben basiert auf einem Vorgehen aus der Literatur (Abschnitt 9.1.2). Zur Kodierung der Textaufgaben wurde ein Kodierschema mit sieben Hauptkategorien durch ein deduktiv-induktives Vorgehen entwickelt (Abschnitt 9.1.3). Um die qualitative Bildung der Hauptkategorien abzusichern, existieren Qualitätskriterien für das Kodierschema, die erfüllt werden müssen, damit das Kodierschema weiterverwendet werden kann (Abschnitt 9.1.4). Um die Spezifika der charakteristischen Aufgaben pro Faktor zu verdeutlichen, werden für die fünf Faktoren jeweils

© Der/die Autor(en) 2021
D. Bednorz, *Sprachliche Variationen von mathematischen Textaufgaben*,
Bielefelder Schriften zur Didaktik der Mathematik 5,
https://doi.org/10.1007/978-3-658-33003-3_9

zwei Textaufgaben exemplarisch dargestellt (Abschnitt 9.2). Dementsprechend wird für den erklärenden (Abschnitt 9.2.1), komprimierenden (Abschnitt 9.2.2), beschreibenden (Abschnitt 9.2.3), informativen (Abschnitt 9.2.4) und instruktiven (Abschnitt 9.2.5) Faktor beschrieben, welche Kategorien des Kodierschemas in den Textaufgaben für die jeweiligen Faktoren besonders bedeutsam sind. Die exemplarischen Darstellungen der besonders bedeutsamen Kategorien der jeweiligen Textaufgaben sollen zur Bildung von Aufgabentypen überleiten. Durch die Feststellung der Häufigkeit der Kodierung der Textaufgaben wird eine Interpretation der Aufgabentypen und damit die Deutung einer Bezeichnung erleichtert (Abschnitt 9.3). Zur Verdeutlichung der Bezeichnung der Aufgabentypen wird die Häufigkeit der Kodierung der Kategorien des Kodierschemas für den erklärenden (Abschnitt 9.3.1), komprimierenden (Abschnitt 9.3.2), beschreibenden (Abschnitt 9.3.3), informativen (Abschnitt 9.3.4) und instruktiven (Abschnitt 9.3.5) Faktor einzeln interpretiert. Die interpretierte Bezeichnung soll die Spezifika der Häufigkeit der Kodierung bündeln und wiedergeben. Nach der Darstellung der inhaltlichen und kontextuellen Spezifika der Textaufgaben je Faktor wird durch eine kontrastive Analyse zwischen den Textaufgaben der Faktoren eine Bezeichnung für einen Aufgabentyp abgeleitet (Abschnitt 9.3.6)

9.1   Auswertungsmethode

Überblick (Abschnitt 9.1): Das qualitative Vorgehen der dritten Teilstudie dieser Arbeit erforderte aufgrund der Zielsetzung eine passende Auswertungsmethode. Für die Analyse wurde ein Teil des vorhandenen Datensatzes verwendet. Entsprechend wird zunächst die Grundlage der Auswahl geschildert (Abschnitt 9.1.1). Die Untersuchung des Datensatzes orientierte sich maßgeblich an bereits etablierten Verfahren zur Analyse, die auf die vorliegende Analyse von Textaufgaben spezifiziert wurden (Abschnitt 9.1.2). Anhand von deduktiven und induktiven Erkenntnissen wurde ein Kodierschema zur Betrachtung der Textaufgaben konzipiert (Abschnitt 9.1.3). Die Qualität des Kodierschemas wurde anhand den in der Literatur erörterten Kriterien eingeschätzt (Abschnitt 9.1.4).

9.1.1 Auswertungsgrundlage

Basis für die qualitative Vertiefungsanalyse ist die in Kapitel 7 durchgeführte explorative Faktorenanalyse der quantitativ erhobenen Textmerkmale. Für die Vertiefungsanalyse ist es notwendig, Textaufgaben zu betrachten, die jeweils nur für einen Faktor besonders repräsentativ sind – gekennzeichnet durch die Textmerkmale, die in der Textaufgabe vorkommen und eine hohe Ladung auf den Faktor aufweisen (vgl. Kapitel 7). Das bedeutet, wenn eine Textaufgabe viele Textmerkmale aufweist, die sowohl auf den ersten als auch auf den zweiten Faktor hoch laden, lässt sich nicht sagen, ob die kontextuellen und fachlichen Besonderheiten für die Textaufgaben des ersten oder zweiten Faktors typisch sind. Durch die Ermittlung der Textmerkmale für die in der Arbeit genutzten Textaufgaben konnte für jede Textaufgabe ein Faktorenwert berechnet werden. Die Faktorenwerte wurden infolge der Faktorenextraktion z-standardisiert, was bedeutet, dass die Faktorenwerte auf 0 normiert wurden. Für z-standardisierte Faktorenwerte bedeutet eine Standardabweichung größer gleich ± 1, dass sich die Werte bedeutsam vom Mittel unterscheiden und den jeweiligen Faktor besonders stark repräsentieren. Das Ziel war es daher, Textaufgaben für die qualitative Vertiefungsstudie zu selektieren, die eine Standardabweichung größer 1 auf einen Faktor besitzen und gleichzeitig – da die Textaufgaben sich nur bedeutsam für einen Faktor vom Mittel unterscheiden sollen – eine Standardabweichung von kleiner 1 für die restlichen vier Faktoren aufweisen. In Abbildung 9.1 sind die Faktorenwerte je Faktor abgetragen. In der Abbildung ist über eine horizontale Gerade eine Standardabweichung markiert.

Im Hinblick auf das Ziel, Textaufgaben auszuwählen, die eine Standardabweichung größer 1 auf einen Faktor und auf den restlichen Faktoren eine Standardabweichung kleiner 1 haben, wurden die Textaufgaben, deren Faktorenwerte über der abgebildeten Geraden liegen, gefiltert. Durch die geschilderte Auswahl der Textaufgaben anhand der Faktorenwerte wurden aus dem Gesamtdatensatz an Textaufgaben von $N = 348$ für die qualitative Vertiefungsstudie $N = 49$ Textaufgaben ausgewählt. Für den ersten, zweiten, dritten und fünften Faktor wurden $N = 10$ Textaufgaben und für den vierten Faktor $N = 9$ Textaufgaben selektiert.

Anschließend soll beschrieben werden, wie die Analyse der $N = 49$ ausgewählten Textaufgaben erfolgt ist.

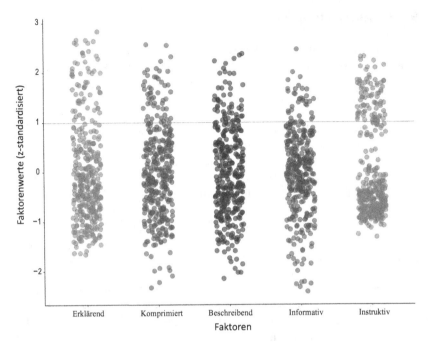

Abbildung 9.1 Darstellungen der Faktorenwerte der Textaufgaben für jeden Faktor und Markierung einer Standardabweichung (Eigene Erstellung)

9.1.2   Ablaufmodell der Analyse

Die Vertiefungsanalyse mit den $N = 49$ Textaufgaben orientiert sich an der qualitativen Inhaltsanalyse nach Mayring (2015, 2016). Letztere eignet sich in diesem Rahmen, da für die ausgewählten Textaufgaben der jeweiligen Faktoren keine vorhandenen Kenntnisse über bestimmte kontextuelle und fachliche Eigenschaften bestehen. Demnach muss für die Analyse der kontextuellen und fachlichen Eigenschaften der Textaufgaben explorativ vorgegangen werden. Die qualitative Inhaltsanalyse eignet sich zur Untersuchung von schriftlichen Texten und hat eine explorative Schwerpunktsetzung, die für den Rahmen der Arbeit genutzt wurde, um die Textaufgaben zu analysieren.

Die qualitative Auswertung richtete sich nach dem Vorgehen von Mayring (2016). Das Vorgehen der qualitativen Inhaltsanalyse wurde für die eigenen Forschungszwecke an das Studiendesign und die Analyse von Textaufgaben adaptiert. Es kann in fünf Schritte unterteilt werden:

1. Sichtung: Die $N = 49$ Textaufgaben wurden zunächst betrachtet und auffallende kontextuelle und inhaltliche Charakteristika jeder Aufgabe wurden notiert.
2. Deduktion: Die kontextuellen und inhaltlichen Charakteristika wurden mit bereits etablierten Klassifikationen von Mathematikaufgaben verknüpft, die in Abschnitt 3.4.3 dargestellt wurden. Insbesondere erfolgte eine Orientierung an dem Klassifikationsschema von Jordan et al. (2006). Dadurch entstanden die ersten Hauptkategorien, deren Subkategorien aus der Literatur übernommen und für den Datensatz der Textaufgaben in dieser Arbeit angepasst wurden. Durch die deduktive Betrachtung wurden folgende fünf Hauptkategorien ausgewählt: mathematisches Argumentieren, Gebrauch von mathematischen Darstellungen, mathematische Tätigkeit, Daten und Informationen, Transferbezug.
3. Induktion: In einer zweiten Sichtung wurden die $N = 49$ Textaufgaben ein weiteres Mal analysiert, um zusätzliche Charakteristika zu selektieren, die nicht von den bereits etablierten Klassifikationsmöglichkeiten abgedeckt werden. Dadurch konnte die Spezifität der ausgewählten Textaufgaben abgebildet werden. Dies betraf besonders kontextuelle Aspekt der Aufgabengestaltung. Die zweite Sichtung führte zur Ergänzung von zwei Hauptkategorien: Interaktion und strukturelle Gestalt.

Es ist zu erkennen, dass durch die Hauptkategorien sowohl inhaltliche (mathematische) Kriterien (mathematisches Argumentieren, Gebrauch von mathematischen Darstellungen, mathematische Tätigkeit, Daten und Informationen) als auch weitere allgemeine kontextuelle Kriterien (Transferbezug, Interaktion, strukturelle Gestalt) betrachtet werden.

4. Kodierschema und Prüfung: Aus den sieben Hauptkategorien ergibt sich ein Kodierschema, mit dem die Textaufgaben kodiert werden konnten. Um die Qualität der Kodierung zu überprüfen, wurde als Gütemaß Krippendorffs α berechnet.
5. Bildung von Aufgabentypen: Durch die Kodierung der Textaufgaben ergaben sich für die einzelnen Textaufgaben für die Faktoren Kodierungstendenzen. Die

Kodierungstendenz ist durch die Häufigkeit der Kodierungen der Subkategorien je Hauptkategorien für einen Faktor bestimmt. Diese Häufigkeit je Faktor kann als Maß für die inhaltlichen und kontextuellen Besonderheiten der Textaufgaben interpretiert werden. Aus den unterschiedlichen Ausprägungen wurde eine Bezeichnung für die Textaufgaben je Faktor gewählt.

Nachfolgend sollen die Hauptkategorien und das Kodierschema näher beschrieben werden.

9.1.3 Hauptkategorien und Kodierschema

Wie in Abschnitt 9.1.2 geschildert wurde, wurden durch die ersten drei Schritte in einem deduktiv-induktiven Ansatz sieben Hauptkategorien gebildet. Die deduktive Kategorienbildung bezieht sich insbesondere auf das in Abschnitt 3.4.3 erläuterte Klassifikationsschema von Jordan et al. (2006) und wurde entsprechend an die vorhandenen $N = 49$ Textaufgaben angepasst und reduziert. In Abbildung 9.2 sind im oberen Bereich die fünf Hauptkategorien (mathematisches Argumentieren, Gebrauch von (mathematischen) Darstellungen, mathematische Tätigkeit, Daten und Informationen, Transferbezug) abgebildet, die durch das deduktive Verfahren ermittelt worden sind. Die Subkategorien wurden ebenfalls von Jordan et al. (2006) übernommen und für den vorliegenden Datensatz (Textaufgaben) angepasst. Sie sind in Abbildung 9.2 den jeweiligen Hauptkategorien zugeordnet. Im dritten Punkt in Abschnitt 9.1.2 wurde erläutert, dass durch ein induktives Vorgehen weitere Hauptkategorien bestimmt worden sind. Die beiden induktiv ermittelten Hauptkategorien (Interaktion und strukturelle Gestalt) sind im unteren Bereich der Abbildung 9.2 dargestellt. Durch die Sichtung der Textaufgaben wurden unterschiedliche Subkategorien der induktiv ermittelten Hauptkategorien differenziert. Die Subkategorien sind den jeweiligen beiden unteren induktiv ermittelten Hauptkategorien in Abbildung 9.2 zugeordnet.

Um die einzelnen Hauptkategorien näher zu beschreiben und zu verdeutlichen, aus welchem Grund die gewählte Differenzierung in Subkategorien gewählt wurde, wird im Folgenden näher auf die Kategorien eingegangen und die inhaltlichen und kontextuellen Kriterien, die für die Kodierung verwendet worden sind, werden erläutert.

Mathematisches Argumentieren: Das mathematische Argumentieren beschreibt die Art der Anforderungen an das Lösungsverhalten der Lernenden. Im einfachsten Fall werden in der Aufgabe rechnerische Argumente verlangt. Bei einer

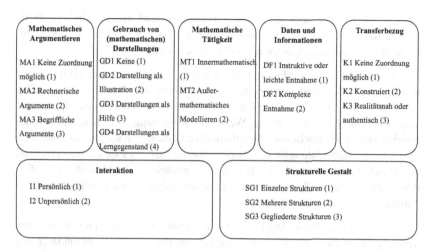

Abbildung 9.2 Kategoriensystem mit inhaltlichen und kontextuellen Kriterien für Textaufgaben (Eigene Erstellung)

solchen Aufgabe ist es ausreichend, Zahlenwerte zur Aufgabenlösung anzugeben. Typische Operatoren für eine solche Aufgabe sind: *Rechne, Gib an, angeben* etc. Bei Aufgaben, die begriffliche Argumente erfordern, ist eine Lösung durch die Verwendung und Darlegung von mathematischen Begrifflichkeiten nötig. Dies kann durch eine reflexive Auseinandersetzung mit der Aufgabe erfolgen, indem beispielsweise Daten und Informationen verglichen oder Begriffe unter den Aspekten von Beweisführungen und Argumentationsketten verwendet werden müssen.

Gebrauch von (mathematischen) Darstellungen: Der Gebrauch von (mathematischen) Darstellungen ist ein zentraler Aspekt von mathematischen Handlungen. Rechnerische Aufgaben, beispielsweise Übungsaufgaben, haben häufig keine Darstellungsformen, die die Textaufgabe unterstützen. Bei anderen Aufgaben können Darstellungen als Illustration dienen. Sie fungieren dabei nicht als Träger von Informationen, sondern dienen lediglich als Unterstützung dazu, die Situation im Text genauer zu verstehen. So können illustrative Darstellungen dazu verwendet werden, Informationen bei einer Modellierung abzuschätzen. Daneben können Darstellungen als Hilfsstrukturen genutzt werden – beispielsweise, indem bereits das mathematische Modell von der vorliegenden Situation skizziert ist. Außerdem können (mathematische) Darstellungen als Tabellen oder Diagramme, besonders für die Informations- und Datenentnahme in Mathematikaufgaben, vorkommen. Da Darstellungen auch mathematische Objekte abbilden können, dienen sie schließlich selbst auch als zentraler Lerngegenstand. Hierbei sind die Stoffgebiete der Geometrie und Stochastik zentrale inhaltliche Felder, an denen mit Darstellungen operiert, konstruiert und bewiesen wird.

Mathematische Tätigkeit: Für die Mathematik lassen sich zwei grundlegende mathematische Tätigkeiten unterscheiden: zum einen innermathematische Aufgaben, also solche, die sich bei der Unterteilung zwischen Realität und Mathematik ausschließlich auf die abstrakte Welt der Mathematik beziehen, zum anderen die außermathematischen Modellierungsaufgaben. Für letztere Aufgaben ist eine Übersetzungsleistung in die Realität vorzunehmen; es ist dementsprechend außermathematisch zu modellieren. Eine außermathematische Modellierung erfordert dabei viele Teilkompetenzen, die durchlaufen werden müssen und in Abschnitt 3.2.5 diskutiert wurden.

Daten und Informationen: Die Entnahme der Daten und Informationen aus einer Textaufgabe ist ein zentraler Aspekt zur Lösung einer Aufgabe. Je unklarer und schwieriger die Entnahme von bedeutenden Informationen ist, desto schwieriger ist die Lösung der Aufgabe. Die Daten und Informationen können innerhalb einer Instruktion eingebettet sein, in der das Datenmaterial häufig als Zahl vorliegt. Außerdem können sie aus Tabellen entnommen werden, was einer offensichtlichen Entnahme der Daten und Informationen entspricht. Daneben können sie über eine lineare Entnahme gewonnen werden, die (zumindest teilweise) der Lösungsstruktur entspricht. Darüber hinaus sind weitere, komplexere Entnahmen von Daten und Informationen denkbar, beispielsweise eine nicht lineare Entnahme oder fehlende klare Bezüge zu Daten und Informationen, die für die Lösung verwendet werden können.

Transferbezug: In Verbindung mit der mathematischen Tätigkeit steht der Transferbezug. Aufgaben können dabei konstruiert sein, wenn eine reale Situation um einen mathematischen Gegenstand gerahmt wird. Die Problematisierung ist in einem solchem Fall häufig erdacht und besitzt keine außerschulische Relevanz. Im Gegensatz dazu besitzen realitätsnahe und authentische Aufgaben eine Problematisierung, die an reale Situationen (mindestens) angelehnt ist. Eine solche Problematisierung besitzt jedoch nicht zwingend auch eine außerschulische Relevanz.

Interaktion: Die Kategorie *Interaktion* bildet ab, dass Aufgaben verschiedene interpersonale Ebenen einnehmen können. Dominant sind hierbei zum einen die Ausprägung von persönlichen bzw. narrativen Ebenen und zum anderen die unpersönlichen Ebene der textuellen Formulierung. Die persönlichen bzw. narrativen

Ebenen zeigen sich bei Aufgaben, indem die Namen von Akteurinnen und Akteuren, Personalpronomen sowie weitere sprachliche Mittel zur Personalisierung des Kontextes verwendet werden. Eine unpersönliche Ebene tritt auf, wenn passive Strukturen genutzt werden und es vermieden wird, Akteurinnen und Akteure sowie Personen zu benennen. Eine Objektivierung der Situation steht im Vordergrund und handelnde Subjekte werden nicht betrachtet. Mit der Hauptkategorie *Interaktion* ist die Ebene des im Aufgabenkontext vermittelten Inhaltes gemeint und nicht etwaige Aufgabenimperative, die meistens einen direkten Bezug zur Rezipientin oder zum Rezipienten aufweisen. Dahingehend wurden für die Kodierung der Interaktion die Instruktionen in der Aufgabenstellung der Textaufgaben nicht betrachtet.

Strukturelle Gestalt: Wird die Aufgabe im Gesamten betrachtet, lassen sich Unterschiede in der strukturellen Gestalt von Aufgaben erkennen. Eine Form sind einzelne Strukturen, in die sich eine einzelne Aufgabenstellung bzw. ein Aufgabenabsatz gliedert. Eine andere Variante sind mehrere Strukturen, die sich durch mehrere Teilaufgaben auszeichnen. Häufig kommt es zu einer Trennung von Kontext und Aufgabenstellung. Eine komplexere strukturelle Aufteilung zeigen gegliederte Strukturen. Diese Aufgaben sind aufbauend strukturiert und haben mehr als zwei Teilaufgaben und mehrere Aufgabenabsätze. Die Struktur kann sich differenzieren in Kontext, Daten, Darstellungen und Aufgabenstellung mit verschiedenen Anordnungsvarianten.

Um einzuschätzen, inwieweit sich das Kodierschema zur Kodierung der Textaufgaben eignet, werden nachfolgend Qualitätskriterien geprüft.

9.1.4 Qualitätskriterien des Kodierschemas

Die Herausforderung von qualitativen Studien ist die Einhaltung der Ansprüche einer empirischen Arbeit. Dahingehend ist es für den qualitativen Forschungsteil dieser Studie zentral, Gütekriterien zu prüfen und einzuhalten. Zur Prüfung der Güte der qualitativen Studie wurden die Gütekriterien nach Krippendorff (2009) verwendet.

Es ergeben sich acht inhaltsanalytische Gütekriterien, die die Qualität der qualitativen Inhaltsanalyse für eine empirische Arbeit beschreiben (Krippendorff, 2009; Mayring, 2015). Diese acht Kriterien sind: semantische Gültigkeit, Stichprobengültigkeit, korrelative Gültigkeit, Vorhersagegültigkeit, Konstruktgültigkeit, Stabilität, Reproduzierbarkeit und Exaktheit. Aufgrund des explorativen

Verfahrens der Analyse werden die Kategorien *Korrelative Gültigkeit* und *Vorhersagegültigkeit* nicht betrachtet.

Semantische Validität: Die semantische Validität dient zur Prüfung insbesondere der Definition der Kategorien. Dies umfasst die Prüfung der Definitionen, der Auswahl der Ankerbeispiele und der Kodierregeln. Geprüft werden kann die semantische Validität beispielsweise durch Expertenbeurteilungen. Dahingehend wurden die verwendeten Definitionen und die Kodierregeln mit Fachleuten diskutiert und iterativ modifiziert. Die Auswahl der Ankerbeispiele zur Kodierung erfolgte anhand des in Abschnitt 9.1.2 beschriebenen Vorgehens. Durch die Auswahl von charakteristischen Aufgaben je Faktor können die Ankerbeispiele als repräsentativ betrachtet werden. Aufgrund der Beurteilung und Diskussion von Expertinnen und Experten sowie der Verbesserung der Definitionen und Kodierregeln und durch die systematische und quantifizierte Auswahl der Ankerbeispiele kann von einer hohen semantischen Validität ausgegangen werden.

Stichprobengültigkeit: Die Stichprobengültigkeit bezieht sich auf die Ziehung von systematischen Stichproben aus der Auswahl – im vorliegenden Fall von Textaufgaben. Der Datensatz, der sich aus der systematischen Stichprobenziehung ergibt, soll die Repräsentativität für alle anderen Aufgaben gewährleisten. In der Studie umfasst die Stichprobenziehung die Auswahl der Textaufgaben aus den Schulbüchern. Die Stichprobenauswahl erfolgte wie in Abschnitt 6.5 beschrieben durch das systematische Ziehen von Textaufgaben aus unterschiedlichen Schulbüchern. Eingeschränkt ist die Repräsentativität in der Weise, dass die Schulbücher aus dem Bundesland Nordrhein-Westfalen stammen. Entsprechend kann von einer validen Stichprobengültigkeit ausgegangen werden, unter der Limitierung der Auswahl der Textaufgaben aufgrund des föderalistischen Systems in der Bundesrepublik.

Konstruktgültigkeit: Anhand der Konstruktgültigkeit wird überprüft, inwieweit die verwendeten Methoden die erfassten Merkmale tatsächlich messen. Die explorative und die konfirmatorische Faktorenanalyse sind Verfahren, um die Konstruktgültigkeit zu prüfen. Da vor der qualitativen Vertiefungsanalyse eine explorative Faktorenanalyse durchgeführt wurde, kann von einer Konstruktgültigkeit ausgegangen werden.

Reproduzierbarkeit: Zur Prüfung der Reproduzierbarkeit wurde die Interraterreliabilität berechnet. Hierfür wurden durch eine Kodierschulung zwei Rater geschult. Anschließend kodierten diese die $N = 49$ Aufgaben nach dem in Abbildung 9.2 dargestellten Kategoriensystem.

Die Ergebnisse der Interraterreliabilität sind in Tabelle 9.1 abgebildet. Alle Hauptkategorien erreichen einen Wert von Krippendorffs $\alpha > 0.7$, der als Schwellenwert für die Güte der Reliabilität gilt (Hayes & Krippendorff, 2007; Krippendorff, 2004, 2009). Damit weist das Kategoriensystem eine zufriedenstellende Reproduzierbarkeit auf. Die Hauptkategorien *Mathematisches Argumentieren, Gebrauch von (mathematischen) Darstellungen, Daten und Informationen* sowie *strukturelle Gestalt* erreichen einen Krippendorffs $\alpha > 0.8$. Den höchsten Wert von Krippendorffs α weist die Hauptkategorie *Daten und Informationen* auf.

Damit erreicht das Kategoriensystem insgesamt ein gutes Ergebnis für die Reproduzierbarkeit der Kodierung der Hauptkategorien.

Tabelle 9.1 Interraterreliabilität der Kodierung (Reproduzierbarkeit)

Kategorie	N	Krippendorffs α	95-%-KI	Interpretation
Mathematisches Argumentieren	49	0.85	0.71–0.96	Gut
Gebrauch von (mathematischen) Darstellungen	49	0.89	0.75–1.00	Gut
Mathematische Tätigkeit	49	0.73	0.52–0.91	Akzeptabel
Daten und Informationen	49	0.91	0.74–1.00	Gut
Transferbezug	49	0.70	0.50–0.87	Akzeptabel
Interaktion	49	0.78	0.56–0.96	Akzeptabel
Strukturelle Gestalt	49	0.86	0.71–0.96	Gut

Stabilität: Zur Prüfung der Stabilität der Reproduzierbarkeit wurde die Intraraterreliabilität berechnet. Dies erfolgte, indem die $N = 49$ Textaufgaben durch denselben Rater nach eineinhalb Monaten ein weiteres Mal kodiert wurden.

Die Ergebnisse der Intraraterreliabilität sind in Tabelle 9.2 dargestellt. Alle Hauptkategorien erreichen hierbei ein Krippendorffs $\alpha > 0.7$. Damit wird der Schwellenwert für die Reliabilität erreicht und die Hauptkategorien weisen eine zufriedenstellende Stabilität auf. Insgesamt erreichen 5 Hauptkategorien einen Krippendorffs $\alpha > 0.8$. Den höchsten Wert weisen die Hauptkategorien *Gebrauch von (mathematischen) Darstellungen* und *Interaktion* auf, die damit als besonders stabil erachtet werden können.

Exaktheit: Die Exaktheit setzt die Kriterien der Reproduzierbarkeit und der Stabilität des Kategoriensystems voraus. Wie bereits beschrieben, erreichen die Kriterien der Reproduzierbarkeit und Stabilität für das Kategoriensystem zufriedenstellende Ergebnisse. Zur Entwicklung der Exaktheit wurden Unstimmigkeiten

Tabelle 9.2 Intraraterreliabilität der Kodierung (Stabilität der Reproduzierbarkeit)

Kategorie	N	Krippendorffs α	95-%-KI	Interpretation
Mathematisches Argumentieren	49	0.81	0.62–0.96	Gut
Gebrauch von (mathematischen) Darstellungen	49	0.87	0.73–0.97	Gut
Mathematische Tätigkeit	49	0.82	0.63–0.96	Gut
Daten und Informationen	49	0.78	0.45–1.00	Akzeptabel
Transferbezug	49	0.73	0.50–0.87	Akzeptabel
Interaktion	49	0.87	0.56–0.96	Gut
Strukturelle Gestalt	49	0.86	0.71–0.96	Gut

im Kategoriensystem geklärt und Begriffliches wurde eindeutiger beschrieben. Einzelne Unterkategorien, die nicht eindeutig unterscheidbar waren, wurden zusammengelegt, um so ein zwar gröberes, aber exakteres Kategoriensystem zu erhalten.

9.2   Fallanalyse spezifischer Aufgaben aus den Faktoren

Um die Spezifika der ausgewählten charakteristischen Aufgaben für die unterschiedlichen Faktoren zu verdeutlichen, werden in diesem Kapitel jeweils zwei Aufgaben präsentiert. Das Ziel der Fallanalyse ist es, exemplarisch aufzuzeigen, welche der in Abschnitt 9.1 erörterten Haupt- und Subkategorien für den jeweiligen Faktor besonders relevant sind.

Überblick (Abschnitt 9.2): Zur Verdeutlichung der relevanten Haupt- und Subkategorien werden nachfolgend für den erklärenden (Abschnitt 9.2.1), komprimierenden (Abschnitt 9.2.2), beschreibenden (Abschnitt 9.2.3), informativen (Abschnitt 9.2.4) und instruktiven (Abschnitt 9.2.5) Faktor kapitelweise zwei charakteristische Aufgaben beschrieben.

9.2.1   Faktor: erklärend

Die erste charakteristische Textaufgabe des erklärenden Faktors stammt aus der sechsten Klasse. In der Textaufgabe sollen Brüche miteinander verglichen und die Brüche geordnet werden.

Aufgabe 1 – Faktor: erklärend

Jannik will einige Brüche vergleichen. Bei $\frac{1}{4}$ und $\frac{3}{4}$ sieht er sofort, welcher Bruch größer ist. In schwierigeren Fällen hilft ihm eine Zeichnung.

a) Vergleiche die Brüche durch Hinsehen oder durch Einteilen und Färben in einem Rechteckmodell. Setze das entsprechende Zeichen <, > oder = ein.

$$\frac{1}{4} - \frac{1}{3} \qquad \frac{4}{6} - \frac{2}{3} \qquad \frac{10}{12} - \frac{3}{4} \qquad \frac{7}{12} - \frac{1}{2} \qquad \frac{1}{6} - \frac{2}{12}$$

b) Ordne alle Brüche aus der Teilaufgabe a) der Größe nach. Beschreibe, wie du vor gehst und formuliere Regeln (Körner et al., 2013, S. 92).

Die Textaufgabe zeichnet sich durch begriffliche Argumente aus. So ist es für die erste Teilaufgabe bedeutsam, die Brüche miteinander zu vergleichen und in der zweiten Teilaufgabe die gewählte Ordnung der Zahlen zu begründen. Hierbei ist es zwingend erforderlich, begriffliche Argumente zu verwenden. Auch die Formulierung als Regel kann als begrifflich dahingehend verstanden werden, dass die in der ersten Teilaufgabe durchgeführte Ordnung in eine Regel verallgemeinert werden soll. Die zweite Teilaufgabe verlangt begriffliche Argumente in einer reflexiven Weise.

In der Aufgabe werden mathematischen Darstellungen verwendet (nicht abgebildet). Die Darstellung dient dabei als Hilfe, um die numerischen Notationen miteinander zu vergleichen und daraus Regeln abzuleiten.

Die erste Aufgabe des erklärenden Faktors ist eine solche im innermathematischen Tätigkeitsbereich aus dem Gebiet der Algebra, ohne Zuordnungsmöglichkeiten zu einem bestimmten Transferbezug.

Die Daten und Informationen sind problemlos zu entnehmen. Die zu sortierenden relevanten Zahlen sind direkt sichtbar und wurden durch die Formatierung der Aufgabe von den anderen Textteilen abgehoben.

In der Aufgabe wird persönlich interagiert. Damit kennzeichnet die Aufgabe eine aktive Einbindung der Rezipientinnen und Rezipienten. Im ersten Teil wird von *Jannik, er* und *ihm* gesprochen, während in den anschließenden Fragestellungen die Rezipientin oder der Rezipient direkt angesprochen wird (*Du*).

Ein weiteres Merkmal dieser Aufgabe ist die aufbauende Struktur. Die gegliederte Struktur zeichnet sich dadurch aus, dass im ersten Teil der Aufgabe die Aufgabenstellung kontextualisiert wird. Nachfolgend sind die Daten der Aufgabe und die Arbeitsaufträge, voneinander abgesetzt. Dadurch entstehen Textebenen, die unterschiedliche Funktionen in der Aufgabe erfüllen.

Die zweite charakteristische Aufgabe des erklärenden Faktors ist eine Textaufgabe aus der fünften Klasse. Es handelt sich um eine Aufgabe, in der Flächen miteinander verglichen und gewisse Strategien des Vergleichens evaluiert werden sollen.

Die zweite charakteristische Textaufgabe lässt sich keiner Subkategorie des mathematischen Argumentierens zuordnen, da in dieser Aufgabe nur ein Vergleich der Flächen stattfindet soll. Es ist nicht beschrieben, ob eine Erklärung des gewählten Zugangs zum Flächenvergleich erfolgen soll.

Aufgabe 2 – erklärend

Flächen nach ihrer Größe vergleichen! Pia, Merve und Ole haben sich jeweils einen Ansatz überlegt, wie man zwei Flächen nach ihrer Größe vergleichen kann. ‚Ich lege die Fläche aufeinander‘, ‚Ich lege beide Flächen mit vielen kleinen gleichen Flächen aus. Die zähle ich ab‘. ‚Ich zerschneide eine Fläche und lege sie neu zusammen, sodass ich sie besser vergleichen kann.‘

a.) Wähle aus dem Arbeitsblatt Flächenvergleich zwei Flächen aus und vergleiche die beiden Flächen mit einem der Ansätze. Überlege zuerst, welcher Ansatz für die ausgesuchten Flächen geeignet ist.

b.) Wähle zwei weitere Flächen zum Vergleichen. Nutze diesmal einen der anderen Ansätze, um sie zu vergleichen. Vergleiche verschiedene Flächen so oft, bis du jeden Ansatz ausprobiert hast (Prediger et al., 2014, S. 176).

Für die Aufgabe ist der Gebrauch von mathematischen Darstellungen notwendig. Es sollen aus einem Arbeitsblatt unterschiedliche Flächen verwendet werden. Die Darstellungen können in diesem Fall als Darstellungen als Lerngegenstand betrachtet werden, da der Flächenvergleich als Hinführung zur Berechnung des Flächeninhaltes dient.

Die Aufgabe ist dem innermathematischen Bereich der Geometrie zuzuordnen und hat dementsprechend keinen Transferbezug.

Die Daten und Informationen sind in der Aufgabe problemlos ablesbar. Die Informationen zum Vergleich der Flächen werden in dem ersten Abschnitt gegeben. Dabei wird deutlich, dass insgesamt drei unterschiedliche Verfahren durch die Figuren der Aufgabe präsentiert werden. Die Auswahl der Flächen gelingt ebenfalls problemlos durch die Auswahl am Arbeitsblatt.

Aufgrund der Figuren als Protagonistinnen und Protagonisten findet im ersten Teil der Aufgabe eine persönliche Interaktion statt, die über einen Dialog der unterschiedlichen Ansätze erfolgt.

Die zweite charakteristische Aufgabe ist an der gegliederten Struktur erkennbar. So wird in der Beschreibung zwischen der Situation und den beiden

Aufgabenstellungen unterschieden. Die Beschreibung der Situation stellt die kontextuelle Rahmung der Gegebenheit dar, die einen nahen Bezug zur Realität der Lernenden in einem schulischen Kontext aufweist. Die Aufgabenstellungen sind relativ separiert von der kontextuellen Rahmung (direkter Verweis auf das Arbeitsblatt) und beschreiben Aufgabenanforderungen, die mit den diskutierten Verfahren in der kontextuellen Rahmung zu tun haben.

Für die beiden exemplarisch dargestellten Beispiele für charakteristische Aufgaben aus dem erklärenden Faktor deutet sich an, dass begriffliche Argumente, eine aktive Einbindung der Rezipientin bzw. des Rezipienten, innermathematische Aufgaben, eine relativ problemlose Entnahme der Informationen und Daten sowie die strukturelle Gestalt des Aufbaus der Textaufgabe bedeutsame Kategorien dieser Gruppe an Textaufgaben sind.

9.2.2 Faktor: komprimierend

Die erste charakteristische Textaufgabe des komprimierenden Faktors ist eine Aufgabe für die fünfte Klasse aus dem Inhaltsbereich Geometrie. In der Textaufgabe sollen die Eigenschaften von Diagonalen in unterschiedlichen Vierecken beschrieben werden. Anhand der Aufgabenstellung zeichnet sich die Textaufgabe durch begriffliche Argumente aus, die aus der Konstruktion der Diagonalen in Vierecken folgen.

Die genutzten mathematischen Darstellungen (nicht abgebildet) in dieser Aufgabe (in der Abbildung ist ein Rechteck mit den Diagonalen AD und BC abgetragen) sind nicht nur eine Hilfe. Die Diagonalen und die Vierecke sind selbst Gegenstand des Lernens, durch die bedeutende Symmetrieeigenschaften von Vierecken entdeckt und begrifflich gefestigt werden sollen.

Aufgabe 1 – Faktor: komprimierend

Die rot eingezeichneten Strecken im Viereck heißen Diagonalen. Zeichne besondere Vierecke mit ihren Diagonalen. Untersuche ihre Eigenschaften.

- In welchen Vierecken sind die Diagonalen gleich lang?
- In welchen Vierecken stehen die Diagonalen zueinander senkrecht?
- In welchen Vierecken halbieren sich die Diagonalen? (Göckel et al., 2014, S. 110).

Bei der Aufgabe handelt es sich um eine innermathematische Aufgabe aus dem Bereich der Geometrie, die keinen Transferbezug aufweist.

Die Informationen für diese Aufgabe sind durch die genutzte Abbildung problemlos zu entnehmen und können für die Fragestellung als Beispiel genutzt und auf weitere Vierecke übertragen werden.

Bezüglich der Interaktion zeigt die Aufgabe eine generell unpersönliche Interaktion. Der zweite Satz der Aufgabe ist als Imperativ formuliert und weist die Rezipientin oder den Rezipienten darauf hin, was in der Aufgabe verlangt wird.

Daneben werden in der Aufgabe mehrere Strukturen verwendet, die in einem Textkern gemeinsam vorkommen. Die Strukturen zeigen sich in der Gliederung der Aufgabenstellung mit einer zusätzlichen Darstellung.

Die zweite charakteristische Aufgabe ist eine Textaufgabe aus dem Inhaltsbereich Stochastik der siebten Klasse. In der Textaufgabe sollen Alternativen für ein Zufallsgerät gefunden werden, die die gleiche Wahrscheinlichkeit aufweisen. Aus diesem Grund ist eine begriffliche Argumentation notwendig, da unterschiedliche Zufallsgeräte genannt werden müssen, die die gleichen Wahrscheinlichkeiten aufweisen wie das defekte Glücksrad.

Das Glücksrad ist als verwendete mathematische Darstellung (nicht abgebildet) Lerngegenstand, da sich die Wahrscheinlichkeiten durch die Aufteilung am Glücksrad ergeben.

Bei der Aufgabe handelt es sich um eine außermathematische Modellierung. Der Transferbezug kann als konstruiert betrachtet werden, da die Verwendung von anderen Zufallsgeräten in keinerlei Weise praktikabler wäre als das gleiche Glücksrad zu kaufen oder es zu reparieren.

Aufgabe 2 – komprimierend

> Mit dem Glücksrad rechts sollten Gewinne bei einem Klassenfest ausgelost werden. Da es defekt ist, soll die Auslosung mit einem anderen Zufallsgerät erfolgen. Nenne mehrere Möglichkeiten (Griesel et al., 2016, S. 194).

In der Aufgabe wird unpersönlich interagiert; der Fokus liegt bei der Betrachtung des Zufallsgerätes und möglicher Alternativen. Der Kern der Aufgabenstellung wurde, wie häufig bei Textaufgaben, als Imperativ formuliert.

Die Aufgabe zeichnet sich durch mehrere Strukturen aus: Es gibt einen Aufgabenstamm, in dem der Kontext und die Aufgabenstellung beschrieben werden, und daneben die Darstellung des Glücksrads.

Für die beiden exemplarisch dargestellten Textaufgaben aus dem komprimierenden Faktor haben Darstellungen als Lerngegenstand eine zentrale Bedeutung. Die Informationen und Daten sind zwar problemlos zu entnehmen, doch wird eine begriffliche Argumentation verlangt. Außerdem sind die Aufgaben in mehrere Strukturen unterteilt – besonders die Text-Bild-Unterteilung ist ein auffälliges

Charakteristikum. Darüber hinaus sind beide exemplarischen Beispiele unpersönlich dargelegt; es findet außer bei den im Imperativ formulierten Aufgabenaufforderungen keine Interaktion mit den Lesenden durch z. B. den Einbezug von handelnden Personen statt.

9.2.3 Faktor: beschreibend

Die erste Textaufgabe des beschreibenden Faktors ist eine Berechnungsaufgabe aus der fünften Klasse. In der Textaufgabe müssen neben der Berechnung der Zuordnung zwischen Arbeitsstundenkosten und Reparaturdauer für unterschiedlich viele Stunden ebenfalls die Anfahrtskosten addiert werden. Bei der zweiten Teilaufgabe ist eine Umkehrrechnung der ersten Teilaufgabe gefragt. Beide Teilaufgaben erfordern nur die rechnerische Lösung der Textaufgabe und damit sind rechnerische Argumente ausreichend.

In der Aufgabe werden Darstellungen (nicht abgebildet) als Illustration verwendet und es muss außermathematisch modelliert werden. Der genutzte Transferbezug ist hierbei als realitätsnah einzustufen. Die Hilfestellung über einen Informationstechnik-Dienstleister und die folgende Abrechnung stehen zwar nicht im direkten Lebensweltbezug der Lernenden, können aber als vorstellbar betrachtet werden.

Aufgabe 1 – beschreibend

Herr Scholz betreut den Computerraum in der Schule. Diesmal hat er ein Problem, das er nicht alleine in den Griff bekommt. Er ruft einen Fachmann an, erkundigt sich aber vorher nach den Preisen. Die Anfahrtskosten betragen 25 Euro, für die Arbeitsstunde berechnet der Computerfachmann 32 Euro.

Wie viel muss Herr Scholz bezahlen, wenn die Reparatur 1, 2, 3 oder 4 Stunden dauert?

Der Computerfachmann muss am nächsten Tag wiederkommen. Wie viele Stunden hat er gearbeitet, wenn die Rechnung dann 242 Euro beträgt? Schreibe dazu eine passende Gleichung (Borneleit & Winter, 2006, S. 85).

Die Daten und Informationen können aus der Aufgabe problemlos entnommen werden. Dies liegt insbesondere daran, dass keine unnötigen Zahlen, aus denen die Lernenden selektieren müssen, vorhanden sind.

Bezüglich der Interaktion wird in der Aufgabe eine deutlich beschreibende und persönliche Interaktion verwendet. Dabei wird explizit gemacht, welches Problem vorliegt. Daraus ergeben sich einige Sätze, die für die Aufgabenstellung als redundant betrachtet werden können.

Die erste Textaufgabe aus dem beschreibenden Faktor besitzt mehrere Aufgabenstellungen, die sich in eine Beschreibung des Kontextes der Textaufgabe und die Aufgabenstellung untergliedern.

Das zweite Beispiel aus dem beschreibenden Faktor ist eine Textaufgabe aus dem Bereich der Prozentrechnung aus der siebten Klasse. In der Aufgabe muss der Rabatt für ein Fahrrad berechnet werden. Der errechnete Wert muss angegeben werden, daher sind nur rechnerische Argumente notwendig. In der Textaufgabe werden keine Darstellungen verwendet, weder in Form von Illustrationen noch als Lerngegenstände.

Aufgabe 2 – beschreibend

> Alexander will ein City-Bike kaufen. Es kostet 140,00 Euro. Da es sich um ein Modell aus dem Vorjahr handelt, wird der Preis um 15 % herabgesetzt. Wie viel muss Alexander bezahlen? (Griesel et al., 2016, S. 76).

Des Weiteren handelt es sich um eine außermathematische Aufgabe zum Modellieren. Der Transferbezug kann als realitätsnah betrachtet werden, da Rabatte typischerweise im Kontext von Konsumverhalten vorkommen.

Die Entnahme der Daten und Informationen ist unkompliziert. Die beiden Zahlenwerte in der Aufgabe sind zur Berechnung der Aufgabe ausreichend und werden in jeweils zwei Sätze gegliedert. Prinzipiell sind die Entnahme und Berechnung der Textaufgabe ohne das Lesen des Textes möglich.

In der Textaufgabe wird durch den Einbezug einer handelnden Person versucht, eine Interaktion aufzubauen. Dabei dient Alexander als Protagonist in der Aufgabe, die durch eine einzelne Struktur formatiert ist.

Die beiden Beispiele des beschreibenden Faktors deuten darauf hin, dass rechnerische Argumente für diese Gruppe an Aufgaben eher typisch sind. Außerdem kommt eine persönliche Einbettung innerhalb eines realitätsbezogenen Kontextes vor. Die Daten und Informationen sind problemlos aus diesem Kontext zu entnehmen. Weniger Bedeutung scheinen Darstellungen für die Textaufgaben zu besitzen.

9.2.4 Faktor: informativ

Die erste Textaufgabe des informativen Faktors ist eine Prozentaufgabe, für die eine begriffliche Argumentation benötigt wird, die zur Beurteilung der Aussagen im Text dient.

Da es sich bei der Textaufgabe um eine Meldung aus einer Zeitung handelt, sind keine mathematischen Darstellungen in der Aufgabe vorhanden.

Aufgabe 1 – informativ

> Fuhr vor einigen Jahren noch jeder zehnte Autofahrer zu schnell, so ist es mittlerweile heute ‚nur noch' jeder fünfte. Doch auch fünf Prozent sind zu viele, und so wird weiterhin kontrolliert, und die Schnellfahrer haben zu zahlen. Nimm Stellung zu den Angaben in der Zeitungsmeldung (Aufgabe aus der PALMA-Studie).

Es handelt sich um eine außermathematische Aufgabe, die einen authentischen Transferbezug zeigt, da es sich beim Kontext der Aufgabe um den angesprochenen Zeitungsartikel handelt, in dem eine falsche Interpretation der Aussage *jeder fünfte* beschrieben werden soll.

Die für die Aufgabe benötigten Informationen sind aus dem Abschnitt zu übernehmen. Es ist aber schwierig zu deuten, welche Informationen zur Stellungnahme wirklich benötigt werden. Der Zusammenhang zwischen der Aussage des ersten Satzes und der fehlerhaften Implikation des zweiten Satzes wird zwar durch die Verwendung der Anführungsstriche verdeutlicht, jedoch ist von einer komplexen Entnahme der Informationen auszugehen.

Die Interaktion im Aufgabentext ist unpersönlich. Es kommen weder Hauptpersonen vor, noch wird direkt die Rezipientin oder der Rezipient angesprochen (bis auf den Imperativ in der Aufgabenstellung). Es handelt sich um eine informierende Meldung ohne persönlichen Bezug.

Die Aufgabe ist durch die Aufteilung in den Zeitungsartikel und die Aufgabenstellung getrennt, wird jedoch nur durch eine einfache Struktur abgebildet.

Die zweite ausgewählte Aufgabe für die Fallanalyse aus dem informativen Faktor ist eine Aufgabe aus der sechsten Jahrgangsstufe und mit dem Inhalt der Dezimalzahlen. In der Aufgabe sind begriffliche Argumente nötig, die das Verständnis der Struktur der Dezimalzahlen hinter dem Komma erfordern. Zwar bietet sich auch eine simple rechnerische Argumentation aufgrund der nicht durch Verben operationalisierten Aufgabenstellung an – zumindest für die erste Teilaufgabe – jedoch ist die Intention der Aufgabenstellung deutlich die einer begrifflichen Argumentation.

Die Aufgabe orientiert sich an einem Zeitungsinterview. Daher werden für die Textaufgabe keine Darstellungen verwendet. Darüber hinaus wird für die Aufgabe das außermathematische Modellieren mit einem authentischen Transferbezug benötigt, da die Aussagen aus Medien reflektiert werden müssen.

Aufgabe 2 – informativ

> Als ein Skirennen einmal mit nur einer hundertstel Sekunde Vorsprung gewonnen wurde, fragte ein Reporter des österreichischen Senders Ö3 Leute auf der Straße: ‚Aus wie viel hundertstel Sekunden besteht eine Sekunde?' Hier sind drei der Antworten: ‚Tausend, glaube ich, oder?' 'Sechzig.' ‚Normalerweise ist das so. Eine Minute hat sechzig Sekunden, aber beim Rennen, glaube ich, sind es hundert. Hundertstel Sekunde ist dann das Zehnfache.'
>
> a) Wie viele hundertstel Sekunden hat denn jetzt eine Sekunde?
>
> b) Was habend die Leute gedacht? Was hat sie bei ihren Antworten wohl verwirrt? (B.-J. Frey et al., 2016, S. 17).

Die Interaktion der Aufgabe ist unpersönlich. Zwar wird ein Reporter erwähnt, aber Hauptpersonen spielen in den Darstellungen der Meinungen keine Rolle. Dies wird auch in der zweiten Aufgabenstellung deutlich, indem von *Leuten* gesprochen wird.

Die Aufgabenstellung zeichnet sich durch eine gegliederte Struktur aus, die die Darstellung des Settings, die Aussagen und die Aufgabenstellung trennt. Die Entnahme der Daten und Informationen kann ebenfalls als schwierig erachtet werden, da sie nicht direkt möglich ist, sondern bereits Voraussetzungen (Kenntnis der Struktur der Dezimalzahlen hinter dem Komma) erfüllt sein müssen, um die Aufgabe zu lösen.

Die beiden genannten Beispiele aus dem informativen Faktor deuten darauf hin, dass für die Gruppe der Textaufgaben eher begriffliche Argumente von Bedeutung sind, die in einen realitätsbezogenen Kontext eingebunden sind. Die Entnahme der Informationen und Daten ist nicht eindeutig und es wird in den Beispielen deutlich, dass Kenntnisse vorausgesetzt werden. Darstellungen haben in den Beispielen keine Relevanz.

9.2.5   Faktor: instruktiv

Die erste charakteristische Aufgabe des instruktiven Faktors ist eine Proportionalitätsaufgabe aus der siebten Klasse. In der Aufgabe wird eine Zuordnung vorgegeben, die in einem Koordinatensystem eingezeichnet werden soll. In der zweiten Aufgabenstellung soll nach einer Preiserhöhung wiederum eine Zuordnung in das Koordinatensystem gezeichnet werden. Die beiden Graphen sollen verglichen werden. Anhand der Fragestellung kann die Textaufgabe weder der rechnerischen noch der begrifflichen Argumentation zugeordnet werden.

Zentral für die Aufgabenlösung sind die Zeichnung und das Vergleichen. In der Aufgabenstellung werden keine Darstellungen verwendet, es wird aber die Produktion einer Darstellung in Form eines Graphen gefordert.

Aufgabe 1 – instruktiv

> 500 g Schafskäse kosten 5,50 Euro. Zeichne für die Zuordnung Gewicht → Preis einen Graphen in ein Koordinatensystem (Rechtsachse: 1 cm für 100 g; Hochachse: 1 cm für 1 Euro).
>
> a) Nach einer Preiserhöhung kosten 500 g Schafskäse 6,40 Euro. Zeichne den zugehörigen Graphen in das gleiche Koordinatensystem. Vergleiche die Graphen.
> b) Ein Supermarkt bietet den gleichen Schafskäse an. 500 g kosten dort 4,80 €. Zeichne auch hier den zugehörigen Graphen mit den anderen Graphen (Griesel et al., 2016, S. 32).

Im Aspekt der mathematischen Tätigkeit wird eine außermathematische Modellierung verlangt, die sich in Bezug auf den Transferbezug als deutlich konstruiert präsentiert. Die Entnahme der Daten und Informationen gestaltet sich unkompliziert, da die Zahlenwerte offensichtlich vorliegen und zusätzliche Informationen, die die genaue Erklärung zur Zeichnung des Graphen umfassen, dargeboten werden.

Daneben zeichnet sich die Aufgabe durch eine unpersönliche Interaktion aus, wobei die Aufgabenstellung als Imperativ formuliert ist. Die Aufgabe ist durch die zwei Aufgabenstellungen in mehreren Strukturen gegliedert.

Das zweite Aufgabenbeispiel für den instruktiven Faktor ist eine Textaufgabe aus dem Bereich der Rechnung mit natürlichen Zahlen. Für die Aufgabe sind rechnerische Argumente ausreichend. Die Aufgabenstellung ist jedoch unklar formuliert, so wird nur von den Ausgaben der Fußballfans gesprochen. Damit ist nicht eindeutig klar, dass hierbei die Gesamtausgaben gemeint sind.

Für die Aufgaben werden keine weiteren mathematischen Darstellungen verwendet, auch werden keine weiteren Illustrationen genutzt, wie beispielsweise die Abbildung des Stadions.

Aufgabe 2 – instruktiv

Das Fußballstadion in Dortmund hat 55300 Sitzplätze und ca. 27600 Stehplätze. Wenn das Stadion ausverkauft ist, hat jeder Fußballfan durchschnittlich 40 Euro für das Spiel ausgegeben. Berechne überschlagsmäßig die Ausgaben der Fußballfans (Borneleit & Winter, 2006, S. 68).

Die Aufgabe ist eine außermathematische Modellierungsaufgabe, die einen konstruierten Transferbezug aufweist. Zwar kann die generelle Rahmung als realitätsnah erachtet werden, da es nicht abwegig ist, Gesamtkosten zu berechnen. Der Kontext der Textaufgabe basiert aber nicht auf einem dementsprechend realitätsnahen Aspekt, sondern fordert nur die überschlagsmäßige Berechnung, deren Sinn in der Textaufgabe unklar bleibt.

Die Interaktion in der Textaufgabe ist unpersönlich, mit imperativer Verwendung der Aufgabenstellung. Dabei präsentiert sich die Aufgabe in einer einzelnen Struktur des Aufgabenstamms.

Die beiden exemplarischen Textaufgaben aus der Gruppe des instruktiven Faktors weisen darauf hin, dass der Realitätsbezug bei den Textaufgaben vorhanden, jedoch eher konstruiert ist und keine Interaktion zwischen Personen aufweist. Die Daten und Informationen sind aufgrund der meist klaren Darstellung der notwendigen Werte problemlos zu entnehmen. Die Aufgabenstellungen sind in einer unkomplizierten Struktur dargestellt, ohne starke Abhebungen von Aufgabenstellungen oder weiteren Elementen der Textaufgabe. Weniger bedeutend ist die Verwendung von Darstellungen.

9.3   Bildung von Aufgabentypen

Die fallspezifische Analyse in Abschnitt 9.2 hat demonstriert, dass sich für die charakteristischen Aufgaben der Faktoren inhaltliche und kontextuelle Besonderheiten ergeben. Neben der Fallinterpretation ist das weitere Ziel der qualitativen Vertiefungsanalyse die Bildung von Aufgabentypen, die die in Abschnitt 9.2 gezeigten inhaltlichen und kontextuellen Besonderheiten für alle Fallbeispiele je Faktor verallgemeinern und mit einer Bezeichnung hinterlegen. Die Bezeichnung soll darstellen, welche fachlichen und kontextuellen Besonderheiten sich für die Aufgaben eines Faktors ergeben und wie sich die Aufgaben von denen der anderen Faktoren unterscheiden. Als Indikator für die fachlichen und kontextuellen Besonderheiten wird die häufigste Kodierung der Subkategorien in einer Hauptkategorie verwendet. Da sich die Aufgaben der Faktoren in der Hauptkategorie *Daten und Informationen* nicht in der häufigsten Kodierung (wohl aber in den Einzelfällen) unterscheiden, wird zur Darstellung und Interpretation auf diese Hauptkategorie zur Typenbildung verzichtet. Basis der Interpretation ist das durch das deduktiv-induktive Vorgehen erstellte Kategoriensystem (vgl. Abschnitt 9.1.3). Es werden zur Interpretation sowohl theoretische Aspekte, die für die deduktiv erstellten Kategorien verwendet wurden, als auch explorative Aspekte, die für die induktiven Kategorien gebildet wurden, genutzt.

Überblick (Abschnitt 9.3): Wie die Textaufgaben der Fallanalyse wurden auch die restlichen ausgewählten Textaufgaben analysiert und kodiert. Ergänzend zur Fallanalyse soll über die häufigste Kodierung angezeigt werden, welche fachlichen und kontextuellen Kategorien insbesondere für die Textaufgaben eines Faktors vorkommen. Damit kann die fallspezifische Typisierung auf alle $N = 49$ Textaufgaben verallgemeinert werden, die für die Faktoren betrachtet werden. Dies wird für den erklärenden (Abschnitt 9.3.1), komprimierenden (Abschnitt 9.3.2), beschreibenden (Abschnitt 9.3.3), informativen (Abschnitt 9.3.4) und instruktiven (Abschnitt 9.3.5) Faktor dargestellt. Um Aufgabentypen zu beschreiben, benötigt es neben der Darstellung der individuellen Besonderheiten einen kontrastierenden Vergleich der häufigsten Kodierung der Subkategorien. Die Kontrastierung dient der Unterscheidung zwischen den Textaufgaben der jeweiligen Faktoren. Dadurch wird deutlich, was das Typische der Textaufgaben ist, aus dem sich die Typisierung und die Bezeichnung der Textaufgaben ableiten lässt (Abschnitt 9.3.6).

9.3.1 Faktor: erklärend

In Anbetracht der häufigsten Kodierung der Subkategorien je Hauptkategorie für die $N = 10$ Textaufgaben des erklärenden Faktors ergeben sich bestimmte Ausprägungen. Das Ergebnis der häufigsten Kodierung der Subkategorien ist in Abbildung 9.3 dargestellt. In der und den darauffolgenden Abbildungen sind die (nominalskalierten) Kodierungen in einem Koordinatensystem abgebildet. Dargestellt ist die häufigste Kodierung der Subkategorien je Hauptkategorie der Textaufgaben.

Wie im Abschnitt 9.2.1 bereits angedeutet, sind gegliederte Strukturen ein auffälliges Spezifikum der Aufgaben des erklärenden Faktors. Die häufigste Kodierung in der Hauptkategorie für die Aufgaben war die *gegliederte Struktur* (3), in der Abbildung 9.3 in blaugrün dargestellt (Gestalt). Die Subkategorie *begriffliche Argumente* (3) wird am häufigsten in der Hauptkategorie *mathematische Argumentation* (Argumentation – lila) kodiert.

Neben der gegliederten Struktur erhalten Aufgaben aus dem erklärenden Faktor am häufigsten die Kodierung *unpersönlich* (2) für die Hauptkategorie *Interaktion* (in dunkelgrün).

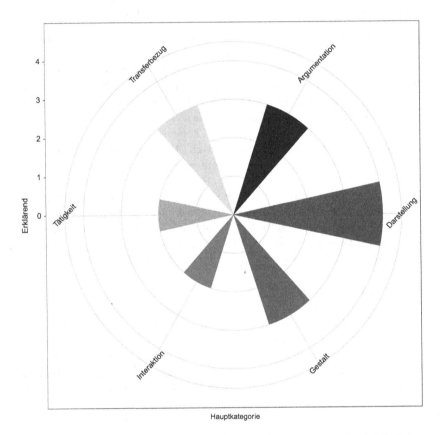

Abbildung 9.3 Darstellung der häufigsten Kodierung der Hauptkategorien bei Aufgaben aus dem Faktor: erklärend (Eigene Erstellung)

Die häufigste Kodierung in der Hauptkategorie *Transferbezug* (gelb) erhalten die Textaufgaben des erklärenden Faktors in der Subkategorie *realitätsnah oder authentisch* (3). Die häufige Kodierung in der Hauptkategorie *Tätigkeit* (hellgrün) erhält die Subkategorie des *außermathematischen Modellierens* (2). Am häufigsten in der Hauptkategorie *mathematische Darstellungen* (Darstellungen), in dunkelblau, wurde die Subkategorie *Darstellungen als Lerngegenstand* (4) kodiert.

Die Aufgaben des erklärenden Faktors, in denen außermathematisches Modellieren in realitätsnahen und authentischen Sachverhalten verlangt wird, zeichnen sich durch die besondere strukturelle Gestalt aus. Durch die gegliederte Struktur werden in den Aufgaben situativer Kontext, Daten und Informationen sowie Darstellungen und Aufgabenstellung deutlich voneinander getrennt. Für diese Aufgaben deutet sich damit an, dass die Ausprägung in Bezug auf die gegliederte Struktur als typisch zu betrachten ist. Darüber hinaus sind der Bezug zum außermathematischen Modellieren mit realitätsnahen und authentischen Aufgaben sowie die Verbindung mit Darstellungen als Lerngegenstand häufig. Außerdem sind begriffliche Argumente für die Aufgabenlösung notwendig und lassen sich als Charakteristika für die Gruppe der Textaufgaben des erklärenden Faktors benennen.

9.3.2 Faktor: komprimierend

Hinsichtlich der häufigsten Kodierung der Hauptkategorien zeigen sich Spezifika der $N = 10$ Textaufgaben, die in der qualitative Vertiefungsanalyse für den komprimierenden Faktor betrachtet wurden. Die häufigste Kodierung der Hauptkategorien ist in Abbildung 9.4 dargestellt. In der Fallanalyse in Abschnitt 9.2.2 wurde deutlich, dass für die beiden Textaufgaben Darstellungen als Lerngegenstand eine zentrale Bedeutung haben. Dies bestätigt sich auch in dieser Vertiefungsanalyse mit den weiteren Textaufgaben des Faktors, bei der ebenfalls diese Subkategorie am häufigsten kodiert wurde. Die Informationen und Daten sind zwar problemlos zu entnehmen, doch wird eine begriffliche Argumentation verlangt. Außerdem sind die Aufgaben in mehrere Strukturen unterteilt, besonders die Text-Bild-Unterteilung ist ein auffälliges Charakteristikum. Darüber hinaus sind beide Beispiele unpersönlich formuliert, es findet – außer bei den im Imperativ formulierten Aufgabenanforderungen – keine Interaktion mit den Lesenden durch z. B. den Einbezug von handelnden Personen statt.

Wie bereits durch die fallspezifische Analyse angedeutet, haben Darstellungen als Lerngegenstand (4) in der Hauptkategorie *Gebrauch von mathematischen Darstellungen* (Darstellung – dunkelblau) eine hohe Bedeutung. Ebenfalls verdichten sich die Bedeutungen der innermathematischen Modellierung und der Hauptkategorie *mathematische Tätigkeit* (Tätigkeit, hellgrün), die für die Aufgaben des komprimierenden Faktors am häufigsten kodiert wurde. Aufgrund der häufigen

Kodierung der innermathematischen Modellierung ist die häufigste Kodierung in der Kategorie *Transferbezug* (gelb), dass kein Transferbezug vorhanden ist (1).

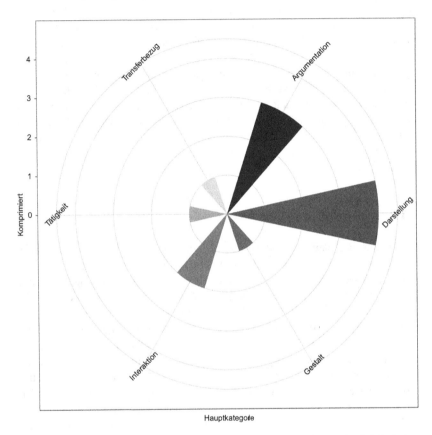

Abbildung 9.4 Darstellung der häufigsten Kodierung der Hauptkategorien bei Aufgaben aus dem Faktor: komprimierend (Eigene Erstellung)

In der Hauptkategorie *strukturelle Gestalt* (Gestalt, blaugrün) wurde die Subkategorie *einzelne Strukturen* (1) besonders häufig kodiert. In der Hauptkategorie *Interaktion* (dunkelgrün) wurde *unpersönlich* (2) am häufigsten in der Gruppe der Textaufgaben aus dem komprimierenden Faktor kodiert.

Wie die Fallbeispiele in Abschnitt 9.2.2 bereits dargestellt haben, kann die begriffliche Argumentation (3) in der Hauptkategorie *mathematische Argumentation* (Argumentation, lila) als typisch für die Textaufgaben betrachtet werden, die dem komprimierenden Faktor zugeordnet sind.

Zusammenfassend lässt sich zu den Textaufgaben des komprimierenden Faktors festhalten, dass sich diese durch mathematische Darstellungen als Lerngegenstand auszeichnen und häufig eine begriffliche Argumentation verlangen. Außerdem charakteristisch für die Textaufgaben des komprimierenden Faktors ist die innermathematische Modellierung ohne Transferbezug, was die häufige unpersönliche Interaktion in den Aufgaben erklärt. Trotz der Relevanz an Darstellungen treten in den Textaufgaben häufig einzelne Strukturen auf.

9.3.3   Faktor: beschreibend

Um die Analyse der exemplarischen Textaufgaben für den beschreibenden Faktor in Abschnitt 9.2.3 zu ergänzen und die Ausprägung aller $N = 10$ Textaufgaben zu verdeutlichen, sind in Abbildung 9.5 die häufigsten Kodierungen der Subkategorien von den Hauptkategorien aufgetragen.

Für die Gruppe der Textaufgaben des beschreibenden Faktors ist die *rechnerische Argumentation* (2) häufig in der Hauptkategorie *mathematische Argumentation* (Argumentation, lila). Aufgrund der hohen Relevanz von rechnerischen Argumentationen scheint die Bedeutung für Darstellungen in den Textaufgaben für diesen Faktor gering. So ist die Kodierung *keine Darstellungen* (1) in der Hauptkategorie *mathematische Darstellungen* (Darstellung, dunkelblau) am häufigsten. In der Hauptkategorie *strukturelle Gestalt* (Gestalt, blaugrün) wurde die Subkategorie *einzelne Strukturen* häufig kodiert.

Der Transferbezug (3) ist häufig realitätsbezogen und authentisch, dahingehend handelt es sich in der Hauptkategorie *mathematische Tätigkeit* (Tätigkeit, hellgrün) häufig um eine außermathematische Modellierung. In diesem Zusammenhang werden die Textaufgaben des beschreibenden Faktors in der Hauptkategorie *Interaktion* (dunkelgrün) am häufigsten mit *persönlich* (1) kodiert.

Hinsichtlich der häufigsten Kodierung lassen sich die Aufgaben des beschreibenden Faktors als Textaufgaben charakterisieren, für die die rechnerische Argumentation eine hohe Bedeutung besitzt, die dazu führt, dass die Aufgaben meist eine wenig ausdifferenzierte Gestalt aufweisen und dass Darstellungen keine Bedeutung für diese Aufgaben haben. Außerdem zeigen die Textaufgaben häufig

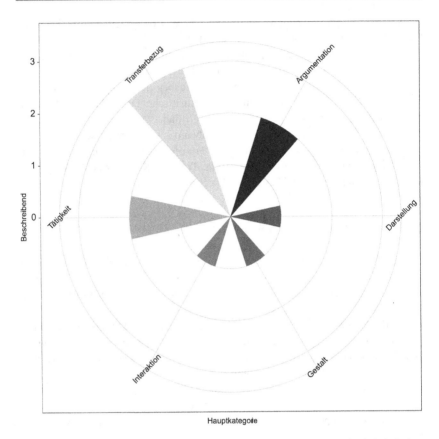

Abbildung 9.5 Darstellung der häufigsten Kodierung der Hauptkategorien bei Aufgaben aus dem Faktor: beschreibend (Eigene Erstellung)

einen Realitätsbezug und die Notwendigkeit der außermathematischen Modellierung des Gegenstandes. Für den Realitätsbezug wird häufig eine persönliche Gestaltung genutzt, in der beispielsweise Personen dargestellt werden.

9.3.4   Faktor: informativ

Zur Darstellung der Spezifika der $N = 9$ Textaufgaben des informativen Faktors sind in Abbildung 9.6 die häufigsten Kodierungen der Hauptkategorien abgebildet.

Die Textaufgaben des informativen Faktors erhalten in der Hauptkategorie *mathematische Argumentation* (Argumentation, lila) häufig die Kodierung *begriffliche Argumentation* (3).

Wie bereits in den Fallbeispielen in Abschnitt 9.2.4 verdeutlicht, haben Darstellungen häufig keine Bedeutung für die Textaufgaben des informativen Faktors. Die häufigste Kodierung in der Hauptkategorie *Gebrauch von mathematischen Darstellungen* (Darstellung, dunkelblau) erhält die Subkategorie *keine Darstellungen* (1). Daneben werden die Textaufgaben in der Hauptkategorie *strukturelle Gestalt* häufig mit *einzelnen Strukturen* (1) kodiert.

Die Hauptkategorie *Transferbezug* (gelb) erhält meist die Kodierung *realitätsbezogen* oder *authentisch* (3). Die Textaufgaben erhalten in der Hauptkategorie *mathematische Tätigkeit* häufig eine Kodierung des *außermathematischen Modellierens* (2). Die Hauptkategorie Interaktion wird häufig mit *unpersönlich* (2) kodiert.

Die $N = 9$ ausgewählten charakteristischen Textaufgaben für den informativen Faktor zeichnen sich durch eine häufige Verwendung von begrifflicher Argumentation aus. Diese begriffliche Argumentation ist unabhängig von verwendeten Darstellungen, die meist keine Relevanz haben. Der Aufbau der Textaufgaben ist zumeist unkompliziert ohne spezifische Gliederung der Elemente der Textaufgabe. Außerdem sind für die Aufgaben der Transferbezug häufig mit einer außermathematischen Modellierung verbunden. Die Darstellung des Gegenstands wird ohne Bezug auf Hauptpersonen geleistet und ist meist unpersönlich.

9.3.5 Faktor: instruktiv

Unter der Perspektive der Darstellung typischer Ausprägungen der Kodierung für die $N = 10$ Textaufgaben, die für den instruktiven Faktor für die qualitative Vertiefungsanalyse betrachtet wurden, sind in Abbildung 9.7 die häufigsten Kodierungen dargestellt.

In der Hauptkategorie *mathematische Argumentation* (Argumentation, lila) erhält die *rechnerische Argumentation* (2) die häufigste Kodierung. Häufig werden in den Textaufgaben aus dem instruktiven Faktor keine Darstellungen (1) in der Hauptkategorie *Gebrauch von mathematischen Darstellungen* (Darstellung, dunkelblau) genutzt. Die Hauptkategorie *strukturelle Gestalt* (Gestalt, grünblau) wird am häufigsten mit der Subkategorie *einzelne Strukturen* (1) kodiert.

Meist kann den Textaufgaben in der Hauptkategorie *Transferbezug* (gelb) kein Transferbezug zugeordnet (1) werden. Häufig handelt es sich bei den Textaufgaben um *außermathematische Modellierungsaufgaben* (2) der Hauptkategorie

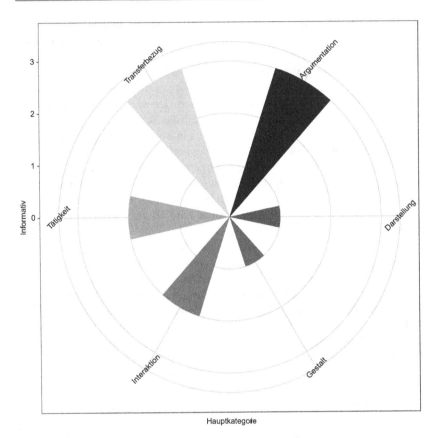

Abbildung 9.6 Darstellung der häufigsten Kodierung der Hauptkategorien bei Aufgaben aus dem Faktor: informativ (Eigene Erstellung)

mathematische Tätigkeit (Tätigkeit, hellgrün). Die Hauptkategorie *Interaktion* wird häufig mit *unpersönlich* (2) kodiert.

Für die Textaufgaben des instruktiven Faktors stellt sich dar, dass in diesen häufig rechnerische Argumentationen genutzt werden und dafür keine Unterstützung einer mathematischen Darstellung benötigt wird sowie keine besonderen strukturellen Eigenschaften von Trennung zwischen einzelnen Teilen der Aufgabe erforderlich sind. Meist können die Textaufgaben dem außermathematischen Modellieren zugeordnet werden, jedoch kann häufig kein direkter Transferbezug festgestellt werden. Daher ist unklar, ob die Aufgaben eher konstruiert oder

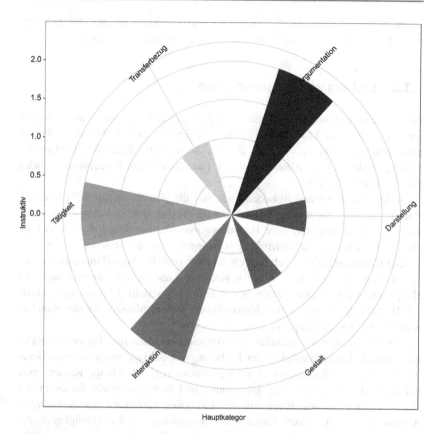

Abbildung 9.7 Darstellung der häufigsten Kodierung der Hauptkategorien bei Aufgaben aus dem Faktor: instruktiv (Eigene Erstellung)

realitätsnah und authentisch sind. Darüber hinaus ist die außermathematische Modellierung häufig unpersönlich.

Ausblick: Die häufigste Kodierung der Unterkategorien der Hauptkategorien je Faktor stellt, neben der exemplarischen Analyse, dar, welche typischen Ausprägungen der Kodierung auffällig sind. Nachdem für die einzelnen Textaufgaben der Faktoren gezeigt wurde, was die Aufgaben charakterisiert, soll im anschließenden Abschnitt 9.3.6 durch eine komparative Analyse der häufigsten Kodierungen der

Unterschied zwischen den Textaufgaben genutzt werden, um eine Bezeichnung zu finden, die die jeweiligen Textaufgaben von den anderen unterscheidet.

9.3.6 Bildung von Aufgabentypen

Für die komparative Analyse mit dem Ziel der Bildung von Aufgabentypen wird zum einen die häufigste Kodierung je Faktor[1] (Textaufgaben des Faktors), dargestellt in Abbildung 9.8, zum anderen die häufigste Kodierung je Hauptkategorie, verdeutlicht in Abbildung 9.9, verwendet und die Kodierungen werden miteinander verglichen.

In Abbildung 9.8 und Abbildung 9.9 sind die Kodierungen jeweils in einem Balkendiagramm abgetragen. Die Abbildung gliedert sich nach Anzahl der Faktoren (5, Abbildung 9.8) oder Hauptkategorien (6, Abbildung 9.9), wobei im oberen Bereich der Überschrift jeweils angegeben ist, um welchen Faktor bzw. welche Hauptkategorie es sich handelt. Skaliert sind die Darstellungen zum einen in der Ordinate nach der jeweiligen Kodierung und in der Abszisse nach der Hauptkategorie bzw. dem Faktor. Wie bereits in Abschnitt 9.3.5 erwähnt, wurde die Hauptkategorie *Daten und Informationen* ausgeschlossen, da die häufigste Kodierung bei allen Hauptkategorien gleich war.

Die Abbildung 9.8 verdeutlicht im Vergleich mit allen fünf Faktoren, dass es Unterschiede in der Häufigkeit der Kodierung der Subkategorien der Hauptkategorien je Faktor gibt. Zwar haben einige Faktoren gleich häufige Kodierungen, beispielsweise der erklärende, informative und komprimierende Faktor in der Hauptkategorie *Argumentieren* mit der häufigsten Kodierung der *begrifflichen Argumentation* (3), jedoch zeigen sich Unterschiede in den Häufigkeiten der Kodierungen für die anderen Subkategorien der Hauptkategorien, etwa in der Interaktion zwischen erklärendem und komprimierendem Faktor, der Darstellung zwischen erklärendem und informativem Faktor sowie dem Transferbezug zwischen informativem und komprimierendem Faktor. Das bedeutet, dass sich alle Faktoren in der Zusammenstellung der Kodierung der Hauptkategorien jeweils untereinander unterscheiden und sich somit besondere Spezifika ergeben, die zur Interpretation einer Bezeichnung für die jeweiligen Textaufgaben je Faktor genutzt werden können.

---

[1]Zur Verkürzung und verbesserten Lesbarkeit, wird die Gruppe der Textaufgaben je Faktor, in diesem Kapitel nur noch Faktor genannt. Gemeint sind jedoch die Kodierungen der Textaufgaben des jeweiligen Faktors.

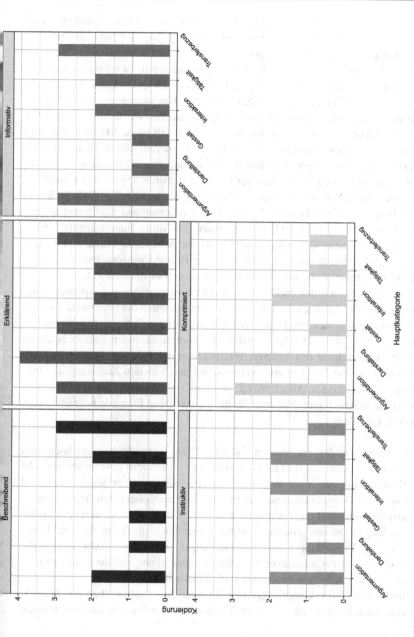

Abbildung 9.8 Darstellung der höchsten Kodierung je Faktor (Eigene Erstellung)

Für eine einzelne Betrachtung der Unterschiede in den Hauptkategorien wird die Abbildung 9.9 genutzt. In dieser ist die Kodierung der Subkategorien der Hauptkategorie je Faktor abgetragen.

In Abbildung 9.9 ist für die einzelnen Hauptkategorien zu erkennen, dass drei Faktoren – als einzige Faktoren – jeweils bei einer Hauptkategorie die häufigste Kodierung einer Subkategorie erhalten. Die erste Hauptkategorie, die sich durch eine einzigartige Häufigkeit der Kodierung auszeichnet, ist die der *strukturellen Gestalt* (Gestalt, blaugrün). Für die strukturelle Gestalt ist zu erkennen, dass sich ein Balken von den anderen in der häufigsten Kodierung dieser Hauptkategorie unterscheidet. Der Balken entspricht der Zuordnung zum erklärenden Faktor, der häufig mit einer gegliederten Struktur (3) kodiert wurde. Die zweite Hauptkategorie mit einer einzigartig häufigen Kodierung ist die *Interaktion* (dunkelgrün). In Abbildung 9.9 ist zu erkennen, dass der Faktor *beschreibend* häufig und als einziger Faktor mit *persönlich* (1) kodiert wurde. Die dritte Hauptkategorie, in der eine einzelne häufige Kodierung auftritt, ist die *mathematische Tätigkeit* (Tätigkeit, grün). Für die Hauptkategorie *Tätigkeit* ist der Faktor *komprimierend* spezifisch, mit einer häufigen Kodierung der *innermathematischen Tätigkeit* (1).

Die Textaufgaben des erklärenden Faktors unterscheiden sich spezifisch von den anderen Textaufgaben der Faktoren – besonders durch die strukturelle Gestalt. Die Textaufgaben des beschreibenden Faktors differenzieren sich insbesondere durch die Interaktion. Die Textaufgaben des komprimierenden Faktors zeichnen sich im Vergleich zu den anderen Textaufgaben der Faktoren besonders durch die mathematische Tätigkeit aus. Aufgrund der geschilderten Kodierung, der fallspezifischen Analyse in Abschnitt 9.2. und der Gesamtbetrachtung der häufigsten Kodierung in Abschnitt 9.3 können für die Textaufgaben folgende Bezeichnungen abgeleitet werden:

1. Textaufgaben des erklärenden Faktors: Diese Textaufgaben zeichnen sich besonders durch den strukturellen Aufbau aus. Die meist außermathematische Modellierung mit einem realitätsnahen oder authentischen Sachkontext wird häufig mit Darstellungen verknüpft. Um diese vielfältigen Inhalte sichtbar zu strukturieren, sind die Textaufgaben des erklärenden Faktors in unterschiedliche Sequenzen untergliedert, beispielsweise durch die Trennung von Transferbezug, Darstellungen und Fragestellungen. Aufgrund dessen werden die Textaufgaben zur zusammenfassenden Verdeutlichung mit dem Aufgabentyp *sequenzielle Aufgaben* bezeichnet (vgl. Tabelle 9.3).

2. Textaufgaben des komprimierenden Faktors: Die Textaufgaben des komprimierenden Faktors lassen sich spezifisch von den anderen Textaufgaben durch

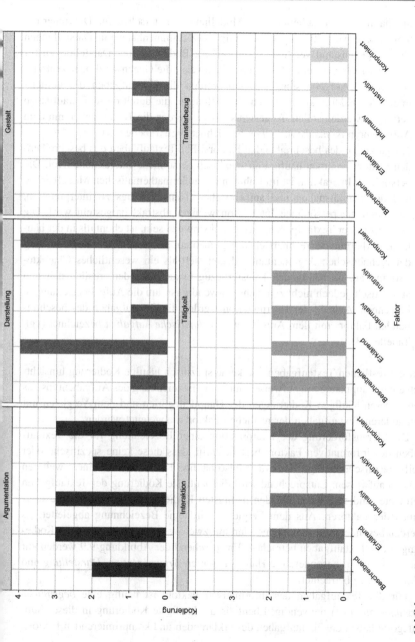

Abbildung 9.9 Darstellung der häufigsten Kodierung je Hauptkategorie (Eigene Erstellung)

die häufige innermathematische Modellierung unterscheiden. Die innermathematische Modellierung wird häufig im Zusammenhang mit Darstellungen als Lerngegenstand verwendet, was auf die Bedeutung der Darstellungen für die innermathematische Modellierung hinweist, die Gegenstand oder zentraler Aspekt der Aufgabe sind. Typisiert werden die Textaufgaben des komprimierenden Faktors also von den Darstellungen, die durch diese Textaufgaben vermittelt werden sollen. Angesichts dessen werden die Textaufgaben mit dem Aufgabentyp *ikonische Aufgaben* bezeichnet (vgl. Tabelle 9.3).

3. Textaufgaben des beschreibenden Faktors: Für Textaufgaben des beschreibenden Faktors kommen häufig und spezifisch persönliche Interaktionen vor. Die persönliche Interaktion ist im Rahmen der außermathematischen Modellierung und des realitätsnahen und authentischen Transferbezugs zu interpretieren, der durch die persönliche Interaktion weniger abstrakt dargestellt wird. Die Tendenz dieser Textaufgaben, weniger abstrakt zu sein, ist ebenfalls in der häufigen Kodierung der rechnerischen Argumentation zu erkennen. Die Bedeutung der rechnerischen Argumentation deutet sich als ein wesentliches Charakteristikum an, da häufig der Transferbezug zwar vorhanden, realitätsnah und authentisch, jedoch nicht zwingend notwendig ist, um die Aufgabenstellung zu berechnen. Anhand der Interpretation werden die Textaufgaben des beschreibenden Faktors mit dem Aufgabentyp *rechnerische Aufgaben* bezeichnet (vgl. Tabelle 9.3).

Für die restlichen Textaufgaben, die keine spezifisch häufige Kodierung hinsichtlich einer Hauptkategorie aufweisen, muss die Bezeichnung des Aufgabentyps aus den anderen häufigen Kodierungen der Hauptkategorien und dem Vergleich mit den anderen Textaufgaben der restlichen Faktoren abgeleitet werden.

Die Herausforderung der Interpretation einer Bezeichnung für die Textaufgaben des informativen Faktors besteht darin, dass diese keine spezifische oder (teil-)spezifische häufige Kodierung (also häufige Kodierung mit einem weiteren Faktor) aufweisen. Entsprechend wird die häufigste Kodierung der Textaufgaben betrachtet und verglichen mit den häufigsten Kodierungen der anderen Textaufgaben der Faktoren. Aus dem Vergleich wird eine Bezeichnung abgeleitet. Es werden besonders die Hauptkategorien mit zwei weiteren, gleich häufigen Kodierungen der Textaufgaben betrachtet. Entsprechend der Abbildung 9.9 werden zur Interpretation insbesondere die Hauptkategorien *Argumentation, Darstellung* und *Transferbezug* betrachtet.

Für die Textaufgaben des informativen Faktors ist häufig eine *begriffliche Argumentation* (3) notwendig. Ebenfalls die häufigste Kodierung in dieser Subkategorie haben die Textaufgaben des erklärenden und komprimierenden Faktors.

Eine häufige Kodierung weisen auch die Textaufgaben des informativen Faktors für die Hauptkategorie *Darstellung* und mit der Kodierung *keine Darstellungen* (1), mit den Faktoren beschreibend und instruktiv auf. Eine weitere häufige Kodierung haben die Textaufgaben des informativen Faktors mit den Textaufgaben des beschreibenden und erklärenden Faktors in der Hauptkategorie *Transferbezug* (gelb) und der häufigen Kodierung *realitätsnah und authentisch* (3).

4. Textaufgaben des informativen Faktors: Die Textaufgaben des informativen Faktors zeichnen sich durch häufige begriffliche Argumentationen aus. Diese Argumentation ist nicht wie im Fall der Textaufgaben des komprimierenden Faktors mit einer hohen Bedeutung an die Darstellung geknüpft. Daneben ist keine starke Strukturierung des Inhalts vorhanden, was die Textaufgaben des informativen Faktors von denen des erklärenden Faktors differenziert. Der Transferbezug der Textaufgaben des informativen Faktors unterscheidet sich von dem der Aufgaben des beschreibenden Faktors durch die unpersönliche Interaktion. Verglichen mit den Textaufgaben des instruktiven Faktors unterscheiden sich die Textaufgaben in der begrifflichen statt rechnerischen Argumentationen. Der realitätsnahe und authentische Transferbezug mit der begrifflichen Argumentation deutet darauf hin, dass die Inhalte der Textaufgabe in der Aufgabenlösung eine hohe Relevanz besitzen und nicht nur zur direkten und offensichtlichen Entnahme von Zahlen und Daten dienen. Die geringe Bedeutung von Darstellungen weist ebenfalls auf die Relevanz des in den Aufgaben formulierten Gegenstands (Sache) hin. Die Interpretation der Spezifika der Textaufgaben des informativen Faktors führt zu der Bezeichnung des Aufgabentyps *sachliche Aufgaben* (vgl. Tabelle 9.3).

Für die Bezeichnung der Textaufgaben des instruktiven Faktors wird insbesondere der komparative Vergleich zwischen diesen und dem beschreibenden und komprimierenden Faktor dargestellt. So teilen der verbleibende instruktive Faktor (teil-)spezifisch häufige Kodierungen bei gewissen Hauptkategorien mit dem beschreibenden Faktor. In Abbildung 9.9 ist dargestellt, dass sich der instruktive Faktor eine (teil-)spezifisch häufige Kodierung mit dem beschreibenden Faktor in der Hauptkategorie *mathematische Argumentation* (lila) teilt. Die Textaufgaben beider Faktoren wurden häufig mit *rechnerischer Argumentation* (2) kodiert. Außerdem teilen sich die Textaufgaben des instruktiven Faktors eine (teil-)spezifische häufige Kodierung mit dem komprimierenden Faktor. Die Textaufgaben beider Faktoren wurden häufig mit keiner Zuordnung zu einem Transferbezug für die Hauptkategorie *Transferbezug* (gelb) kodiert. Zur Interpretation wird besonders der Vergleich mit den genannten Faktoren hergestellt.

5. Textaufgaben des instruktiven Faktors: Die Textaufgaben des instruktiven Faktors haben wie die des beschreibenden Faktors häufig eine rechnerische Argumentation. Unterschiede ergeben sich zwischen dem instruktiven und dem beschreibenden Faktor in der Hauptkategorie *Interaktion*. Instruktive Textaufgaben zeichnen sich insbesondere durch eine unpersönliche Interaktion, mit dem Fokus auf den Inhalt aus. Außerdem unterscheiden sich die Textaufgaben beider Faktoren in der Hauptkategorie *Transferbezug*, die für Textaufgaben des instruktiven Faktors häufig keine Zuordnung erhält. Auch die Textaufgaben des komprimierenden Faktors erhalten häufig keine Zuordnung. Die Textaufgaben des instruktiven Faktors unterscheiden sich jedoch von denen des komprimierenden Faktors in der Häufigkeit der Kodierung in den Hauptkategorien *Darstellungen und Tätigkeit*. Aufgaben des instruktiven Faktors haben oftmals keine Darstellungen und es wird außermathematisch modelliert (vgl. Abbildung 9.9). Die rechnerische, jedoch unpersönliche Interaktion weist auf die Bedeutung der inhaltlichen Vermittlung hin. Der Fokus liegt jedoch nicht auf Darstellungen und dem Umgang mit diesen, sondern auf über den Text formulierten außermathematischen Modellierungen, deren Transferbezug nicht eindeutig ist. Diese fehlende Eindeutigkeit des Transferbezugs in einer außermathematischen Modellierung spricht für eine inhaltsorientierte Passung zwischen Mathematik und Realität. Der außermathematische Bezug dient als Übersetzungsgrundlage für den fachlichen Inhalt, ohne dass Ersterer eine tragende Relevanz für die Aufgabenlösung hat. Darauf deutet auch die häufig rechnerische Argumentation hin. Anhand der Interpretationen wird die Gruppe der Textaufgaben des instruktiven Faktors mit der Bezeichnung des Aufgabentyps *fachliche Aufgaben* charakterisiert (vgl. Tabelle 9.3).

In Tabelle 9.3 ist die Zusammenfassung der Bezeichnungen der Textaufgaben je Faktor nach der Interpretation dargestellt.

Es wird deutlich, dass die Textaufgaben jedes Faktors eine Aufgabentypen-Bezeichnung erhalten. Typischerweise sind die Textaufgaben des erklärenden Faktors sequenzielle Aufgaben, die des komprimierenden Faktors ikonische Aufgaben, die des beschreibenden Faktors rechnerische Aufgaben, die des informativen Faktors sachliche Aufgaben und die des instruktiven Faktors fachliche Aufgaben.

Für die unterschiedlichen Aufgabentypen ergeben sich typische Ähnlichkeiten und Unterschiede, die in Abbildung 9.10 je Faktor zusammengefasst sind. Die Abbildung verdeutlicht diese Ähnlichkeiten und Unterschiede durch ähnliche Musterbildung in dem dargestellten Koordinatendiagramm.

Tabelle 9.3 Zusammenfassung der Bezeichnungen eines Aufgabentyps für die ausgewählten Textaufgaben der jeweiligen Faktoren

Faktor	Aufgabentyp	Definition
Erklärend	Sequenzielle Aufgaben	Unter sequenziellen Aufgaben können Textaufgaben im Mathematikunterricht verstanden werden, die sich besonders durch eine strukturierte Unterteilung der Aufgabenelemente auszeichnen.
Komprimierend	Ikonische Aufgaben	Unter ikonischen Aufgaben können Textaufgaben im Mathematikunterricht verstanden werden, die sich besonders durch die Verwendung von mathematischen Darstellungen auszeichnen.
Beschreibend	Rechnerische Aufgaben	Unter rechnerischen Aufgaben können Textaufgaben im Mathematikunterricht verstanden werden, die auf die Berechnung fokussieren.
Informativ	Sachliche Aufgaben	Unter sachlichen Aufgaben können Textaufgaben im Mathematikunterricht verstanden werden, bei denen lösungsrelevanten Sachinhalt vorkommen.
Instruktiv	Fachliche Aufgaben	Unter fachlichen Aufgaben können Textaufgaben im Mathematikunterricht verstanden werden, mit einer inhaltsorientierten Passung.

Bei einer Betrachtung von beispielsweise den Hauptkategorien *Interaktion* (dunkelgrün) und *Tätigkeit* (hellgrün), zeigt sich, dass die Textaufgaben der Faktoren erklärend, informativ und instruktiv häufig die Kodierung der *unpersönlichen Interaktion* (2) und der *außermathematischen Modellierung* (2) gemeinsam aufweisen. Ebenfalls ist die ähnlich häufige Kodierung zwischen den Textaufgaben des beschreibenden und informativen Faktors erkennbar, die sich nur in der häufigen Kodierung der Hauptkategorie *Interaktion* unterscheiden.

Die Abbildung 9.10 kann zum Vergleich der typischen Ähnlichkeiten und Unterschiede dienen. Exemplarisch kann ein möglicher Vergleich der Textaufgaben des erklärenden Faktors mit den anderen Textaufgaben demonstriert werden. So ähneln sich beispielsweise Textaufgaben des erklärenden Faktors (sequenzielle Aufgaben) und Textaufgaben des komprimierenden Faktors (ikonische Aufgaben) in der Häufigkeit der Kodierung der Subkategorien in den Hauptkategorien *mathematische Argumentation*, *Darstellungen* und *Interaktion* und unterscheiden

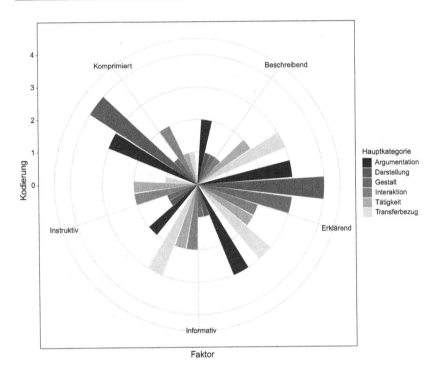

Abbildung 9.10 Zusammenfassung der Darstellungen der häufigen Kodierung der Hauptkategorien der Textaufgaben für alle Faktoren (Eigene Erstellung)

sich in *Gestalt* und *mathematischer Tätigkeit*. Textaufgaben des erklärenden Faktors (sequenzielle Aufgaben) und solche des beschreibenden Faktors (rechnerische Aufgaben) erhalten häufig eine Kodierung der Subkategorien in den Hauptkategorien *mathematische Tätigkeit* und *Transferbezug*. Die Textaufgaben unterscheiden sich in der Kodierung der Häufigkeit der Subkategorien der Hauptkategorien *Gestalt, Interaktion, Argumentation* und *Darstellung*.

Für Textaufgaben des erklärenden Faktors (sequenzielle Aufgaben) und solche des informativen Faktors (sachliche Aufgaben) ergeben sich Unterschiede in der Häufigkeit der Kodierung der Subkategorien der Hauptkategorien *Darstellungen, Gestalt* und *Ähnlichkeiten* in Bezug auf *Argumentation, Tätigkeit, Transferbezug* und *Interaktion*. In Anbetracht der Textaufgaben des erklärenden Faktors (sequenzielle Aufgaben) und der des instruktiven Faktors (fachliche Aufgaben) zeigen sich Unterschiede in Bezug auf die Häufigkeit der Kodierung der Subkategorien der Hauptkategorien *Argumentation, Darstellungen, Transferbezug, Gestalt* und *Ähnlichkeiten* in den Hauptkategorien *Tätigkeit* und *Interaktion.*

Resümee: Durch die qualitative Vertiefungsanalyse konnte das in Abschnitt 6.1 formulierte vierte Ziel der Konzeptualisierung eines Instruments zur sprachlichen Variation von mathematischen Textaufgaben erreicht werden. Ziel war es, inhalts- und kontextbezogene Merkmale der Aufgaben mit den sprachlichen Faktoren in Beziehung zu bringen. Der Grund dieses Ziels war es, die aus der Theorie in Kapitel 3 und Kapitel 4 hergeleitete Relevanz der Beziehung von sprachlichen und kontextuellen Veränderungen in das Instrument einzubeziehen. Die qualitative Inhaltsanalyse, insbesondere die Interpretation sowie Tabelle 9.3, macht deutlich, dass sich die sprachlichen Faktoren und die inhaltlichen und kontextuellen Merkmale auf empirischer Basis miteinander in Beziehung bringen lassen. Diese Beziehung zeichnet sich durch das gemeinsame Vorkommen von sprachlichen Merkmalen aus. Die Beziehung führt zu einer Häufung der Verwendung charakteristischer fachlicher und kontextueller Merkmale und den theoretischen Zusammenhang von sprachlicher und kontextueller Veränderung auf der Ebene von mathematischen Textaufgaben bestätigt.

9.4 Zusammenfassung

Bei der zweiten qualitativen Vertiefungsanalyse wurde die Systematisierung von Textmerkmalen aus der ersten quantitativen Studie (vgl. Kapitel 7) zur Feststellung von charakteristischen Aufgaben durch die Ausprägungen der Faktorenwerte verwendet. Anhand der Selektion von spezifischen Beispielen für die Faktoren wurden $N = 49$ Textaufgaben aus dem Gesamtdatensatz für die qualitative Vertiefungsanalyse genutzt.

Auf Grundlage der ausgewählten Textaufgaben wurde durch ein deduktiv-induktives Vorgehen ein Kategoriensystem entwickelt. Mithilfe dieses Systems, das den Gütekriterien einer qualitativen Analyse entspricht, wurden die charakteristischen Aufgaben kodiert.

Bereits durch die fallspezifische Analyse wurde deutlich, dass Ähnlichkeiten der Textaufgaben innerhalb des Faktors und Unterschiede der Textaufgaben zwischen den Faktoren in Bezug auf fachliche und kontextuelle Merkmale bestehen.

Die Ergebnisse und die Darstellung der Kodierung, insbesondere der häufigsten Kodierung, stellen Spezifika der unterschiedlichen Textaufgaben je Faktor dar und bieten die Möglichkeit, die Textaufgaben zu typisieren. Die Ergebnisse der Typisierung zeigen, dass die Textaufgaben des erklärenden Faktors (sprachlich) mit sequenziellen Aufgaben (fachlich-kontextuell), die des komprimierenden Faktors (sprachlich) mit ikonischen Aufgaben (fachlich-kontextuell), die des beschreibenden Faktors (sprachlich) mit rechnerischen Aufgaben (fachlich-kontextuell), die des informativen Faktors (sprachlich) mit sachlichen Aufgaben (fachlich-kontextuell) und die des instruktiven Faktors (sprachlich) mit fachlichen Aufgaben (fachlich-kontextuell) in Beziehung stehen.

Durch die empirisch dargestellte Verbindung sowohl der sprachlichen Faktoren als auch der fachlichen und kontextuellen Kategorien indizieren die Ergebnisse der qualitativen Vertiefungsanalyse damit, dass sich die theoretisch definierte Beziehung zwischen Sprache und Kontext (vgl. u. a. Kapitel 3 und Kapitel 4) empirisch darstellen lässt und in der Konzeptualisierung eines Instruments zur sprachlichen Variation einbezogen werden kann.

Ausblick: Die drei empirischen Anteile dieser Arbeit erfüllen die in Abschnitt 6.1 formulierten Zielvoraussetzungen für das empirisch-induktive Instrument zur sprachlichen Variation von mathematischen Textaufgaben. Um die Resultate in einen stärkeren Zusammenhang zu bringen, werden im anschließenden Kapitel 10 alle Ergebnisse in Beziehung gebracht.

Zusammenfassung der empirischen Ergebnisse

Gesamtüberblick: Zu der zusammenfassenden Darstellung der unterschiedlichen Ergebnisse und zur Interpretation der Analyse zur Konzeptualisierung des Instruments zur sprachlichen Variation finden nachfolgend eine vergleichende Darstellung der Ergebnisse und eine Erörterung der inhaltlichen Erkenntnisse statt (Abschnitt 10.1). Aufgrund der zum Teil neuen methodischen Zugänge zur Untersuchung von Sprache im Mathematikunterricht bietet es sich außerdem an, die methodischen Erkenntnisse dieser Arbeit zu schildern (Abschnitt 10.2).

10.1 Vergleichende Darstellung der Ergebnisse und inhaltliche Erkenntnisse

Im Hinblick auf die dreiteilige Analyse dieser Arbeit ergeben sich verschiedene Ebenen der empirischen Erkenntnisgewinnung für das Instrument zur sprachlichen Variation von Textaufgaben.

Zunächst zeigen die Ergebnisse der ersten quantitativen Analyse, dass sich ein quantitativer Zugang zur Analyse von Sprache im Mathematikunterricht eignet. Durch die Quantifizierung von Textmerkmalen konnten zusätzliche Informationen über die Beziehungsstruktur von Textmerkmalen in mathematischen Textaufgaben gewonnen werden. Diese Beziehungsstrukturen wurden durch eine explorative Faktorenanalyse untersucht und die Faktoren können als Basis für Variationen von Textmerkmalen genutzt werden. Die Analyse hat damit dargelegt, dass sich systematische Muster der Verwendung von Textmerkmalen in Textaufgaben der Mathematik zeigen. Diese Musterbildung von Textmerkmalen deutet auf eine zugrunde liegende Assoziation zwischen Form und Funktion hin, die als grundlegend für die Formulierung von mathematischen Textaufgaben gedeutet werden

© Der/die Autor(en) 2021
D. Bednorz, *Sprachliche Variationen von mathematischen Textaufgaben,*
Bielefelder Schriften zur Didaktik der Mathematik 5,
https://doi.org/10.1007/978-3-658-33003-3_10

kann. Die Besonderheiten der Beziehungsstrukturen konnten aus diesem Grund anhand sprachlich-funktionaler Gesichtspunkte und typischer Vertextungsmuster der Exploration, Deskription und Instruktion interpretiert und bezeichnet werden. Mithin baut das Instrument zur sprachlichen Variation auf den in mathematischen Textaufgaben vorhandenen Mustern des Gebrauchs auf und können als Grundlage für zukünftige sprachliche Veränderungspraktiken genutzt werden.

Bei der zweiten quantitativen Untersuchung wurden die Faktoren des Instruments genutzt, um die Aufgabenschwierigkeiten von Testaufgaben zu schätzen und den Effekt der Faktoren auf die Aufgabenschwierigkeiten zu bestimmen.

Insgesamt zeigen die Ergebnisse der zweiten quantitativen Analyse, dass das Instrument dazu geeignet ist, die Schwierigkeit von Testaufgaben zu schätzen. Es gelingt, die Aufgabenschwierigkeit von mittelschwierigen bzw. schwierigen Aufgaben zu schätzen. Weniger genau lassen sich die Aufgabenschwierigkeiten von leichten Aufgaben schätzen. Auch der Effekt auf die Aufgabenschwierigkeit der Faktoren konnte ermittelt werden. Insgesamt drei Faktoren zeigen einen positiven Effekt auf die Aufgabenschwierigkeit, wobei der erklärende Faktor den deutlichsten positiven Einfluss hat. Moderate positive Effekt auf die Aufgabenschwierigkeit zeigen der informative und der instruktive Faktor. Geringe negative Effekte auf die Aufgabenschwierigkeit hat der beschreibende Faktor, während der komprimierende Faktor einen moderaten negativen Effekt auf die Aufgabenschwierigkeit aufweist. Die Ergebnisse können als Indiz dafür betrachtet werden, dass die Darstellungsvernetzung eine hohe Bedeutung beim Lernen von fachlichem Vokabular haben kann. Um jedoch genauere Kenntnisse darüber zu erlangen, welche Faktoren unter kontrollierten Bedingungen einen Effekt zeigen und wie sich ein strukturiertes Vorkommen der Faktoren auf die Schätzung der Aufgabenschwierigkeit auswirkt, benötigt es eine systematische Testentwicklung mithilfe des Instruments zur sprachlichen Variation von mathematischen Textaufgaben. Zunächst können die Ergebnisse aber als erster Hinweis auf den Einfluss von sprachlichen Faktoren auf die Aufgabenschwierigkeit gedeutet und dahingehend interpretiert werden, dass sich das Instrument effektiv einsetzen lässt, um die Aufgabenschwierigkeit von mathematischen Testaufgaben zu bestimmen und gegebenenfalls auch zu verändern.

Anders als bei der ersten und zweiten quantitativen Analyse ist bislang noch keine direkte Vernetzung zwischen erster quantitativer und qualitativer Untersuchung geschehen. Für die Bildung von Aufgabentypen war die Faktorenanalyse zwar bedeutsam, um charakteristische Textaufgaben auszuwählen und somit fachliche und kontextuelle Besonderheiten herauszufinden, jedoch ist ebenfalls ein theoretischer und empirischer Vergleich beider Ergebnisse möglich. Werden beide Ergebnisse auf theoretischer Basis miteinander in Beziehung gesetzt, lassen sich die empirischen Ergebnisse auf die theoretischen Aspekte in Abschnitt 3.3.2 und Abbildung 3.2 extrapolieren. Das Ergebnis ist in Abbildung 10.1 dargestellt. Hierin sind die empirischen Ergebnisse in dem Modell der Beziehung zwischen Sprache und Kontext nach Halliday (2007) abgetragen. Die sprachlichen Faktoren sind entlang des Pols der Sprache angeordnet. Die Aufgabentypen sind entlang des Kontextes dargestellt. Beide Ebenen stehen in Beziehung zueinander und die sprachlichen Veränderungen beziehen sich ebenfalls auf die Veränderung von (fachlichen) kontextuellen Merkmalen. Die Ergebnisse machen deutlich, dass es möglich ist, durch ein quantitatives und qualitatives Vorgehen sowohl sprachliche als auch kontextuelle Merkmale miteinander in Beziehung zu bringen und somit das Registerkonzept für kleinere Lerneinheiten – wie in diesem Fall für mathematische Textaufgaben – anzuwenden. Gleichzeitig kann das Instrument zur sprachlichen Variation genutzt werden, um neben den sprachlichen Faktoren auch inhaltliche und kontextuelle Kriterien zu beachten, die aus mathematik-didaktischer Perspektive und dem Blickwinkel einer mathematischen Lehrkraft bedeutsam sind.

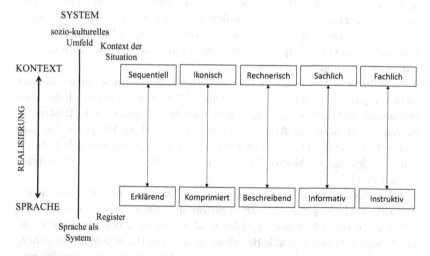

Abbildung 10.1 Theoretische Verknüpfung der ersten quantitativen und ersten qualitativen Analyse im Hinblick auf das Beziehungsmodell von Sprache und Kontext (Eigene Erstellung)

Die zweite Möglichkeit, die Ergebnisse der beiden Analysen direkt miteinander in Beziehung zu setzen, ist ein Vergleich der Ausprägungen der durchschnittlichen Faktorenwerte jedes Aufgabentyps je Faktor. Dieser Vergleich ist in Abbildung 10.2 dargestellt. Die Abbildung zeigt, dass jeweils die Aufgabentypen einen hohen durchschnittlichen Faktorenwert auf einen Faktor zeigen, die charakteristisch für diesen Faktor sind (jeweils über eine Standardabweichung). So sind generell sequenzielle Aufgaben erklärend, sachliche Aufgaben informativ, rechnerische Aufgaben beschreibend, ikonische Aufgaben komprimierend und fachliche Aufgaben instruktiv. Darüber hinaus kann in Abbildung 10.2 gezeigt werden, dass sich Gegensatzpaare bei den Aufgabentypen bilden, die sich im durchschnittlichen Faktorenwert je Faktor deutlich unterscheiden. So zeigt sich für sequenzielle Aufgaben, dass sie nicht informativ sind. Sowohl der erklärende als auch der informative Faktor wurden in Abschnitt 7.2.5 der Explikation zugeordnet. Das bedeutet, dass die beiden möglichen Explikationsstrategien nicht gemeinsam verwendet werden, sondern entweder mehr erklärende Explikation und weniger informative Explikation genutzt wird oder umgekehrt. Dieselbe deutliche Tendenz ist für sachliche Aufgaben nicht erkennbar. Diese Aufgaben sind informativ, aber nicht instruktiv. Das gleiche Gegensatzpaar zeigt sich auch für fachliche Aufgaben. Diese sind instruktiv und nicht informativ. Der Gegensatz zwischen Explikation, also der erklärenden Formulierung, und der Instruktion, der Fokussierung auf eine Aufgabenanforderung, ist klar und zeigt sich auch noch bei sequenziellen Aufgaben deutlich.

In Anbetracht von rechnerischen Aufgaben zeigt sich, dass diese Aufgaben nicht komprimierend sind. Wie in Abschnitt 7.2.5 erörtert, lassen sich der komprimierende und der beschreibende Faktor nach der Interpretation der Deskription zuordnen. Für ikonische Aufgaben zeigt sich, dass diese komprimierend sind und nicht beschreibend. Das zeigt für die rechnerischen und ikonischen Aufgaben, dass jeweils ein Modus der Deskription zur Vermittlung der Textaufgabe verwendet wird.

Die zusammenfassende und verknüpfende Darstellung der Ergebnisse macht deutlich, welche Aspekte das Instrument zur sprachlichen Variation von mathematischen Textaufgaben umfasst, dabei werden die unterschiedliche Vertextungsmöglichkeiten in eine sinnvolle Beziehung gesetzt. Die Herstellung der Beziehung wird durch eine explorative empirische Untersuchung durchgeführt und interpretativ bezeichnet. Die Möglichkeit der sinnvollen Verknüpfung der Ergebnisse, wie in Abbildung 10.2 geschehen, kann als Indiz für die empirische Aussagekraft der Ergebnisse interpretiert werden.

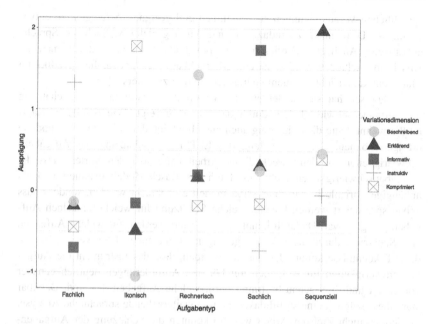

Abbildung 10.2 Ausprägungen und Vergleich der Aufgabentypen für die einzelnen Faktoren (Eigene Erstellung)

10.2 Methodische Erkenntnisse

Zuerst hat die Konzeptualisierung des Instruments gezeigt, dass Korpusanalysen ein erfolgreiches Verfahren darstellen, um sprachliche Merkmale zu analysieren. Das Verfahren ist besonders von Interesse, da die tatsächlich und häufig vorkommenden Textmerkmale in Textaufgaben empirisch abgebildet werden können, sodass zwischen unterschiedlichen Disziplinen, die sich im Vorkommen der Textmerkmale prinzipiell deutlich unterscheiden können, differenziert werden kann.

Des Weiteren kann die Verwendung von Korpusanalysen zur Untersuchung von produzierten Texten in Interview- oder Erhebungssituationen von Lernenden dienen. Hierdurch können Sprachstrukturen analysiert werden, die beispielsweise von bestimmten Kohorten in der Stichprobe im Vergleich zu anderen unterschieden werden. Diese Unterschiede können dazu beitragen, die heterogenen sprachlichen Voraussetzungen zu bestimmen und geeignete Strategien zu entwickeln, um Differenzen zu reduzieren und durch gezielte Maßnahmen Sprache aufzubauen. Auch eine Forcierung von sprachlichen Analysen, die themenspezifisch unterschieden werden, ist eine Möglichkeit, fachsprachliche Spezifika im Mathematikunterricht in einem begrenzten Setting zu untersuchen.

Methodisch hat sich außerdem der Vorteil der Verwendung der Schätzung der Aufgabenschwierigkeiten durch das LLTM gezeigt. Wie bereits in Kapitel 8 erwähnt, hätte die Schätzung auch ausschließlich durch Regressionsmodelle erfolgen können. Die Verwendung des LLTM zur Schätzung der Aufgabenschwierigkeiten für den Zweck dieser Arbeit hatte aber den Vorteil, dass die Aufgabenschwierigkeiten nicht nur durch das Rasch-Modell evaluiert und als abhängige Variable in das Regressionsmodell eingebracht wurden, sondern dass genau spezifiziert werden konnte, welche Schätzung für welche einzelnen Aufgaben geeignet war. Dadurch konnte demonstriert werden, für welche Aufgaben eine Schätzung durch die Faktoren gelungen ist und für welche weniger. Durch diese Erkenntnisse konnte demonstriert werden, dass das Instrument die Aufgabenschwierigkeiten für Aufgaben mit höheren Anforderungen deutlich genauer vorhersagt und dass genau bestimmt wird, welche Aufgaben das sind. Denkbar wäre diesbezüglich eine stoffdidaktische und weitergehende sprachliche Analyse, die jedoch nicht Ziel der Arbeit war. So konnten die Schätzung der Aufgabenschwierigkeit und die Bestimmung des Effektes auf die Aufgabenschwierigkeit zeigen, dass die Kombination aus IRT-Methoden und weiteren statistischen Verfahren zwar umfangreich ist, jedoch eine hohe Erklärungsleistung aufweist.

Diese Arbeit verdeutlicht außerdem, dass die Verbindung von strukturentdeckenden (multivariaten) Verfahren, beispielsweise der explorativen Faktorenanalyse, der Clusteranalyse oder der Korrespondenzanalyse, und eine anschließende qualitative Folgeuntersuchung eine produktive Möglichkeit einer Nutzung eines Mixed-Methods-Ansatzes bietet (Kleine & Jordan, 2013). Durch die Verknüpfung von quantitativer und qualitativer Untersuchung können der Mehrwert der quantitativen Analyse und die Güte der Typenbildung für die qualitative Vertiefungsanalyse deutlich erhöht und je nach Forschungsanliegen können unterschiedliche Forschungsaspekte in der qualitativen Untersuchung forciert werden, beispielsweise auch eine stoffdidaktische Analyse.

Speziell für die sprachliche Untersuchung von mathematischer Kommunikation im Unterricht bietet sich das in dieser Arbeit gezeigte Verfahren an, Register auf jeder Ebene der Generalität zu analysieren. Die Verbindung von quantitativem und qualitativem Verfahren eignet sich wie gezeigt dazu, die Verbindung zwischen sprachlichen Faktoren und damit assoziierten fachlich-kontextuellen Merkmalen zu untersuchen.

Ausblick und mögliche Anschlussfragen 11

Gesamtüberblick: Die Ergebnisse der Entwicklung des Instruments lassen sich für zukünftige Anschlussfragestellungen weiterentwickeln. Das betrifft Möglichkeiten der Weiterentwicklung des Instruments besonders aufgrund gewisser limitierender Aspekte der zweiten quantitativen Analyse (Abschnitt 11.1). Außerdem lassen sich für das Instrument Ableitungen bezüglich des Einsatzes sowohl in Leistungs- als auch in Lernsituationen treffen (Abschnitt 11.2). Allgemeiner lassen sich weitere Anschlussfragen aus den Erkenntnissen dieser Arbeit für die didaktische Forschung und die Praxis ableiten (Abschnitt 11.3). Abschließend wird ein kurzes Fazit gezogen (Abschnitt 11.4).

11.1 Weiterentwicklungsmöglichkeiten des Instruments

Ein möglicher Ausblick für die weitere Forschung ist die Weiterentwicklung des dargestellten Instruments zur sprachlichen Variation von Textaufgaben im Hinblick auf zwei Aspekte. Der erste Aspekt ist die Konstruktion von Testaufgaben durch das Instrument und die Schätzung der Aufgabenschwierigkeit sowie die Feststellung des Einflusses der Faktoren auf die Aufgabenschwierigkeit in einem kontrollierten und systematisch aufgebauten mathematischen Test. Neben der Erweiterung der Erkenntnisse der bisherigen Arbeit bezüglich der Schätzung der Aufgabenschwierigkeit und des Effektes der Faktoren auf die Aufgabenschwierigkeit ist der zweite Aspekt, der für die Konstruktion eines kontrolliert und systematisch aufgebauten Tests notwendig ist, die Betrachtung von fachlichen und kontextuellen Merkmalen. Das bedeutet, dass noch unklar ist, ob die Veränderung von Aufgabentypen mit der Veränderung der sprachlichen Faktoren einhergeht. Es ist beispielsweise nicht sicher, ob ein sequenzieller Aufgabentyp, der mit

D. Bednorz, *Sprachliche Variationen von mathematischen Textaufgaben*, Bielefelder Schriften zur Didaktik der Mathematik 5, https://doi.org/10.1007/978-3-658-33003-3_11

dem erklärenden Faktor assoziiert ist, fachlich und kontextuell in einen ikonischen Aufgabentyp verändert werden kann, sodass der ikonische Aufgabentyp mit dem komprimierenden Faktor assoziiert ist (bleibt). Das Ziel der Weiterentwicklung des Instruments ist entsprechend die Entwicklung von Basisaufgaben für alle fünf Aufgabentypen und die Veränderung sowie Evaluation dieser Basisaufgaben. Darüber hinaus können die Basisaufgabentypen wie erwähnt dazu dienen, ein gezieltes und systematisch aufgebautes Testdesign zu erstellen, um dadurch die Aufgabenschwierigkeiten der unterschiedlichen Faktoren, aber auch Aufgabentypen zu bestimmen. Damit könnten die Aufgabentypen anders als in der jetzigen Arbeit, in der ein vorhandener Datensatz genutzt wurde, nach Schwierigkeit skaliert werden.

11.2   Instrument für Leistungs- und Lernsituationen

Neben den Potenzialen des Instruments für mögliche Folgeuntersuchungen bieten die Feststellung von sprachlichen Faktoren und die Ermittlung von Aufgabentypen, die in Beziehung zu den sprachlichen Faktoren stehen, die Möglichkeit, diese für Leistungs- und Lernsituationen zu nutzen.

Leistungssituationen: Für Leistungssituationen bietet sich das dargestellte Instrument dazu an, die Veränderung der sprachlichen Faktoren zur Reduktion der Textschwierigkeit zu verwenden. Das könnte dabei helfen, den allgemeinen sprachlichen Einfluss bei Textaufgaben in mathematischen Leistungssituationen zu reduzieren, oder aber als Hilfestellung in Tests für Probandinnen und Probanden mit geringer sprachlicher Kompetenz dazu dienen, die tatsächliche mathematische Fähigkeit der Personen für einen mathematischen Test zu bestimmen.

Lernsituationen: Für Lernsituationen bietet sich das Instrument zur sprachlichen Variation von mathematischen Textaufgaben ebenfalls an. Im Hinblick auf die Bestimmung des Effektes der sprachlichen Faktoren und des Zusammenhangs zwischen den Faktoren und Aufgabentypen können sprachliche Lernprozesse durch Textaufgaben aufgebaut werden. So zeigen die Ergebnisse der Konzeptualisierung des Instruments, dass es unter dem Gesichtspunkt der Sprachförderung sinnvoll ist, sprachlich komprimierende ikonische Aufgabentypen zu nutzen. So bieten unterschiedliche Darstellungen eine Hilfe an und gleichzeitig können bedeutende Textmerkmale der Bildungs- und Fachsprache rezeptiv aufgenommen und produktiv genutzt werden. Darauf aufbauend können rechnerische Aufgabentypen, die sprachlich beschreibend, sachliche Aufgabentypen, die sprachlich informativ, oder fachliche Aufgabentypen, die sprachlich instruktiv sind, verwendet werden. Sequenzielle sprachlich erklärende Aufgaben haben in dem konzipierten Instrument die höchste Anforderung. Gleichzeitig macht die Auflistung deutlich, dass es durch die Verbindung von sprachlichen und fachlich-kontextuellen Merkmalen ebenfalls möglich ist, sprachliche Lernziele durch die sprachlichen Faktoren und fachliche Lernziele durch die Aufgabentypen zu formulieren und damit auch geeignete sprachliche und fachlich-didaktische Maßnahmen zu antizipieren.

11.3 Anschlussfragen für die didaktische Forschung und Praxis

Für das Instrument zur sprachlichen Variation stellt sich die Frage, ob dieses universell gültige sprachliche Variationen beinhaltet, also ob es auch fächerübergreifend – beispielsweise für Aufgabenstellungen in den naturwissenschaftlichen Fächern – gilt, oder ob die Faktoren nur die sprachlich-kulturelle Vielfalt sprachlicher Praktik in durch Mathematik bestimmten Texten reproduzieren. Es würde sich hierbei ein Vergleich der Faktoren von mathematischen und anderen naturwissenschaftlichen Texten anbieten, um zu prüfen, welche Gemeinsamkeiten vorhanden sind. Ebenfalls ist offen, ob die von den Lernenden produzierten Texte im Mathematikunterricht – ob in mündlicher oder schriftlicher Form – ähnliche systematische Muster des sprachlichen Gebrauchs zeigen.

Aufgrund der Verbindung der sprachlichen Grundlagen durch die Faktoren mit fachlichen Aspekten mittels der Aufgabentypen besteht eine direkte Übertragungsmöglichkeit in die Praxis. Mathematiklehrkräfte besitzen im Generellen die Expertise, trotz sprachlicher Fortbildungsmaßnahmen, mathematikdidaktische Maßnahmen zu verwenden, die eine enge Verbindung zur Mathematik besitzen. Mathematiklehrkräfte haben die Fähigkeit, geeignete Mathematikaufgaben zu wählen und diese gegebenenfalls dem Zweck anzupassen. Die Verbindung von fachlichen und sprachlichen Aspekten durch das Instrument bietet diese Möglichkeit in besonderer Weise. Mathematiklehrkräfte können spezifische Aufgabentypen sowohl aus fachlichen als auch aus sprachlichen Motiven auswählen. Diese Verbindung scheint eine besondere Stärke dieses Variationsmodells zu sein, das auf dem Registerbegriff basiert und Aspekte der Textverständlichkeit mit mathematikdidaktischen Kriterien des Lehrens und Lernens kombiniert.

11.4 Fazit

Sprache hat eine hohe Relevanz für das Lehren und Lernen im Mathematikunterricht. Wenn sprachliche Voraussetzungen bei Lernenden im Mathematikunterricht fehlen, können Schwierigkeiten entstehen, mathematische Kompetenzen zu erlangen oder zu zeigen. Gerade für mathematische Textaufgaben, die in vielerlei Hinsicht eine hohe Bedeutung für das Lehren und Lernen im Mathematikunterricht haben, zeigen sich noch Möglichkeiten der Ergänzung von sprachlichen Anpassungsstrategien für Lern- und Leistungssituationen. Aus diesem Grund wurde in dieser Arbeit die Entwicklung eines Instruments zur sprachlichen Variation von Textaufgaben forciert. Das Ziel dieser Arbeit war es, durch die Entwicklung eines Instruments zur sprachlichen Variation von mathematischen Textaufgaben einen Beitrag zu der Frage zu leisten, wie Textaufgaben angepasst werden können, um das Lern- und Leistungsverhalten von Lernenden zu verbessern und adaptiv auf mögliche Hürden einzugehen. Durch die vorliegende Arbeit lassen sich Ableitungen für die Entwicklung von mathematischen Leistungstests, für die unterrichtliche Gestaltung unter der Perspektive eines sprachlich integrierten Mathematikunterrichts und für die Aus- und Fortbildung von Lehrkräften treffen.

Literaturverzeichnis

Abedi, J., Courtney, M., Leon, S., Kao, J., & Azzam, T. (2006). *English language learners and math achievement: A study of opportunity to learn and language accomodation.*

Abedi, J., Hofstetter, C., & Lord, C. (2004). Assessment accommodations for english language learners: Implications for policy-based empirical research. *Review of Educational Research, 74*(1), 1–28.

Abedi, J., & Lord, C. (2001). The language factor in mathematics tests. *Applied Measurement in Education, 14*(3), 219–234.

Abshagen, M. (2015). *Praxishandbuch Sprachbildung Mathematik. Sprachsensibel unterrichten – Sprache fördern.* Klett.

Ammon, U. (1977). *Probleme der Soziolinguistik.* Niemeyer.

Amstad, T. (1978). *Wie verständlich sind unsere Zeitungen?* Studenten-Schreib-Service.

Andersen, E. B. (1973). A goodness of fit test for the rasch model. *Psychometrika, 38*(1), 123–140.

Archer, D. (2007). Computer-assisted literary stylistics: The state fo the field. In M. Lambrou & P. Stockwell (Hrsg.), *Contemporary Stylistics* (S. 244–256). Continuum.

Artelt, C., McElvany, N., Christmann, U., Richter, T., Groeben, N., Köster, J., Schneider, W., Stanat, P., Ostermeier, C., Schiefele, U., Valtin, R., & Ring, K. (2007). *Förderung von Lesekompetenz – Expertise.* BMBF.

Arya, D. J., Hiebert, E. H., & Pearson, D. (2011). The effects of syntactic and lexical complexity on the comprehension of elementary science texts. *International Electronic Journal of Elementary Education, 4*(1), 107–125.

Ayala, R. J. De. (2009). *The theory and practice of item response theory.* Guilford Press.

Backhaus, K., Erichson, B., & Weiber, R. (Hrsg.). (2015). *Fortgeschrittene Multivariate Analysemethoden.* Springer Gabler.

Backhaus, K., Erichson, B., & Weiber, R. (Hrsg.). (2016). *Multivariate Analysemethoden.* Springer Gabler.

Baghaei, P., & Kubinger, K. D. (2015). Linear logistic test modeling with R. *Practical Assessment, Research and Evaluation, 20*(1), 1–11.

Baker, F. B. (2001). *The basics of item response theory.* ERIC Clearinghouse on Assessment and Evaluation.

© Der/die Herausgeber bzw. der/die Autor(en) 2021
D. Bednorz, *Sprachliche Variationen von mathematischen Textaufgaben,*
Bielefelder Schriften zur Didaktik der Mathematik 5,
https://doi.org/10.1007/978-3-658-33003-3

Ballod, M. (2001). *Verständliche Wissenschaft: Ein informationsdidaktischer Beitrag zur Verständlichkeitsforschung*. Narr Verlag.

Ballstaedt, S.-P., Mandl, H., & Schnotz, W. (1981). *Texte verstehen, Texte gestalten*. Urban und Schwarzenberg.

Balossi, G. (2014). *A corpus linguistic approach to literary language and characterization*. John Benjamins Publishing Company.

Bamberger, R., & Vanecek, E. (1984). *Lesen – verstehen – lernen – schreiben : die Schwierigkeitsstufen von Texten in deutscher Sprache*. Jugend und Volk.

Bauer, L. (1978). *Mathematische Fähigkeiten: mathematische Fähigkeiten in der Sekundarstufe II und ihre Bedeutung für das Lösen von Abituraufgaben*. Schöningh.

Bäuer, M., Brüning, M., Reeker, H., Schäfer, K., & Voigt, E. (Hrsg.). (2015). *Elemente der Mathematik. Nordrhein-Westfalen 8*. Schroedel.

Bayer, K., & Seidel, B. (1979). Verständlichkeit. *Praxis Deutsch, 36*, 12–23.

Beaugrande, R.-A., & Dressler, W. (1981). *Einführung in die Textlinguistik*. Niemeyer.

Biber, D. (1985). Investigaging macroscopic textual variation through multifeature/multidimensional analyses. *Linguistics, 23*, 337–360.

Biber, D. (2006). *Dimensions of register variation. A cross-linguistic comparison*. Cambridge University Press.

Biber, D., & Conrad, S. (2019). *Register, genre, and style* (Bd. 2). Cambridge University Press.

Biber, D., Conrad, S., & Reppen, R. (1998). *Corpus linguistics. Investigating language structure and use*. Cambridge University Press.

Biber, D., & Egbert, J. (2018). *Register variation online*. Cambridge University Press.

Biber, D., Egbert, J., Gray, B., Oppliger, R., & Szmrecsanyi, B. (2016). Variationist versus text-linguistic approaches to grammatical change in English: Nominal modifiers of head nouns. In M. Kytö & P. Patha (Hrsg.), *The cambridge handbook of english historical linguistics* (S. 351–375). Cambridge University Press.

Biber, D., & Gray, B. (2013a). Identifying multi-dimensional patterns of variation across registers. In M. Krug & J. Schlüter (Hrsg.), *Research methods in language variation and change* (S. 402–420). Cambridge University Press.

Biber, D., & Gray, B. (2013b). Nominalizing the verb phrase in academic science writing. In B. Aarts, J. Close, G. Leech, & S. Wallis (Hrsg.), *The Verb Phrase in English. Investigating Recent Language Change with Corpora* (S. 99–132). Cambridge University Press.

Biber, D., & Gray, B. (2016). *Grammatical complexity in academic english. Linguistic change in writing*. Cambridge University Press.

Biber, D., & Reppen, R. (2002). What does frequency have to do with grammar teaching? *Studies in Second Language Acquisition, 24*(2), 199–208.

Biber, D., Reppen, R., & Conrad, S. (2002). Developing linguistic literacy: Perspectives from corpus linguistics and multi-dimensional analysis. *Child Language, 29*, 458–462.

Biere, B. U. (2008). Verständlichkeit beim Gebrauch von Fachsprachen. In Lothar Hoffmann, H. Kalverkämper, & H. E. Wiegand (Hrsg.), *Fachsprache/Language of specific purposes: Bd. 1. Halbband* (S. 402–407). De Gruyter.

Björnsson, C. H. (1968). *Lesbarkeit durch Lix*. Pedagogiskt Centrum.

Blum, W., Galbraith, P. L., Henn, W., & Niss, M. (Hrsg.). (2007). *Modelling and applications in Mathematics Education*. Springer.

Blum, W., & Leiß, D. (2005). Modellieren im Unterricht mit der Tanken-Aufgabe. *mathematik lehren, 128*, 18–21.

Blum, W., vom Hofe, R., Jordan, A., & Kleine, M. (2004). Grundvorstellungen als aufgaben-analytisches und diagnostisches Instrument bei PISA. In M. Neubrand (Hrsg.), *Mathematische Kompetenzen von Schülerinnen und Schülern in Deutschland* (S. 145–157). VS Verlag.

Böer, H., Göckel, D., & Hesse, D. (2014). *Mathe live 8*. Klett.

Borneleit, P., & Winter, M. (2006). *Interaktiv Mathematik 5*. Cornelsen.

Boroditsky, L. (2000). Metaphoric structuring: Understanding time through spatial metaphors. *Cognition, 75*, 1–28.

Boroditsky, L., Gaby, A., & Levinson, S. (2008). Time in space. In M. Asifa (Hrsg.), *Field Manual* (Bd. 11, S. 52–76). Max Planck Institute for Psycholinguistics.

Bortz, J., & Schuster, C. (2010). *Statistik für Human- und Sozialwissenschaftler* (Bd. 7). Springer.

Bos, W., Lankes, E.-M., Plaßmeier, N., & Schwippert, K. (Hrsg.). (2004). *Heterogenität. Eine Herausforderung an die empirische Bildungsforschung*. Waxmann.

Bowcher, W. (2019). Context and register. In G. Thompson, W. L. Bowcher, L. Fontaine, & D. Schönthal (Hrsg.), *The cambridge handbook of systemic functional linguistics* (S. 142–170). Cambridge University Press.

Bowerman, M., & Choi, S. (2001). Shaping meanings for language: Universal and language-specific in the acquisition of spatial semantic categories. In M. Bowerman & S. Levinson (Hrsg.), *Language acquisition and conceptual development* (S. 475–511). Cambridge University Press.

Brewster, J., & Ellis, G. (2012). *The primary english teachers guide*. Penguin English.

Brown, C., Snodgrass, T., Kemper, S. J., Herman, R., & Covington, M. A. (2008). Automatic measurment of propositional idea density from part-of-speech tagging. *Behavior Research Methods, 40*(2), 540–545.

Bühner, M. (2011). *Einführung in die Test- und Fragebogenkonstruktion*. Pearson Studium.

Butt, D. G. (2019). Firth and the origins of systemic functional linguistics: Process, pragma, and polysystem. In G. Thompson, W. Bowcher, L. Fontaine, & D. Schönthal (Hrsg.), *The cambridge handbook of systemic functional linguistics* (S. 10–34). Cambridge University Press.

Casasanto, D., Fotakopoulou, O., & Boroditsky, L. (2010). Space and time in the childs mind: Evidence for a cross-dimensional asymmetry. *Cognitive Science, 34*, 387–405.

Cathomas, R. (2007). Neue Tendenzen der Fremdsprachendidaktik – das Ende der kommunikativen Wende. *Beiträge zur Lehrerinnen- und Lehrerbildung, 25*(2), 180–191.

Celce-Murcia, M. (2002). On the use of selected grammatical features in academic writing. In M. J. Schleppegrell & M. C. Colombi (Hrsg.), *Developing advanced literacy in first and second languages. Meaning with power* (S. 143–157). LEA.

Christmann, U. (2004). Verstehens- und Verständlichkeitsmessung. Methodische Ansätze in der Anwendungsforschung. In K. D. Lerch (Hrsg.), *Recht verstehen. Verständlichkeit, Missverständlichkeit und Unverständlichkeit von Recht* (S. 33–62). De Gruyter.

Christmann, U. (2006). Textverstehen. In J. Funke & P. A. Frensch (Hrsg.), *Handbuch der Allgemeinen Psychologie – Kognition*. Hogrefe.

Conrad, S. (2015). Register variation. In D. Biber & R. Reppen (Hrsg.), *The cambridge handbook of english corpus linguistics* (S. 309–329). Cambridge University Press.

Cukrowicz, J. (Hrsg.). (2000). *Mathe Netz 7 Ausgabe N*. Westermann.

Cummins, J. (1979). Cognitive/academic language proficiency, linguistic interdependence, the optimum age question and some other matters. *Working Papers on Bilingualism, 19,* 121–129.

Cummins, J. (1986). Language proficiency and academic achievement. In J. Cummins & M. Swain (Hrsg.), *Bilingualism in education: Aspects of theory, research and practice* (S. 138–161). Longman.

Cummins, J. (2017). BICS and CALP: Empirical and theoretical status of the distinction. In B. V Street & S. May (Hrsg.), *Literacies and Language Education* (S. 59–72). Springer.

Czicza, D., & Hennig, M. (2011). Zur Pragmatik und Grammatik der Wissenschaftskommunikation. Ein Modellierungsvorschlag. *Fachsprache, 1*(2), 36–60.

Dänzer, L., & Hoeltje, M. (2017). Propositionen. In M. Schrenk (Hrsg.), *Handbuch Metaphysik* (S. 367–373). Springer.

Drüke-Noe, C., & Schmidt, U. (2015). Klassenarbeiten. analysieren, gestalten, auswerten. *Praxis der Mathematik, 63*(57), 2–11.

Eggs, E. (2008). Vertextungsmuster Argumentation: Logische Grundlagen. In K. Brinker, G. Antos, W. Heinemann, & S. F. Sager (Hrsg.), *Text- und Gesprächslinguistik. Linguistics of text and conversation* (S. 397–414). De Gruyter.

Ehlers, U.-D. (2004). *Heterogenität als Grundkonstante erziehungswissenschaftlicher Qualitätsforschung – Grundlagen für eine partizipative Qualitätentwicklung im E-Learning* (W. Bos, E.-M. Lankes, N. Plaßmeier, & K. Schwippert (Hrsg.); S. 79–103). Waxmann.

Eichler, A., & Vogel, M. (2013). *Leitidee Daten und Zufall. Von konkreten Beispielen zur Didaktik der Stochastik.* Springer Spektrum.

Eid, M., & Schmidt, K. (2014). *Testtheorie und Testkonstruktion.* Hogrefe.

Fang, Z., Schleppegrell, M. J., & Cox, B. E. (2006). Understanding the language demands of schooling: Nouns in academic registers. *Journal of Literacy Research, 38*(3), 247–273.

Feilke, H. (2008). *Die pragmatische Wende in der Textlingustik* (K. Bringer, G. Antos, W. Heinemann, & S. F. Sager (Hrsg.); Bd. 1, S. 64–82). De Gruyter Mouton.

Feilke, H. (2012a). Bildungssprachliche Kompetenz – fördern und entwickeln. *Praxis Deutsch. Zeitschrift für den Deutschunterricht, 39,* 4–13.

Feilke, H. (2012b). Schulsprache – Wie Schule Sprache macht. In S. Günthner, W. Imo, D. Meer, & J. G. Schneider (Hrsg.), *Kommunikation und Öffentlichkeit. Sprachwissenschaftliche Potenziale zwischen Empirie und Norm* (S. 149–176). De Gruyter.

Feldman, L. B. (1991). The contribution of morphology to word recognition. *Psychological Research, 53,* 33–41.

Fergadiots, G., Wright, H. H., & West, T. M. (2013). Measuring lexical diversity in narrative discourse of people with aphasia. *American Journal of Speech-Language Pathology, 22*(2), 1–22.

Ferguson, C. A. (1983). Sports announcer talk: Syntactic aspects of register variation. *Language in Society, 12,* 153–172.

Ferguson, C. A. (1994). Dialect, register, and genre: Working assumptions about conventionalization. In D. Biber & E. Finegan (Hrsg.), *Sociolinguistic perspectives on register* (S. 15–30). Oxford University Press.

Ferstl, E., & d'Arcais, G. F. (1999). Das Lesen von Wörtern und Sätzen. In A. Friederici (Hrsg.), *Sprachrezeption. Enzyklopädie der Psychologie* (S. 203–241). Hogrefe.

Finegan, E., & Biber, D. (2001). Register variation and social dialect variation: The register axiom. In P. Eckert & J. R. Rickford (Hrsg.), *Style and sociolinguistic variation* (S. 235–267). Cambridge University Press.

Firth, J. R. (1935). The technique of semantics. *Philological Society*, 36–72.

Fischer, G. H. (1973). The linear logistic test model as an instrument in educational research. *Acta Psychologica, 37*, 359–374.

Flesch, R. (1948). A new readability yardstick. *Journal of Applied Psychology, 32*(3), 221–233.

Fontaine, L. (2017). Lexis as most local context: towards an SFL approach to lexicology. *Functional Linguistics, 1*(4), 1–17.

Forster, K. I. (1994). Computational modeling and elementary process analysis in visual word recognition. *Journal of Experimental Psychology, 20*(6), 1292–1310.

Fraas, C. (2008). Lexikalisch-semantische Eigenschaften von Fachsprachen. In Lothar Hoffmann, H. Kalverkämper, & H. E. Wiegand (Hrsg.), *Fachsprache/Language of specific purposes: Bd. 1. Halbband* (S. 428–438). De Gruyter.

Frauendorfer, A. (2011). Differenz und pädagogische Professionalität: Vom Versuch, gleichzeitig über einen weißen und schwarzen Schimmel zu sprechen. In M. Schratz, A. Paseka, & I. Schrittesser (Hrsg.), *Pädagogische Professionalität: quer denken – umdenken – neue denken* (S. 218–252). facultas.wuv.

Freudenthal, H. (1973). *Mathematik als pädagogische Aufgabe.* Klett.

Freudenthal, H. (1983). *Didactical phenomenology of mathematical structures.* D. Reidel Publishing Company.

Frey, A., Heinze, A., Mildner, D., Hochweber, J., & Asseburg, R. (2010). *Mathematische Kompetenz von PISA 2003 bis PISA 2009.* Waxmann.

Frey, B.-J., Frey, H., Freye, R., Gress, M., Hesse, D., Kliemann, S., Koepsell, A., & Mallon, C. (Hrsg.). (2016). *Mathe live 6.* Klett.

Friebe, K., Hardt, U., & Pflüger, E. (Hrsg.). (2012). *Mathe Forum 8.* Schroedel.

Friebe, K., Hardt, U., & Pflüger, E. (Hrsg.). (2013). *Mathe Forum 9.* Schroedel.

Gaby, A. (2012). The Thaayorre think of time like they talk of space. *Frontiers in Psychology, 3*, 1–8.

Geiser, C., & Eid, M. (2010). Item-Response-Theorie. In C. Wolf & H. Best (Hrsg.), *Handbuch der sozialwissenschaftlichen Datenanalyse* (S. 311–332). VS Verlag.

Göckel, D., Kliemann, S., Puscher, R., Vernay, R., & Werner, S. (2014). *Mathe live 5.* Klett.

Gogolin, I., & Lange, I. (2011). Bildungssprache und Durchgängige Sprachbildung. In S. Fürstenau & M. Gomolla (Hrsg.), *Migration und schulischer Wandel: Mehrsprachigkeit* (S. 107–127). VS Verlag.

Gogolin, I., Neumann, U., & Roth, H.-J. (2007). *Abschlussbericht über die italienisch-deutschen, portugiesisch-deutschen und spanisch-deutschen Modellklassen.*

Grabowski, J. (1991). *Der Propositionale Ansatz der Textverständlichkeit: Kohärenz, Interessantheit und Behalten.* Aschendorff.

Greefrath, G. (2018). *Anwendungen und Modellieren im Mathematikunterricht.* Springer Spektrum.

Greefrath, G., Oldenburg, R., Siller, H.-S., Ulm, V., & Weigand, H.-G. (2016). *Didaktik der Analysis. Aspekte und Grundvorstellungen zentraler Begriffe.* Springer Spektrum.

Griesel, H., Gundlach, A., Postel, H., & Suhr, F. (Hrsg.). (2016). *Elemente der Mathematik Nordrhein-Westfalen 9.* Schroedel.

Griesel, H., Postel, H., Suhr, F., & Ladenthin, W. (2016). *Elemente der Mathematik 7.* Schroedel.

Grimm, H., & Engelkamp, J. (1981). *Sprachpsychologie. Handbuch der Lexikon der Psycholinguistik.* Schmidt.

Groeben, N. (1982). *Leserpsychologie: Textverständnis – Textverständlichkeit.* Aschendorff.

Groeben, N., & Christmann, U. (1989). Textoptimierung unter Verständlichkeitsperspektive. In G. Antos & H. P. Krings (Hrsg.), *Textproduktion. Ein interdiszplinärer Forschungsüberblick* (S. 165–196). Max Niemeyer Verlag.

Grotjahn, R. (2000). Determinanten der Schwierigkeit von Leseverstehensaufgaben: Theoretische Grundlagen und Konsequenzen für die Entwicklung des TESTDAF. In S. Bolton (Hrsg.), *Grundlagen für die Entwicklung eines neuen Sprachtests. Beiträge aus Grundlagen für die Entwicklung eines neuen Sprachtests. Beiträge aus einem Expertenseminar* (S. 7–56). Gilde Verlag.

Gülich, E., & Hausendorf, H. (2008). Vertextungsmuster Narration. In K. Brinker, G. Antos, W. Heinemann, & S. F. Sager (Hrsg.), *Text- und Gesprächslinguistik. Linguistics of text and conversation* (S. 369–385). De Gruyter.

Gürsoy, E., Claudia, B., Renk, N., Prediger, S., & Büchter, A. (2013). Erlös = Erlösung? – Sprachliche und konzeptuelle Hürden in Prüfungsaufgaben zur Mathematik. *Deutsch als Zweitsprache, 14–24.*

Haag, N., Heppt, B., Roppelt, A., & Stanat, P. (2015). Linguistic simplification of mathematics items: Effects for language minority students in germany. *European Journal of Psychology of Education, 30,* 145–167.

Haag, N., Heppt, B., Stanat, P., & Kuhl, P. (2013). Second language learners'performance in mathematics: Disentangling the effects of academic language features. *Learning and Instruction, 28,* 24–34.

Hagedorn, J. (2010). Heterogenität als erziehungswissenschaftliche Herausforderung – Über die Schwierigkeit, die Einheit in der Differenz zu denken. In J. Hagedorn, V. Schurt, C. Steber, W. Waburg, & L. Herwartz-Emden (Hrsg.), *Ethnizität, Geschlecht, Familie und Schule. Heterogenität als erziehungswissenschaftliche Herausforderung* (S. 403–423). VS Verlag.

Halliday, M. A. K. (1975). Some aspects of sociolinguistics. In *Interactions between linguistics and mathematical education* (S. 64–73). United Nations Educational Scientific and Cultural Organization.

Halliday, M. A. K. (1978). *Language as social semiotic: The social interpretation of language and meaning.* Arnold.

Halliday, M. A. K. (1993). On the language of physical science. In M. A. K. Halliday & J. R. Martin (Hrsg.), *Writing science: Literacy and discursive power* (S. 43–51). Routledge.

Halliday, M. A. K. (2002). *On grammar* (Bd. 1). Continuum.

Halliday, M. A. K. (2003a). Language as social semiotics. In J. Maybin (Hrsg.), *Language and literacy in social practice* (S. 23–43). The Open University.

Halliday, M. A. K. (2003b). *On language and linguistics* (Bd. 3). Continuum.

Halliday, M. A. K. (2004a). *The language of early childhood* (Bd. 4). Continuum.

Halliday, M. A. K. (2004b). *The language of science* (Bd. 5). Continuum.

Halliday, M. A. K. (2005). *Computational and quantitative studies* (Bd. 6). Continuum.

Halliday, M. A. K. (2007). The notion of context in language education. In J. Webster (Hrsg.), *Language and education. The collected works of M.A.K. Halliday* (S. 269–290). Continuum.

Halliday, M. A. K. (2014a). *Halliday's introduction to functional grammar*. Routledge.

Halliday, M. A. K. (2014b). Language as social semiotics. In J. Angermuller, D. Maingueneau, & R. Wodak (Hrsg.), *The discourse studies reader: Main currents in theory and analysis* (S. 263–271). John Benjamins Publishing Company.

Halliday, M. A. K. (2016). The ontogenesis of rationality: Nigel revisited. In W. Bowcher & J. Yameng Liang (Hrsg.), *Society in language, language in society. Essays in honour of Ruqaiya Hasan* (S. 3–23). Palgrave Macmillan.

Halliday, M. A. K., & Hasan, R. (1989). *Language, context, and text: Aspects of language in a social-semiotic perspective*. Oxford University Press.

Handl, A., & Kuhlenkasper, T. (2018). *Einführung in die Statistik. Theorie und Praxis mit R.* Springer Spektrum.

Härtig, H., Fraser, N., Bernholt, S., & Retelsdorf, J. (2019). Kann man Sachtexte vereinfachen? – Ergebnisse einer Generalierungsstudie zum Textverständnis. *Zeitschrift für Didaktik der Naturwissenschaften, 25*, 273–287.

Hartig, J. (2007). Skalierung und Definition von Kompetenzniveaus. In E. Klieme & B. Beck (Hrsg.), *Sprachliche Kompetenzen. Konzepte und Messung. DESI-Studie* (S. 83–99). Beltz.

Hartig, J., & Frey, A. (2012). Konstruktvalidierung und Skalenbeschreibung in der Kompetenzdiagnostik durch die Vorhersage von Aufgabenschwierigkeiten. *Psychologische Rundschau, 63*(1), 43–49.

Hartig, J., Frey, A., Nold, G., & Klieme, E. (2012). An application of explanatory item response modeling for model-based proficency scaling. *Educational and Psychological Measurement, 72*(4), 665–686.

Hasan, R. (2009). The place of context in a systemic functional model. In J. Webster & M. A. K. Halliday (Hrsg.), *Bloomsbury companion to systemic functional linguistics* (S. 166–189). Continuum Companions.

Hasan, R. (2014). Towards a paradigmatic description of context: Systems, metafunctions, and semantics. *Functional Linguistics, 1*(1), 1–9.

Hatim, B., & Mason, I. (1990). *Discourse and the translator*. Longman.

Hayes, A. F., & Krippendorff, K. (2007). Answering the call for a standard reliability measure for coding data. *Communication Methods and Measures, 1*(1), 77–89.

Heine, L., Domenech, M., Otto, L., Neumann, A., Krelle, M., Leiss, D., Höttecke, D., Ehmke, T., & Schwippert, K. (2018). Modellierung sprachlicher Anforderungen in Testaufgaben verschiedener Unterrichtsfächer: Theoretische und empirische Grundlagen. *Zeitschrift für Angewandte Linguistik, 69*, 69–96.

Heinemann, W. (2008). Vertextungsmuster Deskription. In K. Brinker, G. Antos, W. Heinemann, & S. F. Sager (Hrsg.), *Text- und Gesprächslinguistik. Linguistics of text and conversation* (S. 356–369). De Gruyter.

Heppt, B., Böhme, K., & Stanat, P. (2014). The role of academic-language features for reading comprehension of language-minority students and students from low-ses families. *Reading Research Quarterly, 50*(1), 61–82.

Herget, W. (2010). Typen von Aufgaben. In W. Blum, C. Drüke-Noe, & O. Köller (Hrsg.), *Bildungsstandards Mathematik: konkret* (Bd. 4, S. 178–193). Cornelsen.

Heringer, H. J. (1979). Verständlichkeit ein genuiner Forschungsbereich der Linguistik? *Zeitschrift für germanistische Linguistik*, 255–278.

Heringer, H. J. (1984). Textverständlichkeit. Leitsätze und Leitfragen. *Zeitschrift für Literaturwissenschaft und Linguistik*, *14*(55), 57–70.

Hinz, A. (2009). Inklusive Pädagogik in der Schule – veränderter Orientierungsrahmen für die schulische Sonderpädagogik!? Oder doch deren Ende?? *Zeitschrift für Heilpädagogik*, *5*, 171–179.

Hjelmslev, L. (1974). *Prolegomena zu einer Sprachtheorie*. Hueber.

Hoffmann, Lothar. (2008). Fachsprachen und Gemeinsprache. In Lothar Hoffmann, H. Kalverkämper, & H. E. Wiegand (Hrsg.), *Fachsprache/Language of specific purposes: Bd. 1. Halbband* (S. 157–168). De Gruyter.

Hoffmann, Ludger. (2008). Thema, Themenentfaltung, Makrostruktur. In K. Brinker, G. Antos, W. Heinemann, & S. F. Sager (Hrsg.), *Text- und Gesprächslinguistik. Linguistics of text and conversation* (S. 344–356). De Gruyter.

Hofstetter, C. (2003). Contextual and mathematics accommodation test effects for english –language learners. *Applied Measurement in Education*, *16*, 159–188.

Holzäpfel, L., & Leiss, D. (2014). Modellieren in der Sekundarstufe. In H. Linneweber-Lammerskitten (Hrsg.), *Fachdidaktik Mathematik. Grundbildung und Kompetenzaufbau im Unterricht der Sek. I und II* (S. 159–178). Friedrich Verlag.

Hölzl, R. (2014). Ähnlichkeit. In H.-G. Weigand, A. Filler, R. Hölzl, S. Kuntze, M. Ludwig, J. Roth, B. Schmidt-Thieme, & G. Wittmann (Hrsg.), *Didaktik der Geometrie für die Sekundarstufe I* (S. 214–237). Springer Spektrum.

Horstmann, S. (2003). Text. In *Reallexikon der deutschen Literaturwissenschaft* (Bd. 3, S. 594–597). De Gruyter.

Isaac, K., & Hochweber, J. (2011). Modellierung von Kompetenzen im Bereich Sprache und Sprachgebrauch untersuchen mit schwierigkeitsbestimmenden Aufgabenmerkmalen. *Zeitschrift für Entwicklungspsychologie und Pädagogische Psychologie 43*(4), 186–199.

Jahr, S. (2008). Vertextungsmuster Explikation. In K. Brinker, G. Antos, W. Heinemann, & S. F. Sager (Hrsg.), *Text- und Gesprächslinguistik. Linguistics of text and conversation* (S. 385–397). De Gruyter.

Jakob, K. (2008). Fachsprachliche Phänomene in der Alltagskommunikation. In Lothar Hoffmann, H. Kalverkämper, & H. E. Wiegand (Hrsg.), *Fachsprache/Language of specific purposes: Bd. 1. Halbband* (S. 710–717). De Gruyter.

Johnson, E., & Monroe, B. (2004). Simplified language as an accommodation on math tests. *Assessment for Effective Intervention*, *29*(3), 35–45.

Johnson, W. (1944). Studies in language behavior I: A program of research. *Psychological Monographs*, *56*(2), 1.15.

Jordan, A., Krauss, S., Löwen, K., Blum, W., Neubrand, M., Brunner, M., Kunter, M., & Baumert, J. (2008). Aufgaben im COACTIV-Projekt: Zeugnisse des kognitiven Aktivierungspotentials im deutschen Mathematikunterricht. *Journal für Mathematik-Didaktik*, *29*(2), 83–107.

Jordan, A., Ross, N., Krauss, S., Baumert, J., Blum, W., Neubrand, M., Löwen, K., Brunner, M., & Kunter, M. (2006). *Klassifikationsschema für Mathematikaufgaben: Dokumentation der Aufgabenkategorisierung im COACTIV-Projekt* (Nummer 81). Max-Planck-Institut für Bildungsforschung.

Jussen, M. J. (1983). *Verstehen geschriebener Sprache: Ein Beitrag zur empirischen Sprachdidaktik*. Carl Marhold.

Just, M. A., & Carpenter, P. A. (1980). A theory of reading: From eye fixations to comprehension. *Psychological Review, 87*(4), 329–354.

Just, M. A., & Carpenter, P. A. (1987). *The psychology of reading and language comprehension*. Allyn and Bacon.

Kalverkämper, H. (1990). Gemeinsprache und Fachsprachen – Plädoyer für eine integrierende Sichtweise. In G. Stickel (Hrsg.), *Deutsche Gegenwartssprache: Tendenzen und Perspektiven* (S. 88–133). De Gruyter.

Kean, J., & Reilly, J. (2014). Item Response Theory. In F. Hammond, J. Malec, & T. N. ald Ralph Buschbacher (Hrsg.), *Handbook for Clinical Research* (S. 195–198). Springer.

Kintsch, W. (1974). *The representation of meaning in memory*. Erlbaum.

Kintsch, W., & Keenan, J. (1973). Reading rate and retention as a function of the number of propositions in the base structure of sentences. *Cognitive Psychology, 5*, 257–274.

Kintsch, W., & van Dijk, T. A. (1978). Toward a model of text comprehension and production. *Psychological Review, 85*(5), 363–394.

Kintsch, W., & Vipond, D. (1979). Reading comprehension and readability in educational practice and psychological theory. In L.-G. Nilsson (Hrsg.), *Perspectives on memory research* (S. 329–365). Erlbaum.

Klare, G. R. (1984). Readability. In R. Barr, D. Pearson, M. L. Kamil, & P. B. Mosenthal (Hrsg.), *Handbook of reading research* (S. 681–744). Lawrence Erlbaum Associates.

Kleine, M. (2004). *Quantitative Erfassung von mathematischen Leistungsverläufen in der Sekundarstufe I : methodische Grundlagen, Testkonstruktion und Testentwicklung*. Franzbecker.

Kleine, M. (2012). *Lernen fördern: Mathematik. Kompetenzorientierter Unterricht in der Sekundarstufe 1*. Kallmeyer-Klett.

Kleine, M. & Jordan, A. (2013). Lösungsstrategien von Schülerinnen und Schülern in Proportionalität und Prozentrechnung – eine korrespondenzanalytische Betrachtung. *Journal für Mathematik-Didaktik, 28*, 209–223.

Kleine, M., Ludwig, M., & Weixler, P. (Hrsg.). (2013). *Mathe. Logo 8*. Bamberg.

Klieme, E., Artelt, C., Hartig, J., Jude, N., Köller, O., Prenzel, M., Schneider, W., & Stanat, P. (2010). *PISA 2009. Bilanz nach einem Jahrzehnt*. Waxmann.

Klix, F. (1995). Stabilität und Wandlungen in geistigen Dispositionen des Menschen. *Sitzungsberichte der Leibniz-Sozietät*, 5–40.

Koch, P., & Oesterreicher, W. (2007). Schriftlichkeit und kommunikative Distanz. *Zeitschrift für germanistische Linguistik, 35*(3), 346–375.

Koizumi, R., & In'nami, Y. (2012). Effects of text length on lexical diversity measures: Using short texts with less than 200 tokens. *System, 40*(4), 554–564.

König, J., Buchholtz, C., & Dohmen, D. (2015). Analyse von schriftlichen Unterrichtsplanungen: Empirische Befunde zur didaktischen Adaptivität als Aspekt der Planungskompetenz angehender Lehrkräfte. *Zeitschrift für Erziehungswissenschaft, 18*, 375–404.

Körner, H., Lergenmüller, A., Schmidt, G., & Zacharias, M. (2013). *Mathematik Neue Wege*. Schroedel.

Kretzenbacher, H. L. (2008). Fachsprache als Wissenschaftssprache. In Lothar Hoffmann, H. Kalverkämper, & H. E. Wiegand (Hrsg.), *Fachsprache/Language of specific purposes: Bd. 1. Halbband* (S. 133–142). De Gruyter.

Krippendorff, K. (2004). Reliability in content analysis. Some common misconceptions and recommendations. *Human Communication Research, 30*(3), 411–433.

Krippendorff, K. (2009). *Content analysis. An introduction to its methodology* (Bd. 2). Sage Publications.

Krüger, K., Sill, H.-D., & Sikora, C. (2015). *Didaktik der Stochastik in der Sekundarstufe I.* Springer Spektrum.

Kultusministerkonferenz. (2003). *Standards für die Lehrerbildung: Bildungswissenschaft.*

Kümmerer, B. (2016). *Wie man mathematisch schreibt. Sprache – Stil – Formeln.* Springer Spektrum.

Langer, I., von Thun, F., & Tausch, R. (1974). *Sich verständlich ausdrücken.* Ernst Reinhardt Verlag.

Leech, G. (2005). Adding lingustic annotation. In M. Wynne (Hrsg.), *Developing linguistic corpora: A guide to good practice* (S. 17–29). Oxbow Books.

Leisen, J. (2013). *Handbuch Sprachförderung im Fach: Sprachsensibler Fachunterricht in der Praxis.* Klett.

Leisen, J., & Seyfarth, M. (2006). Was macht das Lesen von Fachtexten so schwer? Hilfen zur Beurteilung von Texten. *Naturwissenschaften im Unterricht – Physik, 5*, 9–11.

Leiss, D., Domenech, M., Ehmke, T., & Schwippert, K. (2017). Schwer – schwierig – diffizil: Zum Einfluss sprachlicher Komplexität von Aufgaben auf fachliche Leistungen in der Sekundarstufe I. In D. Leiss, M. Hagena, A. Neumann, & K. Schwippert (Hrsg.), *Mathematik und Sprache. Empirischer Forschungsstand und unterrichtliche Herausforderungen* (S. 99–125). Waxmann.

Leiss, D., & Plath, J. (2020). Im Mathematikunterricht muss man auch mit Sprache rechnen! – Sprachbezogene Fachleistung und Unterrichtswahrnehmung im Rahmen mathematischer Sprachförderung. *Journal für Mathematik-Didaktik.*

Leiss, D., Plath, J., & Schwippert, K. (2019). Language and mathematics – Key factors influencing the comprehension process in reality-based tasks. *Mathematical Thinking and Learning, 21*(2), 201–213.

Leiss, D., Schukajlow, S., Blum, W., Messner, R., & Pekrun, R. (2010). The role of the situation model in mathematical modelling – Task analyses, student competencies and teacher interventions. *Journal für Mathematik-Didaktik, 31*, 119–141.

Leiss, D., & Tropper, N. (2014). *Umgang mit Heterogenität im Mathematikunterricht. Adaptives Lehrerhandeln beim Modellieren.* Springer Spektrum.

Lemke, J. L. (2012). Technical discourse and technocratic ideology. In M. A. K. Halliday, J. Gibbons, & H. Nicholas (Hrsg.), *Learning, keeping and using language* (Bd. 2, S. 435–460). John Benjamins Publishing Company.

Lenz, F. (2015). *Sprechakt* (S. Schierholz (Hrsg.)). De Gruyter.

Lergenmüller, A., & Schmid. (2007). *Mathematik Neue Wege.* Schroedel.

Leuders, T. (2015). Aufgaben in Forschung und Praxis. In R. Bruder, L. Hefendehl-Hebeker, B. Schmidt-Thieme, & H.-G. Weigand (Hrsg.), *Handbuch der Mathematikdidaktik* (S. 435–460). Springer Spektrum.

Levin, J. R. (1981). On functions of pictures in prose. In F. J. Pirozzolo & M. C. Wittrock (Hrsg.), *Neuropsychological and cognitive process in reading* (S. 203–228). Academic Press.

Levin, J. R., Anglin, G. J., & Carney, R. N. (1987). On empirically validating functions of pictures in prose. In D. M. Willows & H. A. Houghton (Hrsg.), *The psychology of illustration: Vol. I. Basic research* (S. 51–85). Springer.

Levin, J. R., & Lentz, R. (1982). Effects of text illustrations: A review of research. *Educational Communication and Technology Journal, 30,* 195–232.

Levinson, S., & Haviland, J. (2009). Introduction: Spatial conceptualization in Mayan languages. *Linguistics, 32*(4–5), 613–622.

Lukin, A. (2016). Language and society, context and text: The contributions of Ruqaiya Hasan. In W. Bowcher & J. Y. Liang (Hrsg.), *Society in language, language in society. Essays in honour of Ruqaiya Hasan* (S. 143–165). Palgrave Macmillan.

Maier, H. (1991). *Interpretative Unterichtsforschung: Heinrich Bauersfeld zum Geburtstag.* Aulis Verlag.

Maier, H., & Schweiger, F. (1999). *Mathematik und Sprache. Zum Verstehen und Verwenden von Fachsprache im Mathematikunterricht* (Bd. 4). obv und hpt.

Maier, U., Bohl, T., Drüke-Noe, C., Hoppe, H., Kleinknecht, M., & Metz, K. (2014). Das kognitive Anforderungsniveau von Aufgaben analysieren und modifizieren können: Eine wichtige Fähigkeit von Lehrkräften bei der Planung eines kompetenzorientierten Unterrichts. *Beiträge zur Lehrerinnen- und Lehrerbildung, 32*(3), 340–358.

Maier, U., Kleinknecht, M., Metz, K., & Bohl, T. (2010). Ein allgemeindidaktisches Kategoriensystem zur Analyse des kognitiven Potenzials von Aufgaben. *Beiträge zur Lehrerinnen- und Lehrerbildung, 28*(1), 84–96.

Mair, P., & Hatzinger, R. (2007). Extended rasch modeling: The eRm package for the application of IRT models in R. *Journal of Statistical Software, 20*(9), 1–20.

Malinowski, B. (1969). The problem of meaning in primitive languages. In C. K. Odgen & R. Ivor (Hrsg.), *The meaning of meaning: A study of the influence of language upon thought and of the science of symbolism* (S. 296–336). Routledge and Kegan Paul.

Malle, G. (2009). Mathematiker reden in Metaphern. *Mathematik lehren, 156,* 10–15.

Malvern, D., & Richards, B. (1997). A new measure of lexical diversity. In A. Ryan & A. Wray (Hrsg.), *Evolving models of language* (S. 58–71). British Association for Applied Linguistics.

Martin, J. R. (1993). Technicality and abstraction: Language for the creation of specialized texts. In M. A. K. Halliday & J. R. Martin (Hrsg.), *Writing science: Literacy and discursive power* (S. 130–140). Routledge.

Martin, J. R., & Williams, G. (2008). Functional sociolinguistics/Funktionale Soziolinguistik. In U. Ammon (Hrsg.), *Sociolinguistics : An international handbook of the science of language and society* (Bd. 1, S. 10–34). De Gruyter.

Martiniello, M. (2008). Language and the performance of english-language learners in math word problems. *Harvard Educational Review, 78*(2), 333–368.

Mayring, P. (2015). *Qualitative Inhaltsanalyse. Grundlagen und Techniken* (Bd. 12). Weinheim.

Mayring, P. (2016). *Einführung in die qualitative Sozialforschung: Eine Anleitung zu qualitativem Denken* (Bd. 6). Weinheim.

McCarthy, P. M., & Jarvis, S. (2010). MTLD, vocd-D, and HD-D: A validation study of sophisticated approaches to lexical diversity assessment. *Behavior Research Methods, 42*(2), 381–392.

McEnery, T., & Hardie, A. (2012). *Corpus linguistics.* Cambridge University Press.

McNamara, D. S., Kintsch, E., Songer, N. B., & Kintsch, W. (1996). Are good texts always better? Interactions of text coherence, background knowledge, and levels of understanding in learning from text. *Cognition and Instruction, 14*(1), 1–43.

Meyer, M., & Prediger, S. (2012). Sprachenvielfalt im Mathematikunterricht – Herausforderungen, Chancen und Förderansätze. *Praxis der Mathematik, 54*(45), 2–9.

Meyer, M., & Tiedemann, K. (2017). *Sprache im Fach Mathematik.* Springer Spektrum.

Michalke, M. (2018). *Package koRpus.* https://reaktanz.de/?c=hacking&s=koRpus

Möhn, D. (1991). Instruktionstexte. Ein Problemfall bei der Textidentifikaiton. *Germanistische Linguistik, 106–107,* 183–212.

Moosbrugger, H. (2012). Item-Response-Theorie (IRT). In H. Moosbrugger & A. Kelava (Hrsg.), *Testtheorie und Fragebrogenkonstruktion* (S. 227–274). Springer.

Morek, M., & Heller, V. (2012). Bildungssprache – Kommunikative, epistemische, soziale und interaktive Aspekte ihres Gebrauchs. *Zeitschrift für angewandte Linguistik, 57*(1), 67–101.

Neubrand, M., Klieme, E., Lüdtke, O., & Neubrand, J. (2002). Kompetenzstufen und Schwierigkeitsmodelle für den PISA-Test zur mathematischen Grundbildung. *Unterrichtswissenschaft, 30*(2), 100–119.

Neumann, S. (2013). *Contrastive register variation. A quantitative approach to the comparison of english and german* (V. Gast (Hrsg.); Bd. 251). De Gruyter.

Newman, A. (1986). *The Newman language of mathematics kit. Language and mathematics.* Harcourt Brace Jovanovich.

Nunan, D. (2009). *Task-based language teaching.* Cambridge University Press.

Odgen, C. K., & Ivor, R. (1969). *The meaning of meaning: A study of the influence of language upon thought and of the science of symbolism.* Routledge and Kegan Paul.

Oksaar, E. (2008). Das Postulat der Anonymität für den Fachsprachengebrauch. In Lothar Hoffmann, H. Kalverkämper, & H. E. Wiegand (Hrsg.), *Fachsprache/language of specific purposes: Bd. 1. Halbband* (S. 397–401). De Gruyter.

Overwien, B., & Prengel, A. (Hrsg.). (2007). *Recht auf Bildung. Zum Besuch des Sonderberichterstatters der Vereinten Nationen in Deutschland.* Budrich.

Ozuru, Y., Dempsey, K., & McNamara, D. S. (2009). Prior knowledge, reading skill, and text cohesion in the comprehension of science texts. *Learning and Instruction, 19,* 228–242.

Padberg, F., & Wartha, S. (2017). *Didaktik der Bruchrechnung* (Bd. 5). Springer Spektrum.

Paetsch, J., Radmann, S., Felbrich, A., Lehmann, R., & Stanat, P. (2016). Sprachkompetenz als Prädiktor mathematischer Kompetenzentwicklung von Kindern deutscher und nichtdeutscher Familiensprache. *Zeitschrift für Entwicklungspsychologie und Pädagogische Psychologie, 48,* 27–41.

Paivio, A. (1986). *Mental representations: A dual-coding approach.* Oxford University Press.

Pause, P. E. (1984). Das Kumulationsprinzip – eine Grundlage für die Rekonstruktion von Textverstehen und Textverständlichkeit. *Zeitschrift für Literaturwissenschaft und Linguistik, 14*(55), 38–56.

Peeck, J. (1993). Increasing picture effects in learning from illustrated text. *Learning and Instruction, 3*(3), 227–238.

Pekrun, R., vom Hofe, R., Blum, W., Goetz, T., Wartha, S., Frenzel, A., & Jullien, S. (2006). Projekt zur Analyse der Leistungsentwicklung in Mathematik (PALMA). In M. Prenzel & L. Allolio-Näcke (Hrsg.), *Untersuchung zur Bildungsqualität von Schule: Abschlussbereicht des DFG-Schwerpunktprogramms* (S. 21–53). Waxmann.

Perrig, W., & Kintsch, W. (1985). Propositional and situational representations of text. *Journal of Memory and Language, 24,* 503–518.

Pijl, S., Meijer, C., & Hegarty, S. (Hrsg.). (1997). *Inclusive education: A global agenda.* Routledge.

Plath, J., & Leiss, D. (2018). The impact of linguistic complexity on the solution of mathematical modelling tasks. *ZDM Mathematics Education, 50,* 159–171.

Plum, G. (2004). *Text and contextual conditioning in spoken english: A genre-based approach.* University of Nottingham (Monographs in Systemic Linguistics 10).

Prediger, S. (2013a). Darstellungen, Register und mentale Konstruktion von Bedeutungen und Beziehung. In M. Becker-Mrotzek, K. Schramm, E. Thürmann, & H. J. Vollmer (Hrsg.), *Sprache im Fach* (S. 167–183). Waxmann.

Prediger, S. (2013b). Sprachmittel für mathematische Verstehensprozesse – Einblicke in Probleme, Vorgehensweisen und Ergebnisse von Entwicklugnsforschungsstudien. In A. Pallack (Hrsg.), *Impulse für eine zeitgemäße Mathematiklehrer-Ausbildung. MNU-Dokumentation der 16. Fachleitertagung Mathematik* (S. 26–36). Seeberger.

Prediger, S. (2016). Wer kann es auch erklären? Sprachliche Lernziele identifizieren und verfolgen. *Mathematik differenziert,* 6–9.

Prediger, S. (2017). Auf sprachliche Heterogenität im Mathematikunterricht vorbereiten. In J. Leuders, T. Leuders, S. Prediger, & S. Ruwisch (Hrsg.), *Mit Heterogenität im Mathematikunterricht umgehen lernen. Konzepte und Perspektiven für eine zentrale Anforderung and die Lehrerbildung* (S. 29–40). Springer Spektrum.

Prediger, S., Barzel, B., Hußmann, S., & Leuders, T. (2014). *Mathe Werkstatt 5.* Cornelsen.

Prediger, S., & Wessel, L. (2012). Darstellungen vernetzen. Ansatz zur integrierten Entwicklung von Konzepten und Sprachmitteln. *Praxis der Mathematik, 54*(45), 28–34.

Prediger, S., Wilhelm, N., Büchter, A., Gürsoy, E., & Benholz, C. (2015). Sprachkompetenz und Mathematikleistung – Empirische Untersuchung sprachlich bedingter Hürden in den Zentralen Prüfungen 10. *Journal für Mathematik-Didaktik, 36,* 77–104.

Prediger, S., & Wittmann, G. (2009). Aus Fehlern lernen – (wie) ist das möglich? *Praxis der Mathematik, 27,* 1–8.

Prenzel, M., Sälzer, C., Klieme, E., & Köller, O. (2013). *PISA 2012. Fortschritte und Herausforderungen in Deutschland.* Waxmann.

Radatz, H., & Schipper, W. (2007). *Handbuch für den Mathematikunterricht an Grundschulen* (Bd. 6). Schroedel.

Rasch, D., Yanagida, T., & Kubinger, K. D. (2011). *Statistic in psychology using R and SPSS* (Chichester). Wiley.

Rasch, G. (1960). *Probabilistic models for some intelligence and attainment tests. Studies in mathematical psychology.* Danmarks paedogogiske.

Rayner, K., & PollatseK, A. (1989). *The psychology of reading.* Prentice Hall.

Rehbein, J., & Kameyama, S. (2008). Pragmatik/Pragmatics. In U. Ammon, N. Dittmar, K. J. Mattheier, & P. Trudgill (Hrsg.), *Sociolinguistics – Soziolinguistik 1* (S. 556–588). De Gruyter.

Reid, T. B. W. (1956). Linguistics, structuralism and philology. *Archivum linguisticum, 8*(2).

Revelle, W., & Rocklin, T. (1979). Very simple strucutre: An alternative procedure for estimating the optimal number of interpretable factors. *Multivariate Behavioral Research, 14,* 403–414.

Rickheit, G., & Strohner, H. (1983). *Grundlagen der kognitiven Sprachverarbeitung: Modelle, Methoden, Ergebnisse.* Francke.

Rincke, K. (2010). Alltagssprache, Fachsprache und ihre besonderen Bedeutungen für das Lernen. *Zeitschrift für Didaktik der Naturwissenschaften, 16,* 235–260.

Rolf, E. (2008). Textuelle Grundfunktionen. In K. Brinker, G. Antos, W. Heinemann, & S. F. Sager (Hrsg.), *Text- und Gesprächslinguistik. Linguistics of text and conversation* (S. 422–435). De Gruyter.

Rösch, H., & Paetsch, J. (2011). Sach- und Textaufgaben im Mathematikunterricht als Herausforderung für mehrsprachige Kinder. In S. Prediger & E. Özdil (Hrsg.), *Mathematiklernen unter Bedingungen der Mehrsprachigkeit. Stand und Perspektiven der Forschung und Entwicklung in Deutschland* (S. 55–76). Waxmann.

Rost, D. H. (2018). Leseverständnis. In D. H. Rost, J. R. Sparfeldt, & S. R. Buch (Hrsg.), *Handwörterbuch Pädagogische Psychologie* (Bd. 5, S. 494–506). Beltz.

Sato, E., Rabinowitz, S., Gallagher, C., & Huang, C.-W. (2010). *Accommodations for english language learner students: The effect of linguistic modification of math test item sets.*

Scheid, H., & Schwarz, W. (2017). *Elemente der Geometrie.* Springer Spektrum.

Schiefele, U. (1996). *Motivation von Lernen und Texten.* Hogrefe.

Schleppegrell, M. J. (2001). Linguistic features of the language of schooling. *Linguistics and Education, 12*(4), 431–459.

Schleppegrell, M. J. (2004). *The language of schooling. A functional linguistics perspective.* LEA.

Schleppegrell, M. J. (2006). The linguistic features of advanced language use: The grammar of exposition. In H. Byrnes (Hrsg.), *Advanced language learning. The contribution of Halliday and Vygotsky* (S. 134–146). Continuum.

Schleppegrell, M. J. (2012). Academic language in teaching and learning. *The elementary school journal, 112*(3), 409–418.

Schmid, H. (1995). Improvements in part-of-speech tagging with an application to german. In S. Armstrong, K. Church, P. Isabelle, S. Mandzi, E. Tzoukermann, D. Yarowsky (Hrgs.), *Natural language processing using very large corpora* (S. 13–25). Springer.

Schmiemann, P. (2011). Fachsprache in biologischen Testaufgaben. *Zeitschrift für Didaktik der Naturwissenschaften, 17,* 115–136.

Schmitz, A. (2015). *Verständlichkeit von Sachtexten. Wirkung der globalen Textkohäsion auf das Textverständnis von Schülern.* Springer VS.

Schnotz, W. (1987). *Mentale Kohärenzbildung beim Textverstehen: Einflüsse der Textsequenzierung auf die Verstehensstrategien und die subjektiven Verstehenskriterien.*

Schnotz, W. (2005). Was geschieht im Kopf des Lesers? Mentale Konstruktionsprozesse beim Textverständnis aus der Sicht der Psychologie und der kognitiven Linguistik. In H. Blühdorn, E. Breindl, & U. H. Waßner (Hrsg.), *Text- Verstehen. Grammatik und darüber hinaus* (S. 222–238). De Gruyter.

Schnotz, W. (2008). Das Verstehen schriftlicher Texte als Prozess. In K. Bringer, G. Antos, W. Heinemann, & S. F. Sager (Hrsg.), *Text- und Gesprächslinguistik. Linguistics of text and conversation* (Bd. 1, S. 497–506). De Gruyter Mouton.

Schriefers, H. (1999). Morphologie und Worterkennung. In A. Friederici (Hrsg.), *Sprachrezeption. Enzyklopädie der Psychologie* (S. 117–153). Hogrefe.

Schukajlow, S., Kaiser, G., & Stillman, G. (2018). Empirical research on teaching and learning of mathematical modelling: A survey on the current state-of-the-art. *ZDM Mathematics Education, 50,* 5–18.

Schukajlow, S., & Leiss, D. (2011). Selbstberichtete Strategienutzung und mathematische Modellierungskompetenz. *Journal für Mathematik-Didaktik, 32,* 53–77.

Schweiger, F. (1997). Arithmetical process for building up number words. *Moderne Sprachen, 41*(1), 75–88.

Semino, E., & Short, M. (2004). *Corpus stylistics: Speech, writing and thought presentation in a corpus of english writing.* Routledge.

Shaftel, J., & Belton-Kocher, E. (2006). The impact of language characteristics in mathematics test items on the performance of english language learners and students with disabilities. *Educational Assessment, 11*(2), 105–126.

Sinclair, J. (1991). *Corpus, concordance, collocation. Describing english language.* Oxford University Press.

Stanat, P., Schipolowski, S., Mahler, N., & an Sofie Henschel, S. W. (Hrsg.). (2019). *IQB-Bildungstrend 2018. Mathematische und naturwissenschaftliche Kompetenzen am Ende der Sekundarstufe I im zweiten Ländervergleich.* Waxmann.

Starauschek, E. (2006). Der Einfluss von Textkohäsion und gegenständlichen externen piktoralen Repräsentationen auf die Verständlichkeit von Texten zum Physiklernen. *Zeitschrift für Didaktik der Naturwissenschaften, 12,* 127–157.

Strobl, C. (2015). *Das Rasch-Modell. Eine verständliche Einführung für Studium und Praxis.* Rainer Hampp Verlag.

Svartvik, J. (1985). *On voice in the english verb* (Bd. 2). De Gruyter.

Taboada, M. (2019). Cohesion and conjunction. In G. Thompson, W. Bowcher, L. Fontaine, & D. Schönthal (Hrsg.), *The cambridge handbook of systemic functional linguistics* (S. 311–332). Cambridge University Press.

Tabossi, P. (1988). Accessing lexical ambiguity in different types of sentential contexts. *Journal of Memory and Language, 27,* 234–340.

Taft, M. (1979). Recognition of affixed words and the word frequency effect. *Memory and Cognition, 7*(4), 263–272.

Tillmann, K.-J. (2004). System jagt Fiktion. Die homogene Lerngruppe. *Hetergenität. Friedrich Jahresheft, 22,* 6–9.

Tomasello, M. (2008). Acquiering linguistic constructions. In W. Damon & R. M. Lerner (Hrsg.), *Child and adolescent devolpment. An advanced course* (S. 263–297). Wiley.

Trabant, J. (1983). Das Andere der Fachsprache. Die Emanzipation der Sprache von der Fachsprache im neuzeitlichen europäischen Sprachdenken. *Zeitschrift für Literaturwissenschaft und Linguistik, 12*(51), 27–47.

Tucker, G. (2007). Between lexis and grammar: Towards a systemic functional approach to phraseology. In R. Hasan, C. Matthiessen, & J. Webster (Hrsg.), *Continuing discourse on language. A functional perspective* (Bd. 1, S. 953–977). Equinox.

Ufer, S., Reiss, K., & Mehringer, V. (2013). Sprachstand, soziale Herkunft und Bilingualität: Effekte auf Facetten mathematischer Kompetenz. In M. Becker-Mrotzek, K. Schramm, E. Thürmann, & H. J. Vollmer (Hrsg.), *Sprache im Fach. Sprachlichkeit und fachliches Lernen* (S. 185–201). Waxmann.

Underwood, G., & Batt, V. (1996). *Reading and understanding.* Blackwell.

UNESCO. (2009). *Policy guidelines on inclusion in education.*

Ure, J. (1982). Introduction: Approaches to the study of register range. *International Journal of the Sociology of Language, 35*, 5–23.

Ure, J., & Ellis, J. (2014). Register in descriptive linguistics and linguistics sociology. In O. von Uribe-Villegas (Hrsg.), *Issues in sociolinguistics* (S. 197–243). De Gruyter.

van Dijk, T. A., & Kintsch, W. (1983). *Strategies of discourse comprehension.* Academic Press.

Viana, V., Zyngier, S., & Barnbrook, G. (Hrsg.). (2011). *Perspectives on corpus linguistics.* John Benjamins Publishing Company.

Vollmer, H. J., & Thürmann, E. (2010). Zur Sprachlichkeit des Fachlernens: Modellierung eines Referenzrahmens für Deutsch als Zweitsprache. In B. Ahrenholz (Hrsg.), *Fachunterricht und Deutsch als Zweitsprache* (S. 107–132). Narr Verlag.

Vollmer, H. J., & Thürmann, E. (2013). Sprachbildung und Bildungssprache als Aufgabe aller Fächer der Regelschule. In M. Becker-Mrotzek, K. Schramm, E. Thürmann, & H. J. Vollmer (Hrsg.), *Sprache im Fach. Sprachlichkeit und fachliches Lernen* (Bd. 3, S. 41–58). Waxmann.

Vollrath, H.-J. (1993). Paradoxien des Verstehens von Mathematik. *Journal für Mathematik-Didaktik, 14*(1), 35–58.

Vollrath, H.-J., & Roth, J. (2012). *Grundlagen des Mathematikunterrichts in der Sekundarstufe* (Bd. 2). Spektrum.

vom Hofe, R. (1992). Grundvorstellungen mathematischer Inhalte als didaktisches Modell. *Journal für Mathematik-Didaktik, 13*(4), 345–364.

vom Hofe, R. (2014). Primäre und sekundäre Grundvorstellungen. In J. Roth & J. Ames (Hrsg.), *Beiträge zum Mathematikunterricht 2014.* WTM-Verlag.

vom Hofe, R., Kleine, M., Wartha, S., Blum, W., & Pekrun, R. (2005). On the role of Grundvorstellungen for the development of mathematical literacy – First results of the longitudinal study PALMA. *Mediterranean Journal for Research in Mathematics Education, 4*(2), 67–84.

vom Hofe, R., Pekrun, R., Kleine, M., & Goetz, T. (2002). Projekt zur Analyse der Leistungsentwicklung in Mathematik (PALMA): Konstruktion des Regensburger Mathematikleistungstests für 5. bis 10 Klassen. *Zeitschrift für Pädagogik,* 83–100.

von Hahn, W. (2008). Vagheit bei der Verwendung von Fachsprachen. In Lothar Hoffmann, H. Kalverkämper, & H. E. Wiegand (Hrsg.), *Fachsprache/Language of specific purposes: Bd. 1. Halbband* (S. 378–382). De Gruyter.

Vukovic, R. K., & Lesaux, N. K. (2013). The language of mathematics: Investigating the ways language counts for children's mathematical development. *Journal of Experimental Child Psychology, 115*(227–244).

Wagenschein, M. (2013). *Verstehen lehren. Genetisch – Sokratisch – Exemplarisch.* Beltz.

Webster, J. (2019). Key terms in the SFL Model. In G. Thompson, W. Bowcher, L. Fontaine, & D. Schönthal (Hrsg.), *The cambridge handbook of systemic functional linguistics* (S. 11–34). Cambridge University Press.

Weigand, H.-G. (2014). Ziele des Geometrieunterrichts. In H.-G. Weigand, A. Filler, R. Hölzl, S. Kuntze, M. Ludwig, J. Roth, B. Schmidt-Thieme, & G. Wittmann (Hrsg.), *Didaktik der Geometrie für die Sekundarstufe I* (S. 13–34). Springer Spektrum.

Weigand, H.-G. (2015). Begriffsbildung. In R. Bruder, L. Hefendehl-Hebeker, B. Schmidt-Thieme, & H.-G. Weigand (Hrsg.), *Handbuch der Mathematikdidaktik* (S. 255–278). Springer Spektrum.

Weigand, H.-G., Filler, A., Hölzl, R., Kuntze, S., Ludwig, M., Roth, J., Schmidt-Thieme, B., & Wittmann, G. (2014). *Didaktik der Geometrie für die Sekundarstufe I.* Springer Spektrum.

Wendt, H., Bos, W., Selter, C., Köller, O., Schwippert, K., & Kasper, D. (2016). *TIMSS 2015. Mathematische und naturwissenschaftliche Kompetenzen von Grundschulkindern in Deutschland im internationalen Vergleich.* Waxmann.

Werlich, E. (1976). *A text grammar of English.* Quelle und Meyer.

Wessel, L. (2015). *Fach- und sprachintegrierte Förderung durch Darstellungsvernetzung und Scaffolding* (Bd. 19). Springer Spektrum.

Wilson, M., & Boeck, P. De. (2004). Descriptive and explanatory item response models. In P. De Boeck & M. Wilson (Hrsg.), *Explanatory item response models* (S. 43–74). Springer.

Wilson, M., & Moore, S. (2011). Building out a measurement model to incorporate complexities of testing in the language domain. *Language Testing, 28*(4), 441–462.

Wittek, D. (2013). *Heterogenität als Handlungsproblem: Entwicklungsaufgaben und Deutungsmuster von Lehren* (Bd. 35). Verlag Barbara Budrich.

Wolf, M. K., Herman, J. L., Kim, J., Abedi, J., Leon, S., Griffin, N., Bachman, P. L., Chang, S. M., Farnsworth, T., Hyekyung, J., Nollner, J., & Shin, H. W. (2008). *Providing validity evidence to improve the assessment of english language learners.*

Wolf, M. K., & Leon, S. (2009). An investigation of the language demands in content assessments for english language learners. *Educational Assessment, 14*, 139–159.

Wolff, H.-G., & Bacher, J. (2010). Hauptkomponentenanalyse und explorative Faktorenanalyse. In C. Wolf & H. Best (Hrsg.), *Handbuch der sozialwissenschaftlichen Datenanalyse* (S. 333–366). VS Verlag.

Wright, B. D., & Linacre, J. M. (1994). Reasonable mean-sqaure fit values. *Rasch Measurement Transactions.* https://www.rasch.org/rmt/rmt83b.htm

Zimmermann, S. (2016). *Entwicklung einer computerbasierten Schwierigkeitsprädiktion von Leseverstehensaufgaben.* Leibniz-Institut für Bildungsverläufe e.V.

Zyngier, S., Bortolussi, M., Chesnokova, A., & Auracher, J. (Hrsg.). (2008). *Directions in empirical literary studies. In honor of Willie van Peer.* John Benjamins Publishing Company.

Printed in the United States
by Baker & Taylor Publisher Services